恭祝万达集团成立 25 周年

Congratulations on the 25th year of foundation of Wanda Group

U0300560

Green Building
The Practice and Exploration of
Green Building Energy Conservation in
Commercial Real Estate

绿色建筑

商业地产中绿色节能的实践及探索（一）

万达商业规划研究院有限公司　编著
万达商业管理有限公司

中国建筑工业出版社

万达集团建筑节能丛书

主编

曲德君　杨　越　赖建燕

编辑

叶宇峰　范　珑　郝宁克

章宇峰　李　峻　王志彬　孙多斌

参编人员

曹彦斌　康　宇　辛　欣　田礼讯　彭宇枫

刘　强　范学立　史　萌　荣万斗　邵　军

沈文忠　马逸均　宋锦华

序

仇保兴博士
住房和城乡建设部副部长
中国城市科学研究会理事长
中国城市规划学会理事长
中国社会科学研究院、同济大学、天津大学博士生导师
北京大学、清华大学兼职或客座教授

绿色建筑　大有可为

　　一万多年以来人类历史进化的过程实际，就是城镇化的过程，从原始的城镇化一直到工业化推动的城镇化。城市既是人类最终归宿，又可能变成摧毁地球的最主要的因素。所以城市是一把双刃剑，一方面使人们生活条件更好，但另一方面也可能成为灾难之源。关键在于我们应如何控制建造城市的过程、如何有效地管理城市规划建设。

　　城镇化就像大型推土机，对资源、能源和生态产生了巨大的消耗和破坏。中国的城镇化虽然取得了有效的发展，但是城市发展依然面临环境污染、交通拥堵、资源浪费等问题，绝大多数的能源也被城市消耗，所以要提升城镇化的质量，城市自身需要转型。但城镇化也有可能是造福的机器，如果我国城镇化通过绿色建筑、绿色产业、绿色交通和绿色城市发展模式来推动，就能为子孙后代留下可持续发展的资源。必须要从现在开始追求质量型的城镇化，城市的发展一方面使人的生活更美好，同时也需要对下一代负起责任，那么就必须要转向生态型的城市，绿色建筑则是生态城市或者低碳城市的基础。

　　绿色建筑效益显著，发展潜力十分巨大。我国近年近百项获得星级绿色建筑项目的分析结果表明，"四节"（节能、节水、节地、节材）成效巨大。综合来看，住区绿化率平均大于38%，平均节能率达58%，节水率大于15.2%，可循环材料比例大于7.7%，二氧化碳减排每平方米建筑面积达28.2千克。我国未来绿色建筑发展可谓潜力巨大、"钱"途无限。

　　目前，我国正处于加快推进城镇化的关键时期，发展绿色建筑面临极好的机遇。要抓住机遇，从规划、法规、技术、标准、设计等方面全面推进"绿色建筑行动"，千万不要丧失机遇。我们不能零敲碎打地进行建筑的节能、节水、节地、节材，例如一个建筑今年是节能的建筑，明年又改造成节水的建筑，后年又改造成节材的建筑，再改造成室内环境良好的建筑，这种做法就会费工、费钱、费能、费财，无疑会成为"扰民"的工程。

书中，万达集团提出的绿色建筑的发展规划、制度约束、专项技术研究、企业标准和建筑设计、建造和运行管理全面践行绿色建筑理念，在大型公共建筑耗能高、资源浪费的局面下积极追求绿色建筑发展策略，以绿色科技力量营造大型商业建筑舒适、健康的室内环境。绿色建筑发展中应注重以下原则：

一是资源节约原则。绿色建筑讲究权衡优化，以大量的能源消耗和破坏环境的代价所获得的舒适性的"豪华建筑"不符合绿色建筑要求；而放弃舒适性，回到原始的茅草屋中，虽然消耗能源和资源较少，也不是绿色建筑所提倡的。从这一理念出发，不鼓励在设计中追求过高的人均新风量标准，否则空调采暖能耗会增加；不鼓励采用过高的绿化指标，而降低土地利用效率；不建议片面追求富丽堂皇的奢华效果，而耗费大量资源提高装修档次。

二是全过程控制原则。在绿色建筑实施各阶段都效贯彻绿色建筑理念。近年来相继建设完成的一些绿色建筑，其实际运行性能以及"节能、节水、节材"等指标与设计目标相比，存在不同程度的差异，原因是施工和运行管理中存在控制环节的缺失。此书的编者虽进行了一些尝试，但总体上还是缺少此类项目的实际参数与设计参数的对比分析。在当前我国各地建筑设计、施工、管理水平存在差异的情况下，基于全过程控制、分阶段管理的绿色建筑思路尤其重要。

三是系统整合优化原则。绿色建筑涉及专业众多，技术体系复杂，比传统设计更加强调专业分工和协同工作，更注重设计过程的精细化、专业化。绿色建筑的精专化设计，实质就是要求建筑设计从粗放设计走向精细化设计，从局部设计走向整体性设计，避免形成"产品堆砌"和"技术冷拼盘"。因此，各专业的合作必须从概念设计阶段就开始紧密合作，而不是建筑师一个人的舞台。通过精专化的设计、详细的计算机模拟对比分析的综合考虑，在对各种技术方案进行技术经济性的统筹优化的基础上，达到控制成本、合理实现"四节一环保"指标的目标。欣慰的是，万达商业地产中绿色节能的实践及探索在精细化设计的道路上已经迈出了重要的第一步。

绿色建筑让城市生活更低碳、更美好。我国绿色建筑的发展已从"启蒙"阶段迈向"快速发展"阶段。这场建筑界的革命既有可能助推我国走向绿色低碳发展之路，同时，也给城市发展带来巨大的机遇。相信基于社会各界的精诚合作和扎实工作，绿色建筑将迈上新的台阶，我国的城镇化之路也会变得更加生态和可持续。

大力建设绿色建筑、发展绿色经济是全世界应对环境问题的正确选择。绿色建筑最容易集大成，最容易涌现出类拔萃的人才，最容易形成良性竞争的局面，最容易使人们的聪明才干脱颖而出，最容易让我们抓住机遇，而机遇永远垂青于实干家。落实国家节能减排战略，需要各界的共同努力。万达集团作为我国土生土长的商业地产商，从社会责任的高度，向传统的开发建设模式挑战，从而带动行业的生态绿色发展，可谓是难能可贵。

2013年3月

Preface

Green Buildings Have Brilliant Future

The human history of more than ten thousand years, is actually a process of urbanization, which includes the primitive urbanization and the urbanization driven by industrialization. City is the human's destination, while it may become the main factor to destroy the earth. So the city is a double-edged sword. It gives people better living conditions. But on the other hand, it may also become the source of disaster. The key is how to control the pace of city development and how to effectively manage the urban planning and construction.

Urbanization, just like a large bulldozer, consumes and destroys much resource, energy and ecology. China's urbanization has effective development, but urban development still faces problems such as environmental pollution, traffic congestion, waste of resources, etc. The majority of energy is also consumed by the city. So to improve the quality of urbanization, the city itself needs restructuring. However urbanization could also be a machine providing many benefits. If China's urbanization follows the developing models such as green building, green industry, green transportation and green urban development, we can leave sustainable resources to our future generations. From now on, we must pursue the high quality of urbanization. Urban development makes people's lives better, but also need us take responsibility for the next generation. So it is necessary to transform to eco-city. Green building is the foundation of a eco-city or low-carbon city.

Green building provides significant benefits and has great potential. Based on the analysis of almost a hundred recent star-awarded green building projects in China, "the four savings" achieved great success. In General, the average green ratio of residential is greater than 38%. The average energy saving is about 58%. The average water-saving ratio is more than 15.2%. The proportion of recycled materials is greater than 7.7%. The reduction of carbon dioxide emissions reaches 28.2 kg per square meter of floor area. China green building has unlimited potential and provide much fortune.

At present, China is in the critical period of urbanization acceleration. Green building faces great opportunities. To seize the opportunity, we need to comprehensively promote the "green building action" through planning, regulations, technologies, standards and design, etc. We could not lose the opportunity. We could not partially achieve the savings of energy, water, land and materials. For example, we build an energy-efficient building this year. Next year we renovate it to water-saving building. The year after, we renovate it into a materials-saving building. And then we renovate it into a building with great interior environment. This approach will cost labor, money and energy. The project will undoubtedly become a "nuisance" project.

In this book, Wanda Group proposes the comprehensive concepts of green building development planning, institutional regulations, special technology research, corporate standards and architectural design, construction, operation and management. Facing the challenge of high energy consumption and waste of resources of large public buildings, Wanda Group, using new green technologies, pursues to create large commercial buildings with comfortable and healthy indoor environment. Green building development should focus on the following principles:

First is resource conservation principle. Green building stresses balance and optimization. With a lot of energy consumption and the cost of destroying the environment, a comfort "luxury building" does not meet the green building requirements. On the other hand, the original thatched cottage without comfort, although with less the consumption of energy and resources, is not what green building advocates. From this concept, we do not encourage the pursuit of high standards in fresh air per capita, which would increase air conditioning heating energy consumption. We do not encourage excessive green ratio, which could reduce land use efficiency. We do not recommend the one-sided pursuit of magnificent luxurious effect, which would cost a lot of resources to improve decoration.

Second is the whole process control principle. Green building philosophy should be followed in all stages of the implementation of green building. There are some recently completed green buildings, whose actual operating performance and savings of "energy, water and materials" could not meet the design goals. This is because of absence of control during the construction and operation management. Although the book has made some attempts to address this issue. But it lacks the actual parameters for comparison with the design parameters of the real projects. Currently there are differences in the levels of building design, construction and management in individual locality. The concept of whole process control and phased management is particularly important.

Third is principle of the systematic integration and optimization. Green building involves many disciplines and complex technical systems. Comparing to traditional design, green building design stresses specialization and teamwork. It focuses more on design refinement and specialization. The essence of green building design's refinement and specialization is to request architectural design transfer from the extensive design to fine design, from the local design to holistic design. We try to avoid the formation of "product stuffing" and "technology cold platter." Therefore, the disciplines' close cooperation must start from the conceptual design stage. This should not be the architect's one-man show. Through comprehensive consideration of design specialization and detailed computer simulation comparative analysis, we can achieve the goal of cost control and realization of "four savings plus one protection". The good news is that, Wanda commercial projects have taken an important first step in the practice of energy saving and explore the design refinement.

Green buildings make life more low-carbon and more beautiful. Green building's development in our country has changed from "enlightenment" stage to the "rapid development" stage. This revolution in the construction industry could boost our country go to the path of green low-carbon development. At the same time, it also has brought great opportunities to the urban development. I believe, based on every community's close cooperation and dedicated work, green building will climb to a new level. China's urbanization will become more ecological and sustainable.

Efforts to build green buildings and to develop green economy are the world's right choice responding to environmental issues. Green Building is most likely to epitomize previous success, to culture emerging talent, to form healthy competition situation and to make intelligent people outstanding. It provides more opportunities. And opportunities always favor the doers. Implementation of the national strategy of energy conservation and low-emission requires the joint efforts of everyone. As China's homegrown commercial real estate developer, Wanda Group, from the height of social responsibility, is commendable to challenge the traditional model of development and construction, to drive the industry's eco-green development.

Qiu Baoxing

Vice Minister of the Ministry of Housing and Urban-Rural Development

March, 2013

王健林
大连万达集团股份有限公司董事长
中国慈善联合会副会长
中国慈善总会荣誉会长
中国企业家协会副会长
中国商业联合会副会长

坚持绿色发展　践行社会责任

今年是万达集团成立第25周年。截至2012年年底，万达集团企业资产达到3000亿元，已在全国开业67座万达广场，38家五星级酒店，累计持有物业面积1290万平方米，规模全球第二。计划至2014年开业110座万达广场，持有物业面积2300万平方米，成为全球规模第一的不动产企业。

万达商业地产非常重视环境保护，坚持绿色发展，绿建节能工作不是仅停留在项目的设计、建造阶段，而是更加注重运营阶段的节能环保。绿色设计、建造是为了实现绿色运营，只有绿色运营才能达到真正的长期节能环保，所以绿色运营才是万达绿色发展的终极目标。

万达的绿建节能工作有着完善的管理制度和标准作保障。万达制订了《万达集团节能工作规划纲要》、《万达广场购物中心节能工作指南》和《项目管理制度》以确保节能工作的正确路线，颁布了设计标准和建造标准来实现绿建工作的统一化和系列化。《万达集团节能工作规划纲要》是万达节能工作的核心制度和执行依据，其明确了整体节能工作的战略目标、工作规划和保障体系。

截至2012年年底，共有33个已开业的万达广场获得国家"绿色建筑设计标识"认证，12个酒店获得国家"绿色建筑设计标识"认证，其中10个开业的万达广场首次获得了"绿色建筑运行标识"认证，实现了国内大型商业购物中心绿色建筑运行标识零的突破。自从我国施行绿色建筑认证以来，获得绿色建筑运行标识认证的大型购物中心全部为万达广场，绝大部分获得绿建设计标识的建筑也是万达广场。事实证明：我们的绿色节能工作没有停留在纸面上，而是逐步落实，真正实现了绿色运营！

万达集团自成立以来一直重视节能环保工作。早在2000年，万达开发的大连雍景台项目就成为全国最早的节能住宅之一，2003年南昌万达星城被评为江西省节能示范样板小区。万达集团的绿建节能实践经验充分说明，在绿色建筑和绿色运营方面，企业有很宽的路可走，绿色本身是有效益的。

万达商业规划研究院绿建节能研究所是万达集团绿建节能工作的专职机构，是绿色建筑科研、设计与建设的主管部门，牵头负责万达广场绿建节能技术的研发工作。为了在万达广场中实现逐年降耗的目标，推行的能源管理平台已分别建成单店级和集团级，覆盖北京石景山、上海江桥、武汉菱角湖等21个万达广场，20家万达百货门店，包括360余台采集终端、9000余台计量表具。2012年节能效果显著，各地万达广场平均能耗比2011年降低10%。万达集团商业规划院、商管公司和信息中心共同开发研制的"一键式"集中控制系统，可实现不同地域、不同时段、不同业态的"一键式"智能化集中管理，从而进一步节约大量能源，该系统从2013年下半年开始，在全国万达广场逐步推广。

万达学院不仅是国内首个获绿建三星设计和运行标识的校园，更是万达集团宣传节能环保理念的基地，每个万达人都能在万达学院接受到节能环保理念的培训。目前，万达集团已投入使用的项目建设和后期运营的全程信息化管理平台，正是在节能环保理念的指导下，充分利用信息网络技术，实现了项目远程实时监控和异地资源共享，大大减少了总部与现场之间的人员交通往来，很大程度上降低了交通能耗。

万达的理想是做百年企业，所以做事目光长远，追求长期利益。万达现在从事的产业，无论商业地产、文化产业还是旅游投资，必须坚持走绿色道路，企业才能够获得更好的收益、才能有更长远的发展，走这条正确道路企业才能持久

2013年3月

Insistent on Green Development
Implement on Social Responsibilities

This year marks the 25th anniversary of Wanda's founding. By the end of 2012, Wanda's total assets amounted to 300 billion RMB, running 67 Wanda Plazas, 38 Five-Star Hotels with total area of invested property of 12.9 million Square Meters ranking Wanda No.2 in the world. We have set our plans to open 110 Wanda Plazas by 2014, when our investment properties are projected to reach an area of more than 23 million square meters, and will become the largest commercial property owner in the world.

Environmental protection is on a very high priority in our corporate philosophy, and we insist on the green development. Green building and energy efficiency is not only practice during the project design and construction phase, but also greatly emphasized during the operational phase. The purpose of green design and green construction is to support the green operation, and only the green operation is truly the long-term energy-saving and environmental protection, hence the green operation is the ultimate target of Wanda's green development.

Our green building and energy saving practice is supported by our complete management system and standards. Wanda has issued *Wanda Group Energy Efficiency Planning Code*, *Wanda Plaza Shopping Center Energy-Saving Practice Guide*, and *Project Management Institution*, in order to ensure the right route of our energy-saving practice, and promulgate the design standard and the construction standard to integrate and systemize the green building practice. *Wanda Group Energy Efficiency Planning Code* is the core institution and executive foundation of Wanda energy-saving practice, and it defines our strategic targets, task plans and guarantee systems of our energy saving practices.

By the end of 2012, 33 Wanda Plazas and 12 hotels had been awarded national "Green Building Design Certificate", among which 10 Wanda Plazas were awarded "Green Building Operation Certificate", first of its kind for large-scale shopping centers. Since China starts to issue green building certificate, all large-scale shopping centers that awarded Green Building Operation Certificates are Wanda Plazas, and majority of projects that awarded Green Building Design Certificate are Wanda Plazas. The fact proves that: our green energy-efficiency practice is not only on paper, but also in practice!

Since its founding, Wanda Group has always emphasized on energy efficiency and environmental protection. As early as 2000, Wanda's Dalian Yong Jing Tai project became the first energy-efficient residence in China; and in 2003 Nanchang Wanda Star City was awarded the demonstration Community of the best energy efficiency practice in Jiangxi Provence. Wanda Group's green building and energy efficiency practice approves that, corporations have a wide road for the green building and green operation practice, and green practice can be profitable.

The Green Building Energy Saving Studio of Wanda Commercial Planning and Research Institute is Wanda's professional institute for green building and energy efficiency practice; is the management division in charge of green building research, design, and construction; and is taking the lead for the green building and energy-saving technical research and development for all Wanda Plazas. In order to reduce Wanda Plaza's energy consumption year-by-year, we have developed energy management platforms for property and corporate levels respectively, covering 21 Wanda Plazas including Beijing Shi Jing Shan, Shanghai Hong Qiao, Wuhan Ling Jiao Lake, and 20 Wanda Department Stores, with 360 data-collection terminals and more than 9000 measuring instruments. These devices took great effects in 2012, when Wanda Plazas reduced 10% energy consumption comparing to 2011. The "One Button Control" centralized system jointly developed by Wanda Commercial Planning and Research Institute, Commercial Management Company, and the IT Center, can integrate different districts, time slots and functions under this intelligent system, which can save large amount of energy and resources. Start from the second-half of 2013, this system will be gradually applied in all Wanda Plazas national-wide.

Wanda College is not only the first Three-Star Green Design Certificate and Green Operation Certificated campus in China, but also the base for Wanda to promote the ideology of energy-saving and environmental protection, and every Wanda member can be trained for energy-saving and environmental protection philosophy in Wanda College. Currently Wanda operates the whole-process information control platform for project construction and operation, is exactly under the philosophy of energy-saving and environmental protection, to fully utilize the information and network technology, accomplish project remote monitoring and share resources between different locations, hence to dramatically reduce the travel need between headquarters and local project companies, in which to reduce the traffic energy consumption in a large scale.

With a vision of being a centennial enterprise, Wanda is seeking long-term strategy and interest. Wanda has embraced the course of green development in all the industries it engages whether commercial properties, culture or tourism investment, with a strong believe that only through such a course can it yield better profit and enjoy long-term development.

Wang Jianlin
Chairman of Wanda Group
March, 2013

目录

第五篇　工作回顾　　293

附录　　327

后记　　341

万达集团 | 建筑节能丛书

第 一 篇

战略与发展

1 万达集团节能工作规划纲要 (2011–2015 年)

万达商业规划研究院　绿建节能研究所

第一节　万达集团节能战略目标

一、商业建筑——引领行业发展

(1) 2011年及以后开业的项目均取得一星级绿色建筑设计标识；

(2) 2011年至2015年间新开业项目逐年降低运行能耗2%～3%；

(3) 2013年取得2个项目一星级绿色建筑运行标识认证；

(4) 2015年实现运营管理水平均达到一星级绿色建筑运行标准。

二、酒店建筑——行业领先

(1) 2011年至2015年间新开业项目逐年降低运行能耗2%～3%；

(2) 2013年以前取得2个项目绿色饭店金叶级运营标识认证；

(3) 2015年实现运营管理水平均达到绿色饭店金叶级运营标准；

(4) 2015年以前取得5个一星级绿色建筑设计标识。

三、居住建筑——行业领先

(1) 2012年及以后所有居住建筑均取得一星级绿色建筑设计标识；

(2) 2013年及以后的住宅产品均为精装修交付。

第二节　商业建筑节能工作规划

编号	工作内容	开始时间	完成时间	工作成果
1	取得一星级绿色建筑设计标识			
1.1	一星级绿色建筑设计标识认证	已纳入计划模块，随项目建设		获得证书
1.2	绿色建筑设计标准完善	2012 年 1 月	2012 年 3 月	任务书、管控要点、建造标准
2	逐年降低运行能耗 2% ~ 3%			
2.1	新开业项目能源管理平台建设	已纳入建造标准、随项目建成		节能专项验收报告
2.2	能源总部分析系统	2012 年 2 月	2012 年 10 月	信息系统
2.3	年度运营能耗分析	每年 3 月	每年 4 月	运营能耗分析与能耗审计报告
2.4	年度节能改造措施	2013 年 1 月	2013 年 12 月	节能改造措施
3	取得一星级绿色建筑运行标识			
3.1	试点项目一星级绿色建筑运行标识申报		2012 年底	获得证书
3.2	制定运营管理标准	2012 年 8 月	2012 年 10 月	管理标准
4	节能改造			
4.1	试点项目节能改造	2012 年	验收分析报告	
4.2	节能改造推广	随年度改造计划	验收分析报告	

第三节　酒店建筑节能工作规划

编号	工作内容	开始时间	完成时间	工作成果
1	逐年降低运行能耗 2% ~ 3%			
1.1	能源管理平台建设	随集团能源管理平台同期建设		能源管理平台验收报告
1.2	年度运营能耗分析	每年 3 月	每年 4 月	能耗分析及审计报告
1.3	年度节能改造措施	每年 1 月	每年 12 月	改造措施
2	获得绿色饭店"金叶级运营标识"			
2.1	绿色饭店运营标准完善	2012 年 3 月	2012 年 6 月	任务书、管控要点、建造标准
2.2	试点项目运营标识申报	2012 年初	2013 年 12 月	获得证书
2.3	制定运营管理标准	2012 年 8 月	2012 年 10 月	管理标准
3	配合大商业完成绿建"设计 1 星"			
3.1	一星级绿色建筑设计标识认证	已纳入计划模块，随项目建设		获得证书
3.2	绿建设计与建造标准完善	2012 年 1 月	2012 年 5 月	任务书、管控要点、建造标准
4	节能改造试点——合同能源管理（EMC）或集团统一投资模式			
4.1	节能改造试点——中央空调系统冷冻站节能控制改造	随年度改造计划	验收报告	
4.2	节能改造推广	根据能源管理平台运行数据分析及节能改造试点评估结果，提出节能改造推广的项目名单及改造费用估算	分析报告	

第四节　居住建筑节能工作规划

编号	工作内容	开始时间	完成时间	工作成果
1	一星级绿色建筑设计标识			
1.1	一星级绿色建筑设计标识认证	已纳入制度，随项目建设		获得证书
1.2	建造标准完善	随标准修订		建造标准
2	2013年以后交付的住宅产品原则上均为精装房			
2.1	豪宅B版模块发布	—	2011年12月	模块文件
2.2	C、D版精装模块发布	—	2012年6月	模块文件
2.3	开展精装修设计	已发总裁专题会议纪要，随项目建设		验收报告

第五节　集团节能工作保障体系

一、节能工作组织架构体系

（一）节能工作管理小组

节能工作管理小组是万达集团节能工作的领导机构，负责督办节能工作目标落实、制定和审议节能工作详细计划，评审节能改造措施，审核节能改造收益。

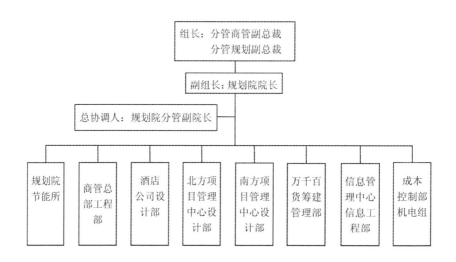

（二）节能目标落实的责任部门

编号	节能工作目标内容	责任部门	配合部门
	商业建筑		
1	2011 年及以后开业的项目均取得一星级绿色建筑设计标识	项目公司	项目管理中心计划部、规划院节能所
2	2011 年至 2015 年间新开业项目逐年降低运行能耗 2%～3%	商管总部工程部	规划院节能所、成本控制部
3	2013 年取得 2 个项目一星级绿色建筑运行标识认证	商管总部工程部、规划院节能所	项目公司、商管公司
4	2015 年实现运营管理水平均达到一星级绿色建筑运行标准	商管总部工程部	
	酒店建筑		
1	2011 年至 2015 年间新开业项目逐年降低运行能耗 2%～3%	酒店总部	
2	2013 年以前 2 个项目取得绿色饭店金叶级运营标识认证	酒店总部	
3	2015 年实现运营管理水平均达到绿色饭店金叶级运营标准	酒店总部	
4	2015 年以前取得 5 个一星级绿色建筑设计标识	项目公司	
	居住建筑		
1	2012 年及以后所有居住建筑均取得一星级绿色建筑设计标识	项目公司	
2	2013 年及以后的住宅产品均为精装修交付	项目公司	

（三）规划院节能所

万达商业规划研究院节能所是集团节能工作归口技术管理部门，对万达集团节能战略目标的实施进行计划管理及督办。

（四）节能运营管理中心

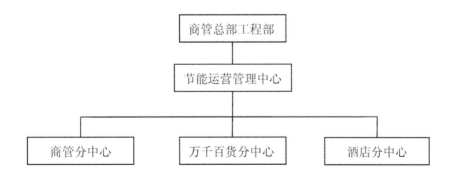

节能运营管理中心是能源管理平台的使用主体，其主要职责有：

（1）能源管理平台建设的组织工作；

（2）能源管理平台的维护、指导运营管理。

节能运营管理中心下设于商管公司工程部，并设分管副总经理。在酒店、百货设置分中心。能源管理平台筹建及运营初期拟编制人数见下表：

部门	商管公司	酒店公司	百货公司	总数
编制人数	3	3	2	8

能源管理平台是实现节能战略目标的必备工具，且该平台建设费用已经纳入"2011版建造标准"。

能源管理平台由计量装置、数据采集器等硬件设备以及能耗数据管理软件系统组成，主要作用有：

（1）实现能耗数据可视化，对能耗实时数据分析，发现运营能耗漏洞，寻找节能潜力，指导运营管理；

（2）实现全国万达广场能耗集中监测和管理，建立用能指标，对能耗进行量化管理；

（3）加强集团能源设备管理与维护，提高管理效率；

（4）对各配电支路的实际功率数据进行检测，提高用电安全水平。

二、节能工作制度保障

节能工作已经全面纳入集团2012版《项目设计管理制度》，得到制度化保障。相关制度条款摘录如下：

《项目设计管理制度》节能工作设计管理权责界面（摘录）；

《项目设计管理制度》商业建筑的节能工作设计管理流程（摘录）；

《项目设计管理制度》居住建筑节能工作设计管理流程（摘录）；

《项目设计管理制度》酒店建筑节能工作设计管理流程（摘录）。

《项目设计管理制度》节能工作设计管理权责界面（摘录）

序号	业务事项	成果形式	物业类型	院线公司	大歌星	万千百货	项目公司	成本控制部	中心设计部	中心营销部	中心计划部	地产研究部	规划院	商管总部	区域商管	商管公司	酒店总部	与持有物业设计管理流程对应	与22个月计划模块对应
				相关各部门															
		7 节能专项																	
7.1	绿建设计星级申报	申报材料	持有物业				▲/◎				○		○					7.1	
		申报材料	酒店				▲/◎						○				○		
		申报材料	销售物业				▲/◎		○										
7.2	绿建设计星级评定成果备案	证书	持有物业				▲				○	○	○	○		○		7.2	296
		证书	酒店				▲				○	○	○	○		○	○		
		证书	销售物业				▲		○	○	○	○	○	○		○			
7.3	BA 系统调试验收	验收报告	持有物业				▲						◎	◎	⊙	△		7.3	314
		验收报告	酒店				▲										◎		
7.4	节能措施及分项计量系统专项验收	验收报告	持有物业				▲						◎	◎	⊙	△		7.4	315
		验收报告	酒店				▲										◎		
7.5	绿建运行星级申报	申报材料	持有物业	△	△	△	△						⊙	◎		▲		7.5	
		申报材料	酒店				△						⊙			▲/◎			
7.6	绿建运行星级评定成果备案	证书	持有物业										○	○		▲		7.6	
		证书	酒店										○			○	▲		
7.7	年度运营能耗分析报告	报告	持有物业					⊙					⊙	▲				7.7	
		报告	百货			▲		⊙					⊙	⊙					
		报告	酒店					⊙					⊙				▲		

《项目设计管理制度》商业建筑的节能工作设计管理流程（摘录）

序号	业务事项	操作流程		流程附件	流程说明及相关标准
		发起流程	审批、接收部门		
7.1	绿建设计星级申报	项目公司负责落实设计技术要求并完成申报工作			
7.2	绿建设计星级评定成果备案	项目公司设计部－规划副总－总经理	中心计划部项目负责人、规划院项目负责人、节能所所长、建筑分管副院长、商管公司、商管总部、酒店总部(有酒店项目)	设计标识证书及申报资料	
7.3	BA系统调试验收	项目公司设计部－项目公司规划副总－项目公司总经理	规划院机电专业负责人、所长、分管副院长、商管公司总经理、商管总部工程部总经理、区域商管总经理	BA系统验收会议纪要	参照《BA系统调试验收标准》
7.4	节能措施及分项计量系统的专项验收				
7.5	绿建运行星级申报	商管公司负责准备申报资料，配合测试并完成申报工作；项目公司、万千百货公司、院线公司、大歌星公司配合；申报资料报商管总部审核，规划院审批			
7.6	绿建运行星级评定成果备案	商管公司工程部－总经理	商管总部工程部，规划院节能所		
7.7	年度运营能耗分析报告	商管总部工程部－总经理－分管副总经理－商管总经理	规划院节能所所长，成本控制部主管副总	年度运营能耗分析报告	
		百货总部筹建部－分管副总经理－总经理	规划院节能所所长，成本控制部主管副总、商管总部工程部总经理		

《项目设计管理制度》居住建筑节能工作设计管理流程（摘录）

序号	流程名称	操作流程		流程附件
		发起流程	审批、接收部门	
4		节能专项		
4.1	绿建设计星级评定成果备案	项目公司设计部－规划副总－总经理	中心计划部及设计部项目负责人、节能所所长、商管公司、商管总部	设计标识证书及申报资料

《项目设计管理制度》酒店建筑节能工作设计管理流程（摘录）

序号	流程名称	操作流程		流程附件
		发起流程	审批、接收部门	
7		节能专项		
7.1	绿建运行星级申报	酒店总部运营部负责准备申报材料，配合测试并完成申报工作，项目公司配合；申报资料报规划院审核，酒店总部设计部审批		
7.2	绿建运行星级评定成果备案	酒店总部运营部－总经理	酒店总部设计部、商管公司、商管总部工程部、规划院节能所	
7.3	年度运营能耗分析报告	酒店总部运营部－总经理－分管副总经理－总经理	规划院节能所所长、成本控制部主管副总	年度运营能耗分析报告

三、节能工作经费保障

（一）建造经费保障

在现行的《万达广场购物中心建造标准》中已经将与节能有关的技术措施落实到位，每个项目的成本核算均已包含达到一星级绿色建筑所必需的节能措施费用。

（二）科研经费保障

每年度规划院节能所均牵头与集团各部门一起联合国内外专业机构，开展适合万达购物中心、万达酒店的节能技术研究，并不断完善设计标准和建造标准，此部分科研经费已经纳入各部门年度预算。

（三）改造经费保障

万达集团将根据能源管理平台运行分析结果，对已开业项目定期投入一定量经费进行节能改造，进一步降低运行能耗，达到节能减排的目的。

四、节能工作信息化保障

（一）计划模块常态管理

在万达《综合体项目计划模块化管理办法》中，对已经纳入节能相关的工作节点，实行常态化管理，并纳入考核。

（二）工程实施过程监控系统

每个万达广场的建设现场均安装了可视化信息采集装置，可以对节能工程的实施情况进行在线监控。

（三）运营过程数据检测

各万达广场按照标准建设的"能源管理平台"及"客流统计系统"等能够对万达购物中心的能耗数据及客流情况进行检测及分析，并提出最佳的运行模式建议。

2011年12月发布

万达集团"绿色、低碳"战略研究报告

万达商业规划研究院　绿建节能研究所

第一节　万达"绿色、低碳"之路

作为全国较早推行环保节能建筑的企业，万达集团早在十年前就开始了"绿色、低碳"之路：

2001年——较早在北方地区采用新技术提升外墙保温性能（大连雍景台项目）；

2002年——采用水资源综合利用等系列环保措施

（昆明滇池卫城项目，云南省第一个做环境评估的住宅项目）；

2003年——较早在长江以南大规模采用外墙外保温技术（南昌万达星城项目）；

2008年——开始居住类产品的绿色建筑设计标识认证（无锡万达广场C、D区住宅）；

2008年——颁布万达集团"2008版建造标准"，开始商业类建筑节能措施全面推广；

2009年11月——以四个项目为试点进行节能研究，进一步完善商业类建筑节能措施；

2010年4月——颁布万达集团"2010版建造标准"，进一步提高建造标准，降低设计能耗；

2010年6月——以两个项目为试点进行既有建筑节能改造，提升已运营项目的能源管理水平。

（注：2001至2008年详细项目资料参阅背景资料。）

第二节 "绿色、低碳"战略目标

一、商业类建筑——引领行业发展

（1）2011年及以后开业的项目均达到一星级绿色建筑设计标准；

（2）2011年至2015年间已开业项目逐年降低运行能耗3%；

（3）2012年取得5个项目一星级绿色建筑运行标识认证；

（4）2015年实现运营管理水平均达到一星级绿色建筑运行标准。

二、酒店建筑——行业领先

（1）2011年及以后开业的酒店均达到一星级绿色建筑设计标准；

（2）结合万达酒店的运营情况，建立万达特色的酒店节能、节水设计标准。

三、居住类建筑——行业领先

（1）2012年30%的住宅产品实现精装修交付，3个项目获得一星级绿色建筑设计标识；

（2）2013年90%的居住类产品实现精装修交付并达到一星级绿色建筑标准。

注：绿色建筑参照标准为国家标准《绿色建筑评价标准》（GB/T 50378-2006）。

第三节 商业类建筑"绿色、低碳"战略分析

一、万达购物中心"绿色、低碳"战略目标

（1）2010年及以后开业的项目均达到一星级绿色建筑设计标准；

（2）2011年至2015年间已开业项目逐年降低运行能耗3%；

（3）2012年取得5个项目一星级绿色建筑运行标识认证；

（4）2015年实现运营管理水平均达到一星级绿色建筑运行标准。

二、万达购物中心"绿色、低碳"战略目标制定说明

（一）一星级绿色建筑设计标准较容易达到

绿色建筑星级标准分为设计标识和运营标识，设计标识的认证对在设计阶段是否达到绿色建筑标准进行评估，目前万达的2010版建造标准能耗水平比国家标准低约20%，性价比较好的节能措施都已在设计标准中采用，因此目前的设计标准基本可以达到三星级绿色建筑的能耗要求。

（二）运营管理水平达到绿色建筑星级标准具有行业标杆的意义

商业建筑能耗水平最终是通过运营管理来体现的，实现运营低能耗的前提是设计的低能耗。目前行业内普遍存在的通病是：节能的手段和措施在建造过程、运营管理过程中被大打折扣，高投入最终没有得到优越的性能。

万达在设计、建造、运营三个阶段进行了很好的管理，但也不同程度上存在一些问题，还有一定的提升空间，而真正达到三者的完整统一，对商业管理来说将具有里程碑式的意义。因此，在战略目标中提出的运营管理达到绿建星级标准，是需要做大量工作才能达到的，而持续降低能耗更是万达广场节能减排工作的必由之路。

（三）2011年至2015年间已开业项目逐年降低运行能耗3%的可行性

a. 目前购物中心能耗水平

万达购物中心能耗以电力消耗为主，目前万达物业管理范围的平均电耗约为250kW·h/m²，其中暖通电耗70kW·h/m²、照明及插座电耗160kW·h/m²，主要能耗集中在空调及照明方面，节能降耗工作将主要围绕这两个方面展开。

b. 已开业项目降低运行能耗存在潜力

从北京石景山万达广场、宁波鄞州万达广场2个已开业试点项目的能源审计结果发现，机电系统不节能有以下几方面原因：技术方案本身存在问题、设计意图未得到落实、系统调试不合格、自控系统失效、运行管理方法不科学等。尽管物业公司极力通过加强管理，努力降低消耗，甚至在部分时间内牺牲了使用品质，但降低能耗仍有空间。

c. 逐年降耗3%工作策略

针对上述问题将采取优化和改造原设计、重新调试机电系统、完善自控系统、引入科学运行管理方法等措施来实现节能。考虑到已有系统的节能工作需要逐步深入，而如果对开业项目做大规模改造会影响商业运营，所以采取每年改进一部分的做法。通过改进→测试→总结→改进的循环步骤，实现逐年持续降耗。

三、实现战略目标的工作基础及工作计划

根据集团的要求，目前规划院与商管公司已经进行了许多节能方面的工作，这些都是战略目标制定和实现的基础，主要工作内容及下一步工作计划如下。

（一）万达购物中心节能设计的专项研究——一星级绿色建筑设计标准实施

万达购物中心整体布局"一街带多楼"的商业规划模式本身就是节能设计，机电设备配置标准很高，主流的节能措施和设备基本均采用。作为一个一直关注绿色低碳的企业，在董事长的大力关心下，又于2009年11月启动了对万达购物中心节能设计的专项研究。

2009年11月至2010年3月，由规划院牵头，商管公司、成本部、项目管理中心等部门参与，完成了万达购物中心节能设计咨询阶段性工作，由霍尼韦尔、欧文斯科宁、奥雅纳和清华大学4家咨询公司分别对武汉菱角湖、大庆萨尔图、福州金融街和广州白云四个万达广场进行节能试点研究，对万达集团"2008版万达机电标准"的能耗设计水平进行了评估，并进一步提出了各气候区域的节能设计标准。

四个试点项目的能耗分析对比结果是以《公共建筑节能设计标准》（GB 50189-2005）、"2008版万达机电标准"为参考，进行全年能耗分析，图1为试点项目不同标准条件下的能耗状况。

通过图1可以看出：万达企业标准的能耗较《公共建筑节能设计标准》（GB 50189-2005）规定的国家标准低15%～20%，已经处于较为先进的水平。

通过进一步分析各咨询公司提出的节能方法，形成了更完善的通用节能技术措施，并在2010年及以后的项目中强制实施。该措施的采用，可以使万达购物中心达到一星级甚至更高级别绿色建筑标准，因此提出此战略目标是现实的。

目前四个节能设计试点项目的前期设计研究工作已经结束，后期延续的咨询工作是待项目开业后，要进行建筑实际能耗

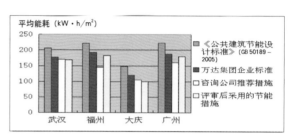

图1　不同标准情况下试点项目的能耗分析

的测试分析，进一步评估设计的合理性并对能耗影响因素进行分析和改进，预计全部科研工作2011年底完成。

表1　万达广场拟采用的通用节能措施及投资分析表

分项	序号	拟采用的节能措施	增加投资（万元）	收益（万元／年）	年回报率
各项目拟采用的通用节能措施	1	增加步行街采光顶开窗面积（自然通风）	92	85	92％
	2	冷热源集中控制（已采用），提高控制水平	60	40	67％
	3	空调机组增加CO_2控制系统	120	209	174％
	4	完善能耗分项计量系统，增加远传平台	50	非节能措施	—
	5	地下停车场、机房使用LED灯具	60	28	47％
围护结构	6	取消外墙保温，型材断桥隔热（南方地区如广州）	−158	2.9	—
		按规范最小厚度保温（中部地区如武汉）	—	—	—
		按规范保温厚度（北方地区如大庆）	—	—	—
小计			382	362	92％
申报一星级绿色建筑评价标识	1	非传统水源利用（雨水收集／中水利用）	60/120	4.5/20	7.5％/17％
	2	太阳能热水系统	105	25	24％

注：围护结构不参与投资分析

（二）已开业万达购物中心节能改造专项研究——绿色建筑运行标识实施基础

对已经建成的万达购物中心的能耗进行分析和节能诊断，评估各项节能技术的效果以及对管理节能进行技术指导，对提升运营管理水平意义重大。

根据集团要求，规划院牵头于2010年5月24日召开了已开业项目节能改造工作启动会，经与集团商管公司商定，选择北京石景山万达广场和宁波鄞州万达广场作为节能改造试点项目，分别委托北京清华城市规划设计研究院和霍尼韦尔（天津）有限公司进行已开业项目的节能改造。

此项工作正在进行节能诊断工作，后续将展开节能改造方案评审、方案实施、改造后能耗检测分析等阶段，最终会编制《机电系统节能运营管理标准》，指导商业管理运营，保证持续有效地节能运行，预计2011年底完成。

表2　拟采取的技术措施分析

序号	节能技术	说　明
1	选择高效率水泵（单级离心泵）	建议空调冷热水系统循环泵的效率不低于80%。 并满足《清水离心泵能效限定值及节能评价值》中节能评价值之标准 流量150m³/h以上水泵建议选择双吸泵 控制水泵输送能效比（ER） 空调冷冻水水系统：ER＜0.0241 空调热水水系统：ER＜0.00673
2	选择高效率风机	满足《通风机能效限定值及节能评价值》中节能评价值之标准 离心风机建议采用后倾叶片
3	太阳能（可再生能源）利用	在太阳能年辐照量大于4200MJ/m²的地区采用太阳能热水技术
4	废热利用	锅炉烟气余热回收，提高锅炉效率。需分析余热回收装置不会影响到锅炉的正常运行 制冷机冷凝热回收，预热生活热水补水，建议用于制冷季较长的地区
5	采用节能灯具	节能灯代替白炽灯。使用LED（半导体发光二极管）灯／灯带
6	冷热源系统集中控制	建议由制冷机厂家提供整套的冷冻水系统群控
7	综合能源计量系统	用管理手段实现节能，构建集团性质的网络能源控制平台
8	变频控制	对酒店常用的电机采用变频控制，精确调速，节能约20%幅度

表3　节水技术

序号	节能技术	说　明
1	选择节水型洁具	龙头采用限流技术，水量5～6L/min；出水咀采用加气技术，水柱温柔而饱满；马桶采用3/6L两档按钮
2	冷却塔节水	适当提高冷却水的浓缩倍数，减少排污次数 设计全自动的化学加药系统
3	洗衣房节水	干洗机采用循环冷却水冷却
4	IC卡员工淋浴系统	通过IC卡管理来提高员工的节水意识
5	废水回收及利用	选择合理的中水技术，对酒店废水有效处理后并回用大商业／写字楼
6	雨水收集及利用	对于度假型酒店，在综合考虑当地气候条件和水资源情况后，条件适宜时设计雨水收集系统 收集屋顶雨水经初期弃流，沉淀处理，用于室外庭院、道路及广场绿化、地面浇洒

（三）万达购物中心一星级绿色建筑运行标识实施计划

目前国内获得绿色建筑运行标识的项目仅有3家，其中上海2家（上海市建筑科学院绿色建筑工程研究中心办公楼为三星级、张家集电港总部办公中心为三星级），山东1家（山东交通学院图书馆为二星级），其原因主要是大部分项目的设计和建造乃至运营管理的严重脱节，因此绿色建筑运行标识认证很难，而真正能代表实际节能水平的也是运行标识，如能认证成功，对企业乃至行业的影响将较为深远。万达购物中心的设计、建造、运营一体化的持有物业特点，为开展持续节能的运营管理提供了很好的平台，因此具备很好的条件申请运营标识。

针对前述四个节能设计研究项目，即武汉菱角湖、大庆萨尔图、福州金融街和广州白云万达广场以及两个节能改造试点项目，即北京石景山和宁波鄞州万达广场，经过运营阶段1年的数据收集和分析后，均能达到一星级绿色建筑运行标识的要求，并计划申请该标识，因此2012年实现5个项目获得一星级绿色建筑运行标识认证是可以实现的。

（四）万达购物中心一星级绿色建筑运行标准推广计划

2013年拟推广完成的《机电系统节能运营管理标准》，所有广场实现运营管理水平均达到绿色建筑1星运行标准，个别项目星级会更高。不是每个项目均申请绿色建筑星级标识，而是以典型的项目申请标识作为代表，统一按照绿色建筑标准进行运营管理。

商管公司已经在南京建邺万达广场及北京石景山万达广场实施了能源分项计量工作，并于8月份在南京召开了"能效分析与科学节能"研讨会，确定了能源管理模型。

能源管理模型是为了做到科学管理和考核进行的分类，通过软件平台，做到实时监测每个广场的每一个系统的运行状况，实现可视化监控，引进专家系统进行能耗分析，可以实时给出每个广场的能耗指标，充分发挥设计的先进性和培养良好的行为节能规范，并对其中可比性较强的指标：空调能耗考核指标、商管用房耗电考核指标、停车场能耗考核指标、步行街公共能耗考核指标进行所有万达广场的横向对比考核。

商管公司已经在第三代万达广场推广能源管理模型，并在北京石景山、南京建邺、青岛CBD、重庆南坪等万达广场试点分项计量管理软件平台，典型界面见图2。

规划院与商管公司也会不断致力于新技术研究和应用，使万达广场的运营管理始终处于行业的领先水平。

四、关于节能工作目前存在的问题及改进方法

通过最近对新项目的节能试点研究和已运营项目的节能改造研究，有一些问题还需进一步改进。

问题1：项目移交时，机电设备调试达不到设计要求，自动控制系统不能发挥作用。从石景山、宁波两个已开业试点项目的能源审计结果发现均存在此问题。

改进方法：规划院参与项目移交，并审核机电设备系统调试是否达到设计标准。

问题2：节能措施的实施路径不统一，缺乏统一管理：规划院在研究设计节能时会提出一些手段，商管运营过程中也会提出一些节能措施。尽管两部门沟通、合作较为紧密，规划院参与商管的评审会，商管也参加规划院的评审会，但是最终还是各自决策，因此缺乏高度的统一。万达购物中心要想持续的节能，需要设计、运营管理密切结合。

改进方法：建议集团统一"节能技术措施"的管理责任，避免多头审批，保证节能措施的一贯性，并使运行管理和节能设计紧密结合。

五、为实现战略目标，建议采取的其他措施

（一）建立"万达购物中心能源管理平台"

能源管理平台可以采集各项目的分项能耗数据，检测各购物中心的环境品质，分析和检查能源消耗情况，指导运营管理，使能耗"看得见"。目前规划设计已经在所有项目实施分项计量，商管公司也开始在4个项目进行了试点和软件平台开发（图2），条件已经具备，希望进一步提高此平台的定位。

（二）拟改变节能研究方式，引入战略合作伙伴

从2011年开始，拟选择两家战略合作伙伴，针对南北两个项目进行为期5年的持续研究，每年设计咨询费用共需约200万元。

节能工作的特点是各措施的实际效果需要系统运行一段时间后才能显现出来，还有大量的测试数据需要分析、整理，较为理想的工作方法是引入战略合作伙伴，持续几年进行跟踪研究，改变目前对设计或运营阶段性的咨询合作方式。例如香港太古城就是通过与国外某公司、国内清华大学合作取得连续10年节能17%的效果。

引入的合作伙伴将与集团签订长期合作协议，通过对万达广场购物中心的建筑、机电系统设计和运行能耗等进行长期检测和全过程研究、分析，为新建项目的设计和已开业项目节能运营提供先进实用的技术和运营管理方法，确保万达购物中心的运行能耗逐年持续降低。

图 2　分项计量管理软件平台

第四节　万达酒店"绿色、低碳"战略分析

一、万达酒店"绿色、低碳"战略目标

2011年及以后开业的酒店设计均达到一星级绿色建筑设计标准。

二、万达酒店"绿色、低碳"战略目标可行性分析

在2010年的上半年，经过酒店建设公司各个部门的不懈努力，编辑完成并正式发行了《万达酒店机电设计导则》和《万达酒店机电设计标准》。在"导则"中，各个机电系统在满足高端酒店高标准舒适性要求、功能性要求的基础上，力求机电系统在酒店建造、调试和运营的全寿命周期内实现高效、节能和环保，真正实现万达酒店的可持续发展。

在2010年半年会上，集团领导再次提出建设"绿色、低碳酒店"的倡议。为积极响应集团关于建设"绿色、低碳酒店"的号召，在酒店建设公司领导的指示下，酒店公司各个部门积极行动，在2010年8、9月举行多次以"绿色、低碳"酒店为主题的专题研讨会。会议讨论中，与会各方认真研究了国内外各种有关的绿色节能设计标准和评价标准，并根据万达酒店自身的开发建造特点和运营特点，总结出了一套适合万达酒店的"节能、节水"技术措施。

随着《万达酒店机电设计导则》、《万达酒店机电设计标准》和《"节能、节水"技术措施》的发行和实施，可以实现2011年及以后的万达酒店设计达到一星级或更高级别绿色建筑标准。随着万达酒店的陆续开业，各项"节能、节水"技术措施会在实践中得到检验，我们万达酒店的技术人员会继续跟踪各项技术的实际运营效果，积极总结经验，不断完善我们的"节能、节水"技术措施。

第五节　居住类建筑"绿色、低碳"战略分析

一、居住类建筑"绿色、低碳"战略目标

（1）全面推进居住类产品精装修工作，2013年90%的居住类产品实现精装修交付；

（2）2013年90%以上的销售物业产品达到《绿色建筑评价标准》（GB/T 50378-2006）中规定的一星级绿色建筑标准。

二、居住类产品精装修工作推进措施

万达居住类产品分为豪宅（A版、B版）、普通住宅（C版）、公寓共三类。其中，豪宅、公寓均已实现精装产品交付，普通住宅的精装产品推进工作已经启动。2010年6月，"2010版建造标准"的实施，为居住类产品全面实施精装推进奠定了基础。

（一）豪宅、公寓的精装推进措施

（1）总结、优化、完善现有设计及选材做法

豪宅项目，根据济南、太原、合肥等项目的实际操作，已在选材、效果把控、成本控制等方面积累了经验，趋于成熟；对于公寓产品，因各地项目产品效果、做法差别较大，需在整合已有资料的基础上，统一标准，规范精装效果和做法。

（2）模块化设计、推广

模块化是在标准化的基础上，更有效地进行成熟做法的拼接复制，形成建筑平面、内装、建造标准、材料及做法的单元化、菜单化操作，模块化设计、成本测算、工程实施等是一体化操作的。

（二）普通住宅的精装推进措施

（1）模块化设计与研究

在无成熟普通住宅精装产品可借鉴的条件下，参考市场上成熟的普通住宅精装产品，直接进行C版住宅的设计研发工作，需完成户型模块、内装模块等步骤。

（2）具体项目实施验证及改进

在北京周边的普通住宅项目中进行精装模块的实施，在实施过程中进行成本和工程做法、标准的验证。

（3）规模化推广

在今后的普通住宅项目中进行逐步规模化推广。

三、绿色建筑1星标准达标措施分析

根据《绿色建筑评价标准》对住宅建筑性能的要求，按照"2010版建造标准"和万达常规做法，针对万达项目特点对项目绿色建筑星级各条文进行预评估，评估结论如下。

（1）节地与室外环境：可达标。

其中4.1.6条人均公共绿地面积不低于$1m^2$，因万达大部分项目为满堂地下室，绿化覆土深度需符合当地规定，才能按公共绿地计算。4.1.7条住区内部无排放超标的污染源，万达项目普遍存在底商，要求在设计时不布置易产生烟、气、尘、声的餐饮店或采取高空排放措施。垃圾转运站、学校、运动场地应利用绿化进行隔离。

（2）节能与能源利用：可达标。

（3）节水与水资源利用：需上中水系统或雨水收集系统才可达标。

（4）节材与材料资源利用：可达标。

（5）室内环境质量：可达标。

（6）运营管理：设计参评项可达标。

根据《绿色建筑评价标准》对公共建筑性能的要求，按照"2010版建造标准"和万达常规做法，针对万达项目特点对项目绿色建筑星级各条文进行预评估，评估结论如下：

（1）节地与室外环境：基本达标。

其中5.1.3条，当玻璃幕墙可见光反射比≤30%时可达标。

（2）节能与能源利用：可达标。

（3）节水与水资源利用：需上中水系统或雨水回收系统才可达标。

（4）节材与材料资源利用：可达标。

（5）室内环境质量：可达标。

（6）运营管理：设计参评项可达标。

结论：根据上述分析，达到绿色建筑1星标准技术实施难度不大，经济上合理，目标定位合理。

四、销售类物业的"绿色、低碳"实施计划

销售类物业的"绿色、低碳"实施计划与公司的整体经营战略、项目成本策划、工期安排有直接关系，是可在公司总体战略之下，由项目系统设计、营销、计划及成本系统等共同确定实施的具体项目、实施计划和步骤。

目前，项目管理中心针对精装住宅等的设计研发工作已按计划展开，可成为"绿色、低碳"实施的重要基础性工作。居住类产品精装修研发工作推进计划如下。

（一）模块化设计的研究

（1）公寓内装模块：2010年10月完成；

（2）普通住宅（C版）模块：2011年5月完成；

（3）豪宅内装（B版）模块：2010年11月完成。

（二）模块样板实施与设计调整

豪宅内装（B版）模块：结合武汉积玉桥项目计划，2010年12月完成。

对于精装住宅和一星级绿色建筑标准达标的项目具体落实，应重点从尚未开展设计的项目中进行遴选，建议实现3年内实现集团住宅项目全部按模块化精装和一星级绿色建筑标准进行设计和实施，并采用的具体步骤为（表4）。

表4 销售类物业的"绿色、低碳"实施计划表

序号	计划时间	目　标	说　明
1	2010	销售物业"绿色、低碳"战略目标确定	确定总目标、实施步骤，安排各部门的分解实施计划
2	2011	选定3～4个住宅项目进行精装和一星级绿色建筑申报试点	对C版住宅精装模块进行实践探索和调整、完善，并进行一星级绿色建筑申报
3	2012	30%住宅项目实施精装和一星级绿色建筑标准对二星级绿色建筑标准进行实施探讨并选定3～4个项目进行二星级绿色建筑申报试点，确定二星级绿色建筑实施的目标	精装设计、工程、成本等操作形成完整和成熟的体系
4	2013	90%以上住宅项目实施精装和一星级绿色建筑标准	

第六节 绿色建筑评价标准简介

一、国内标准概述

《绿色建筑评价标准》（GB/T 50378－2006）是2006年6月开始实施的关于绿色建筑评价的国家标准，是为了贯彻落实完善资源节约标准的要求，总结多年来我国在绿色建筑方面的实践经验和研究成果，借鉴国际上现有的评价体系，制定出的第一部多目标、多层次的绿色建筑综合评价标准。该标准目前尚处于试行阶段，是自愿选择的非强制性标准。

配合《绿色建筑评价标准》的执行，国家还陆续颁布了《绿色建筑评价技术细则》（建科[2007]205号）、《绿色建筑评价技术细则补充说明（规划设计部分）》（建科[2008]113号）、《绿色建筑评价技术细则补充说明（运行使用部分）》（建科函[2009]235号）3个文件。

《绿色建筑评价标准》采取得分制方式作为评价准则，要求在建筑的全生命周期内，最大限度地节能、节地、节水、节材与保护环境，同时满足建筑功能。当建筑的表现满足或高于设定的标准后，便可得分。《绿色建筑评价标准》在节能方面严格执行国家现行的节能标准，有些部分高于国家标准的最低要求。

《绿色建筑评价标准》分为住宅建筑与公共建筑两部分，主要从节地与室外环境、节能与能源利用、节水与水资源利用、节材与材料资源利用、室内环境质量、运营管理六个方面提出要求。要求分为控制项、一般项和优选项三类，其中控制项为绿色建筑的必备条件；一般项和优选项为划分绿色建筑等级的可选条件，而优选项是难度大、综合性强、绿色度较高的可选项。各部分的得分占总分的比例如图3所示，相对而言，节能与能源利用部分比重最大，达到24%。

由于我国对绿色建筑的研究是近十年才开始的，积累的资料和经验较少，因此在制定评价标准时更多地参考了LEED评价标准的打分方法，但在很大程度上摒弃了LEED标准中投入高、系统复杂的做法，推崇简单、实用、行之有效的措施。

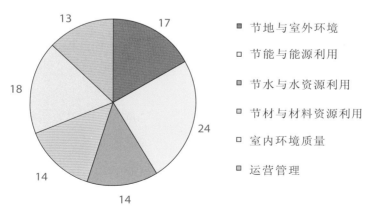

图3 绿色建筑评价标准各部分得分比例示意（公共建筑）

二、国际标准概述

国际上有关绿色建筑的认证体系很多，如英国的BREEAM体系、美国的LEED评估体系、加拿大GBTool评价系统、日本的CASBEE评价体系、德国的DGNB评估体系、荷兰的GreenCalc评估体系、澳大利亚的NABERS评估体系、法国的HQE评估体系等等。各种评价标准的出发点与侧重点并不一样，很难说谁更先进。美国的LEED是由非盈利组织美国绿色建筑协会（USGBC）于2003年开始推广的，其成功的商业运作和市场定位得到了世界范围内的认可，如今已成为全球较为主流的绿色建筑评级体系，得到不同气候带国家的认可。我国不少机关、企业都热衷于取得LEED认证，以此作为技术先进的标志。不过最近一些专家、学者也提出不同意见，认为LEED过分强调应用高技术，忽视基本的能耗水平。

三、适合万达集团的评价标准

万达购物中心、写字楼和销售物业主要针对国内大众消费群体，选择我国住房和城乡建设部颁布的绿色建筑评价标准比较合适。

背景资料

资料一

万达集团2001至2008年绿色、低碳项目资料

2001年，大连雍景台项目

万达集团在大连开发雍景台项目过程中，采用了外墙外保温材料等系列新工艺。外墙保温采用了欧文斯科宁研发的40mm厚挤塑聚苯板，保温性能已经远远走在了国家节能标准的前面。同时，结合通风和采光设计，节能效果十分显著。在后期使用过程中，得到了业主的高度肯定。

2002年，昆明滇池卫城项目

万达集团在开发昆明滇池卫城项目时，由于该项目邻近滇池，万达主动要求做环境影响评估，成为云南省第一个做环境评估的住宅开发项目。该项目采用了一系列的绿色环保技术，如专门设计了一套雨水、污水收集、处理、再利用的系统，将屋顶、阳台、庭院的雨水、生活污水全部收集，经过污水处理厂处理后，排入绿化景观水系，作为景观水景和绿化灌溉用水，实现了小区污水零排放；另采用社区雨水收集入人工湖，利用人工湖蓄水，供社区绿化浇洒；人行道采用高透水性人行道专用砖；垃圾采用分类收集方式；小区热水以太阳能系统为主；路灯、庭院灯、草坪灯均采用了太阳能灯，并设定时开闭自动控制系统等绿色环保技术。

2003年，南昌万达星城项目

2003年，万达集团在南昌开发万达星城时，在行业内率先在长城以南地区大规模采用外墙外保温技术。外墙采用Sto Therm Ceramic外墙外保温体系，该体

系是上海申得欧有限公司从德国母公司引进的，以德国母公司配方、进口原材料生产的瓷砖饰面外墙外保温体系，该体系构造也与后来出版的行业标准《外墙外保温工程技术规程》（JGJ 144-2004）EPS板薄抹灰外墙外保温系统完全一致。

2008年，无锡万达广场C、D区住宅

2008年，万达集团开发的无锡万达广场C、D区住宅，获得一星级绿色建筑设计标识。小区景观照明采取了智能控制系统，硬质铺地采用透水地面，并对屋面雨水进行收集再利用。

资料二
国内发展情况

国内的绿色建筑发展已有一段时间，直到建设部推出评价标准后，绿色建筑的评价体系才规范化。低碳的提法基本是哥本哈根大会以后，由于温家宝总理向全世界承诺减排，国内各行业才真正开始强调低碳、减排。严格地讲，我国对国民生产总值的分项能耗统计还不完善，三大能耗中只有建筑能耗基本能够说得清，长期以来国家对降低建筑能耗的要求主要体现在节能方面。

"十二五"规划将提出高要求

"十二五"节能减排的大幕即将拉开，由国家发改委环境资源司组织起草的"十二五"节能规划目前已完成前期专家组调研，正在抓紧制定。与此同时，工信部也正在着手制定十项鼓励政策，加大工业领域节能力度。有资料统计，"十一五"前三年

各行业的节能成效并不尽如人意。国家能源局发布的《能源发展"十一五"规划中期评估报告》中指出，"十一五"规划纲要提出到2010年单位GDP能耗比2005年降低20%的目标，从前三年的实际情况来看，能耗降幅总体呈现逐年加大的良好势头，但均小于4.36%的年预期目标，三年累计降幅为9.7%，仅完成规划指标的48.5%。通过一系列最新的政策推动，我国当前的节能减排形势已走出"十一五"前三年步履维艰的境地，驶上发展的"快车道"。有消息称，"十二五"规划中对工业、建筑和交通这三大能耗领域将提出更高要求。

总量目标控制，工业节能仍是重点

社会有识之士普遍认为，即将制定出台的"十二五"节能规划，将以设置节能总量目标为指挥棒，建立节能减排的倒逼机制，从高征收企业排污费。另外，还将借鉴"十一五"节能减排措施的相关经验，并在此基础上确定"十二五"节能规划的两大任务：一是推动节能改造，实现节能目标；二是顺应潮流，培育一批高效节能的新技术、产品和装备。从我国社会总体能耗的构成分析，主要包括工业能耗、交通能耗和建筑能耗，其中工业能耗占主要部分，因此降低工业能耗仍是节能工作的重点。工业和信息化部已决定把节能环保作为工业转型升级的重要方向，以促进工业的清洁发展。2010年，工业和信息化部拟从十个方面推进工业节能事业的发展。

建筑节能更受关注

在我国，建筑能耗已逐渐位居第二，随着工

业能耗的逐步降低，建筑能耗备受社会关注。建筑节能是指在建筑物的规划、设计、新建、改建（扩建）和使用过程中，执行建筑节能标准，采用新型建筑材料和建筑节能新技术、新工艺、新设备、新产品，提高建筑围护结构的保温隔热性能和建筑物用能系统效率，利用可再生能源，在保证建筑物室内热环境质量的前提下，减少供热采暖、空调、照明、热水供应的能耗，并与可再生能源利用、保护生态平衡和改善人居环境紧密结合。概括地讲，就是"四节"，即节能、节水、节地、节材。我国建筑节能标准在执行过程中很不乐观，一个明显的例证就是：前几年，建设部曾对17个省市的建筑节能情况进行了抽样调查，结果发现，北方地区做了节能设计的项目只有50%左右按照设计标准去做。其中的原因就是缺乏有效的行政监管体系。

我国建筑节能工作起步于20世纪80年代，1986年建设部批准发布第一项居住建筑节能设计标准，1992年批准发布第一项公共建筑节能设计标准。1998年《节约能源法》实施后，特别是2005年以来，建筑节能工作被提到了重要议事日程。近几年，建设部先后发布了《公共建筑节能设计标准》等21项重要的国家标准和行业标准，民用建筑节能标准体系已经基本形成，逐渐将向节能检查、节能执法方向过渡，以加大力度推广节能工作。

资料三
国外发展状况

在减排方面，20世纪80年代环境污染尤其是温室气体的过度排放引起了人们的高度重视。当时，国际上对于减排二氧化碳的磋商还没有形成统一明确的意见。许多欧洲国家就采用了自愿协议的方式，作为减少二氧化碳排放的国家政策。美国环保局（EPA）于1990年提出减少建筑物温室气体排放的自愿计划。在1992年联合国通过了关于气候变化的框架公约以后，减少温室气体排放和提高能源效率的自愿协议就为发达国家迅速采纳。目前，欧盟有300多个这样的协议，日本有30000个地方防止污染协议，美国有40个联邦一级的自愿协议。我国已于2007年公布了《中国应对气候变化国家方案》，成立了国家气候变化对策协调机构。

由于国情不同，各国能源政策的着眼点和倾向也不同。美国和欧盟能源需求大，对外依赖强，所以其能源政策的首要点都是提高能源使用效率。如美国的《能源政策法》、《国家能源政策法》、《国家能源法案》都涉及节能政策。日本的能源战略原本是以石油的安全稳定供应为首。日本有《节能法》，但近来的调整又再次强调进一步提高能源效率，通过进一步加强节能法的执行力度，大力开发和广泛使用节能技术，最大限度地节约能源。

分析美国、日本和欧盟等主要国家控制主要污染物排放采取的手段可以发现，尽管这些国家针对二氧化硫等主要污染物，除了主要依据法律手段进行控制，并在不同的阶段适时制定相关法案、不断推进新的环境标准外，政府在污染治理上花费了大量的投资，企业也建设了大规模的治理工程。在能源结构上，这些国家也都进行了调整，煤炭的比重逐步降低，可再生能源的比重有所提高，洁净煤技术得到较快发展，但最主要的还是依靠脱硫、脱硝等工程措施实现二氧化硫和氮氧化物等主要污染物的基本控制，充分发挥政府在节能减排中的作用。

设置能源节约的管理部门，专项负责节能工作

各国都有政府机构管理节能工作，但机构设置和职能不尽相同。美国和加拿大的节能归能源部管理。美国能源部能效和可再生能源局（EERE）的职能是：提高能源效率和生产率，向市场转让洁净的、可信赖的能源技术等。日本的节能管理工作由经济产业省代管的资源能源厅负责。此外，通过机构升级强化政府对节能工作的管理。日本对节能工作实行全国统一管理，地方政府没有相应的机构负责节能管理。

政府机构自身节能已成为国家节能政策的重要内容

研究表明，政府往往是许多国家最大的能源消费者，其能源开支在政府行政经费中占很大比重。政府机构带头做好自身节能，可减少财政在政府能源消费方面的开支，推动全社会节能工作的深入开展。例如美国联邦政府每年支出的能源费用达80亿美元，加拿大政府每年建筑能耗费用约8亿美元。在大多数国家，政府机构开展自身节能工作时都存在经费不足的问题，发达国家政府为解决这一问题采取了许多切实有效的措施，如将生命周期成本分析方法与改变财政拨款方式相结合，将能源与维修基金拨款改为节能投资，解决政府机构自身节能中经费短缺的问题。

依法实施节能，通过颁布鼓励政策或措施等推动节能减排工作开展

由于节能动因已经从能源安全转向环境保护，具有相当程度的"外部性"，不是完全依靠市场发挥作用的领域，需要政府和法律政策的干预；此外，节能产品也存在信息不对称问题，需要政府提供公正的信息加以引导。西方国家政府在具体推进节能的方式方法上，对企业的直接行政干预较少，鼓励性措施和惩罚性措施也都有法可依。特别是在专项奖励或减税政策方面大有作为也大有可为，国家和地方可在中央本级财政预算或在地方各级财政预算中列支奖励，在国家税收和地方税收中对企业的税收减免方面予以充分考虑。借鉴节能减排的若干国际经验，现阶段我国的节能减排应从以下方面予以加强：加强法律法规的制定和研究工作。依法进行能源管理是国际惯例。在法律框架内，世界各国为能源资源的所有、开发、生产和使用等环节制定了相应的规章、规则和政策。一些国家将能源资源的整个生命周期内的所有活动在一部综合性法律中规定；一些国家则分别制定，如能源资源的所有权和开采权、能源交易、能源供应、能源定价等。大多数国家将能源供应系统，特别是电力供应，作为公共产品看待。

国外能源管理中最重要的问题是能源效率和节能，因此许多国家直接制定成《能源效率法》或《节能法》，以防范能源危机、确保能源安全和合理利用能源。为了激励企业节能，美国、日本及欧盟国家采用激励机制，收到显著效果。此外，充分利用促进节能减排的经济手段，比如通过征收能源税和碳税，控制能源消费的快速增长，引导能源结构升级，达到节能环保的目的。

国外经验表明，在不节能型社会向节能型社会转变时，有效的激励政策可以使社会形成节约的自律机制。许多国家实施的现金回扣补贴、税收减免、抵押贷款，西欧一些国家实施的消费税、销售税、碳税、二氧化硫税，以及其他能源和环境税等，都是依据该国的经济体制、资源状况、法律法规和社会发展的需求制定的，各具特色，不仅可以提高财政收入，更重要的是促使消费者节约能源，鼓励发展和利用可再生能源资源，优化能源消费结构，相应减少环境污染和二氧化碳的排放。

开展多种形式的节能减排工作，广泛开展第三方融资。能源服务公司和能源服务性能合同（ESPC）是克服经费不足的两种有效形式。首先以公用建筑作为能源服务对象，有助于能源服务公司市场的培育和完善。大力推广政府节能采购。政府节能采购是促进政府机构自身节能的一种简单、低成本、有效的形式，政府节能采购的杠杆作用可以促使市场转型易于实现，还可以通过大宗采购或政府采购来促进节能技术商业化和快速普及，签订节能协议推动多方参与。经济合作与发展组织（OECD）根据参与者的参与程度和协商的内容将自愿协议分为两种类型：经磋商达成协议的自愿协议和公众自愿参与型自愿协议。节能协议能有效地把国家的战略目标与企业目标结合起来，促进国家和企业节能目标的实现。很多企业将参加节能协议作为改善其形象和竞争力的一个重要手段，政府也把建立节能协议作为改善管理效率的一个有效手段。

开展节能减排的咨询服务与信息传播。国外公民较高的节能意识与政府经常性的、有目的的宣传、教育和培训分不开。国外非盈利性的节能信息传播和咨询服务一般由政府提供经费资助。澳大利亚联邦政府有关部门通过公共出版物、网站、宣传点等，向公众进行节能宣传。地方政府在社区和责任区范围内，通过发放小册子和期刊、建立网站、实施示范工程和培训计划等，提高公众的忧患意识和节约意识，广泛吸引社会力量参与节能减排工作。一方面，将节能政策置于公众监督之下，可以更好地促进节能工作的开展，在制度、技术保障等方面提供有利的支撑，进一步深化节约意识；另一方面，广泛吸收中介机构参与，既有利于推进节能政策、强制性标准、规划和计划等的实施，也可以使政府工作人员从具体的事务性工作中摆脱出来，用更多的时间进行战略性、宏观性事务的研究和实施。

《联合国气候变化框架公约》（United Nations Framework Conventionon Climate Change，UNFCCC）是1992年5月22日联合国政府间谈判委员会就气候变化问题达成的公约，于1992年6月4日在巴西里约热内卢举行的联合国环发大会（地球首脑会议）上通过。《联合国气候变化框架公约》是世界上第一个为全面控制二氧化碳等温室气体排放，以应对全球气候变暖给人类经济和社会带来不利影响的国际公约，也是国际社会在对付全球气候变化问题上进行国际合作的一个基本框架。公约于1994年3月21日正式生效。截至2004年5月，公约已拥有189个缔约方。公约将参加国分为三类：

（1）工业化国家

这些国家答应要以1990年的排放量为基础进行削减，承担削减排放温室气体的义务。如果不能完成削减任务，可以从其他国家购买排放指标。

（2）发达国家

这些国家不承担具体削减义务，但承担为发展中国家进行资金、技术援助的义务。

（3）发展中国家

不承担削减义务，以免影响经济发展，可以接受发达国家的资金、技术援助，但不得出卖排放指标。

自1995年3月28日首次缔约方大会在柏林举行以来，缔约方每年都召开会议。1997年12月11日，第3次缔约方大会在日本京都召开，149个国家和地区的代表通过了《京都议定书》。2009年12月7日～18日在丹麦首都哥本哈根召开世界气候大会（全称是《联合国气候变化框架公约》第15次缔约方会议暨《京都议定书》第5次缔约方会议，也被称为哥本哈根联合国气候变化大会）。

继哥本哈根大会以后，西方国家十分关注中国在节能减排方面的实际行动。2009年7月23日，西方媒体援引英国石油公司2009年6月公布的年度能源统计数据称，中国已经超越美国，成为全球能源第一大消费国，这也是一周之内西方媒体对"中国成为能源第一消费大国"的第二轮报道。此前的19日，西方多家媒体援引国际能源署的数据称，中国于2009年消费了22.52亿t石油当量的能源，比美国高出大约4%。由此，中国首次超越美国，成为"全球第一大能源消费国"似乎已经有了较充分的证据。对此，西方媒体给予了大篇幅报道和评论，称之为"世界能源史上里程碑式的事件"。而中国国家能源局官员则立即回应称，相关数据并不可信。这一

事件充分表明，占地球1/4人口的中国要想保持经济的高速发展，节能减排势在必行。

资料四
国家相关政策

目前国家在低碳和减排方面还没有明确规定，有关节能的政策包括：《中华人民共和国节约能源法》、《民用建筑节能条例》、《民用建筑节能管理规定》、《民用建筑节能设计标准》和《绿色建筑评价标准》。

住房和城乡建设部继续推广建筑节能

住房和城乡建设部正在加快建设以低碳为特征建筑体系的步伐，接下来要做的就是完善和严格执行现有的节能法律法规和标准规范，指导各地加强建筑节能的立法工作，完善配套措施，落实经济激励政策，提高政府监管能力等。住建部将着重抓新建建筑节能、加大北方采暖地区既有居住建筑供热计量及节能改造力度、加强国家机关办公建筑和大型公共建筑节能监管、推广可再生能源在建筑中一体化成规模应用、推动建筑节能新型材料的推广应用等5个方面，强化新建建筑执行节能标准的监管力度，全面推行建筑能效测评标识制度，加快建立完善绿色建筑评价标识制度；扩大能耗动态监测平台的试点范围，指导示范省市研究制定各地区国家机关办公建筑和大型公共建筑能耗定额和超定额加价制度；继续扩大可再生能源建筑应用示范规模，引导可再生能源建筑应用向更高水平发展，加大可再生能源农村示范范围，引导农村合理用能；促进新型墙体材料的推广应用及监管，确保

建筑节能材料质量,并带动相关产业的发展。

建筑的碳排放正在逐步量化

计算"碳足迹"(碳排放量)是低碳时代最时髦的事,网上有很多相关的计算公式,只要输入一天生活的相关情况,就能算出排放了多少二氧化碳,这种做法正在扩展到企业界。建筑业被认为是碳排放的几大元凶之一,普遍认为,建筑业制造了30% 40%的二氧化碳排放。国内几家房地产企业按自己的方式统计出节能减排的具体目标,如:万通地产计划未来五年开发1000万m^2的绿色建筑,他们根据公建项目可节电约15.3亿$kW \cdot h$,居住建筑可节煤约70.56万t,计算出将来至少能减少二氧化碳排放量约244.55万t。长沙的"太阳星城"也计算出,建成后的小区每年能少排放近5万t二氧化碳,而建设过程中使用天然石头、竹子等低碳建材,一年能减少近2万t。目前,世界上还没有一个得到广泛认可的碳排放量计算标准。德国可持续建筑协会(DGNB)2008年推出的评估体系,最早对建筑的碳排放量提出完整明确的计算方法;英国的BREEM推出了住区碳足迹模型(Carbon Footprint Models for Housing);台湾也在他们绿色建筑评估体系中列出了碳排放计算方法。去年,联合国环境规划署的可持续建筑与环境协会(UNEPSBCI)在哥本哈根大会上发布了碳排放计算方法报告(Common Carbon Metrics),但报告中并没有给出具体的计算公式。去年年底,全国工商联房地产商会邀请了清华大学、中国建筑科学研究院、同济大学等十几个机构的专家,初步解决了如何将碳排放定量化的问题。其实,影响碳排放的因素很多,能够定量化的四个主要要素是节能、绿化、节水、区内交通。目前,争议最大的、在国际上也无定论的就是在计算建筑业的碳排放量时,究竟是使用过程中的"低碳"(房子建好后使用时的碳排放),还是全生命周期的"低碳"(包括房子建造甚至建材建造过程中的碳排放)。此外,全国工商联房地产商会推出了10个住宅项目的碳减排量的排名,其中包括京沪穗津各1个项目和6个二、三线城市的项目。同时发布的《中国绿色低碳住区减碳技术评估框架体系》,正是为了量化住宅建筑碳排放而制定的评估指标。

仇部长要求:"使用低价可再生能源、推行全装修和立体绿化"

对于世博会上涌现的那些视觉上具有巨大冲击力的建筑,国家住房和城乡建设部副部长仇保兴指出,中国应该以审慎的态度接纳,那些绿色、美观、经济的建筑才是真正的目标,"要防止外形'新奇特'、'卡通化'的能源杀手式建筑涌现",应该使用低价可再生能源、推行全装修和立体绿化。仇保兴发表《长江流域建筑节能十项行动纲领》的演讲时表示,要尽量考虑使用低品质的可再生能源,因为它不仅仅是最便宜的,同时也是最环保、最绿色的。比如长江领域,使用相对昂贵的太阳能光伏发电就不如利用地热能;而在建筑的设计中,尽可能采用通风、外遮阳、自然采光等简单的技术。他还建议应当建立各类用地、财政税收等方面的激励政策,使绿色建筑得到示范推广。仇保兴表示,应该全面推行住宅的配件化和全装修,建议推行建筑绿化的立体化。他认为,绿色建筑本质上就是气候适应性建筑,是与当地气候相适应的建筑。

2010年10月发布

3

2011年万达集团绿建节能工作总结

万达商业地产股份有限公司　总裁助理兼万达商业规划研究院院长　赖建燕

2011年是万达集团各项节能工作全面开展、推进、提升的一年。

2011年，万达集团在2010年《万达集团"绿色、低碳"战略研究报告》的基础上编制完成了《万达集团节能工作规划纲要（2011–2015年）》。

《万达集团节能工作规划纲要（2011–2015年）》进一步明确了万达集团节能工作的阶段目标及实施步骤，是指导万达集团节能工作开展的纲领性文件，提出万达集团的节能工作战略目标如下。

一、商业建筑——引领行业发展

（1）2011年及以后开业的项目均取得一星级绿色建筑设计标识；

（2）2011年至2015年间新开业项目逐年降低运行能耗2%～3%；

（3）2013年取得2个项目一星级绿色建筑运行标识认证；

（4）2015年实现运营管理水平均达到一星级绿色建筑运行标准。

二、酒店建筑——行业领先

（1）2011年至2015年间新开业项目逐年降低运行能耗2%～3%；

（2）2013年以前取得2个项目绿色饭店金叶级运营标识认证；

（3）2015年实现运营管理水平均达到绿色饭店金叶级运营标准；

（4）2015年以前取得5个一星级绿色建筑设计标识。

★★★ 万达学院

★★ 广州白云万达广场

★ 常州新北万达广场

图1 绿色建筑设计标识

图2 《万达集团"绿色、低碳"战略研究报告》和《万达集团节能工作规划纲要（2011-2015年）》

三、居住建筑——行业领先

（1）2012年及以后所有居住建筑均取得一星级绿色建筑设计标识；

（2）2013年及以后的住宅产品均为精装修交付。

按照《万达集团节能工作规划纲要（2011-2015年）》的战略目标，集团各公司部门积极推进工作，全面完成了2011年度的各项节能工作。在各地项目公司的努力下，今年11个万达广场项目取得住房和城乡建设部一星级绿色建筑设计标识认证，分别为上海江桥万达广场、镇江万达广场、厦门湖里万达广场、武汉经开万达广场、银川金凤万达广场、唐山路南万达广场、石家庄裕华万达广场、廊坊万达广场、福州仓山万达广场、泰州海陵万达广场、常州新北万达广场，另外两个项目郑州中原万达广场和大庆萨尔图万达广场已在公示中，即将取得，即2011年开业的万达广场全部达到战略目标要求，均取得1星级绿色建筑设计标识认证。

万达商业规划研究院节能所作为万达集团节能方面的专业部门，负责牵头节能工作的研究，并对集团各部门节能工作的实施进行计划协同及督办。与成本控制部合作，将能源管理平台及相关智能化系统纳入了万达集团2011版建造标准，至此2012年以后开业含2012年的万达广场均按此标准进行建造。

2011年3月29日，万达商业规划研究院代表集团首次参加了"第七届国际绿色建筑与建筑节能大会"，并在开幕式上进行主题发言，组织承办"大型商业建筑的节能运行与监管"分论坛，在会后出版了绿建大会特刊，引起社会各界的广泛关注。

万达商管公司在2011年完成了四个项目的能源管理平台建设试点工作，运行一年以来极大地提高了能源运营管理水平，杜绝能源无端浪费，提高能源使用效率，一年节电150万kW·h；大力推进合同能源管理试点工作，先后完成成都锦华城物业、沈阳区域大商业和无锡万达广场停车场的半导体绿色照明改造；开展北京石景山万达广场、宁波鄞州万达广场的节能改造工作，目前已完成了节能诊断、节能改造初步设计、成本测算、入围供方评测的相关内容。

万达南、北项目管理中心今年已有8个住宅项目通过一星级绿色建筑设计标识的评审，并落实了2011年7月之后所有未开工的住宅项目均达到并申报一星级绿色建筑设计标识的工作。南、北项目管理中心根据董事长要求2013年及以后的住宅类可售物业全部取消清水房的工作指示，在总裁的亲自带领下积极推进精装修设计研发和模块标准化工作，制定了精装模块操作手册。

万达酒店公司依据自身特点从运营方面申请绿色旅游饭店金叶评级入手，旗下成都索菲特、重庆艾美、青岛艾美酒店已于2011年10月前成功获得绿色旅游饭店金叶评级。编制完成《万达酒店机电设计导则节能专篇》、《万达酒店照明节能设计标准》，并已下发实施。并依据上述设计标准对部分已开业酒店进行了灯具的节能改造，取得了显著的节能效果。

万达集团一贯重视节能绿建工作，集团王健林董事长、丁本锡总裁年内多次给予指示并听取节能工作汇报。2010年，万达广场首次拿到一、二星级绿色建筑设计标识认证，2011年全部开业的万达广场达到绿建1星设计标识认证。在此工作基础上，万达集团2012年节能工作将按照新的规划纲要稳步前进，并对2011年、2012年开业的万达广场进行跟踪一年的数值测量及分析，根据研究成果修订建造标准，拟于2013年提出老一代万达广场的改造方案，进一步全面提升万达广场的节能水平。万达集团将利用自身设计、建造、运营一体化的优势，使节能工作在每个环节都得以贯彻执行，并相互促进，最终实现万达广场在全建造、运营周期内绿色、低碳的目标，体现企业应负的社会责任。

2012年万达集团绿建节能工作总结

万达商业地产股份有限公司　高级总裁助理兼万达商业规划研究院院长　赖建燕

2012年是《万达集团节能工作规划纲要（2011—2015年）》正式颁布实施后的第一年，是绿建节能工作作为计划模块节点实施管控的第一年，也是集团对绿建节能工作正式考核和表彰的第一年。

第一节　2012年绿建节能工作回顾

2012年全年绿建节能工作在集团领导王健林董事长和丁本锡总裁高度重视和支持下按计划全面完成，达到集团节能战略目标要求：

（1）2012年17个万达广场全部在开业前取得绿色建筑设计标识认证；

（2）2012年3月以后开业的万达酒店已取得10个绿色建筑设计标识认证；

（3）取得10个已开业万达广场绿色建筑运行标识；

（4）取得12个住宅项目绿色建筑设计标识。

2012年集团的绿建节能工作在此基础上更实现了4项重大突破，分别为：

（1）万达广场获得绿色建筑运营标识，实现商业建筑绿色运营零的突破；

（2）万达商管及百货总部能源管理系统（能源管理平台）建成并投入使用；

（3）长白山1期酒店获得绿色建筑设计标识，万达酒店首次获得绿色建筑设计标识；

（4）天津万达中心住宅项目获得二星级绿色建筑设计标识，是万达住宅项目首次获得二星级绿建设计标识。

2012年集团各系统的绿建节能工作均做出了突出的成绩，值得表彰的部门及工作成绩为：

万达商业规划研究院绿建节能研究所，以《万达集团节能工作规划纲要（2011-2015年）》为依据，将集团绿建节能工作纳入快速发展的轨道，在集团其他部门的全力配合下，以节能月度例会的工作方式推动各项绿建节能工作进展并督办工作成果落实，通过总结归纳形成了绿建节能工作考评办法，为今后集团对绿建节能工作评比和考核提供了依据。

绿建节能研究所组织集团各部门参加"2012年第八届国际绿色建筑与建筑节能大会"，并在大会开幕式做主题发言，向各国参会嘉宾展示了万达集团在节能绿建工作方面取得的突出成果。此外，节能所还代表集团参加了《绿色商店建筑评价标准》编制工作研讨会，根据万达在商业建筑领域多年的设计运营经验对标准编制组的工作提出了建设性意见。针对集团新的业务重点，节能所完成了"文旅城"运营能耗费用的专项研究报告和申报二星级绿色建筑运行标识可行性研究，为集团对"文旅城"项目的相关决策提供技术支撑。

万达商业管理有限公司总部工程部牵头组织绿色建筑运行标识申报工作，取得了非常令人振奋的成果。广州白云等10个已开业的万达广场获得"绿色建筑运行标识"，实现中国绿色商业建筑绿色运行零的突破。"运行标识"是对建筑绿色水平的真实检验，此项成果的取得标志着万达运营管理进入绿色运营时代（图1、图2）。

图1 二星级绿色建筑
设计标识

图2 一星级绿色建筑
运行标识

商管总部工程部牵头，规划院、项目系统、成本部、信息部、万达百货等部门配合，完成了集团能源管理平台的建设工作，于今年6月通过验收并投入使用。此项工作的顺利完成，为集团能源管理进一步节能降耗、指导规划设计提供了坚实的基础数据和科学有效的节能管理方法。此外，在沈阳铁西万达广场、沈阳太原街万达广场进行LED绿色照明改造试点，取得了良好的效果，节电率约50%，为今后商业建筑大力推广LED绿色照明系统提供了宝贵的实践经验。

万达长白山项目公司克服时间紧任务重等困难，积极协调各方单位，使长白山旅游度假酒店顺利获得一星级绿色建筑设计标识认证（图3）。该项目是万达集团第一批获得绿色建筑设计标识的酒店类项目，同时也填补了吉林省大型公共建筑类绿色建筑认证的空白，充分体现了万达集团全面推进绿色建

图3 长白山万达酒店

筑设计工作、履行社会责任的决心。

万达酒店管理有限公司技术部协同青岛酒店共同完成EMC空调主机模糊控制节能系统试点，该系统能够在确保酒店服务品质的前提下，最大限度地发挥设备的调节功能，使整个机房的综合COP值达到最优化的状态，实现能源效率最大化。

北方项目管理中心设计部和天津项目公司积极实践绿色建筑技术，天津万达中心豪宅项目获得绿色建筑设计标识2星级认证，成为万达集团第一个居住类2星级绿建项目，为万达住宅项目今后申报2星级绿建设计标识积累了经验也树立了学习的榜样。

在集团整体节能保障体系的支撑下，2012年万达集团各系统均很好地完成了节能工作年度目标，充分体现了万达集团推进绿建节能工作的决心和执行力。

第二节　2013年绿建节能工作展望

（1）2013年绿建节能工作将按照《万达集团节能工作规划纲要（2011-2015年）》继续推进集团的绿建节能工作，申报全部2013年开业的万达广场、酒店和住宅的绿建设计标识，获得国家5星级授牌的酒店取得绿色酒店运营标识，申报开业满1年的17个万达广场的绿色建筑运行标识。

（2）参加2013年第九届国际绿色建筑与建筑节能大会并继续承办"大型商业建筑的节能运行与监管"分论坛。

（3）积极参加国际绿色建筑和建筑节能学术会议，与国际同行交流，扩大集团在国际绿建节能行业的影响力。

当今世界，绿色发展已成为社会各界的共识。党的十八大，首次提出"建设美丽中国"的概念，并强调着力推进绿色发展、循环发展、低碳发展。万达集团，作为中国民营企业的代表，在迈向世界级企业的过程中，不会忘记我们的民族使命和社会责任。绿色低碳，体现了中华民族人与自然和谐相处的道德观，也是现代社会在发展中必须遵循的共同准则。万达集团在新的一年将继续秉承绿色理念，抓住机遇，协同国内外更多企业参与绿色建筑开发，不断提升绿建节能技术和应用、管理水平，共同为建设资源节约型、环境友好型社会做贡献！

5

2012 年商管公司绿色建筑与节能发展综述

万达商管公司总部　总裁助理兼商管公司副总经理　王志彬

> 带头环保是万达企业文化八个主要特点之一。万达的绿色建筑走在行业的最前列。截止 2011 年，万达有 16 个广场获得绿色建筑设计认证。更令人高兴的是两家酒店获得绿色饭店金叶级运营认证标识。我要求今后所有广场和酒店都要通过绿色建筑设计和运行认证，相比设计认证，运行认证更难，但既然有两家酒店做到，其他公司也应该能做到。除了绿建，万达从 2013 年开始，所有住宅精装修出售。这不仅是节约多少钱的问题，更重要的是要培育节能理念，这种理念不可能一天两天就能形成，需要几十年的持续努力、长期积累。
>
> ——王健林董事长关于节能工作的讲话摘录

秉承王健林董事长的绿色理念及节能要求，作为有社会责任的民营企业——万达集团，更是积极倡导"绿色建筑"理念，把低碳节能作为重点，成为中国商业建筑节能领先的企业。运行实效是考验绿色建筑项目节能减排效果的唯一标准。因此，获得"运行标识"的建筑才能称之为真正的"绿色建筑"。

截至2012年年底，万达自持物业面积将达到1300万m^2，位列世界第二。万达商业管理公司是中国最大的连锁商业经营管理企业，经营管理范围覆盖全国所有的万达广场。万达商业管理公司拥有丰富的商业资源，强大的运营管理能力，成为万达商业地产的核心竞争优势。作为"商业管理是万达核心竞争力"的商管公司，在确保正常经营的同时，以《万达集团节能工作规划纲要（2011-2015年）》为指导，通过绿色建筑运行标识申报、能源管理平台建设及节能改造等技术手段，结合建立各项运行标准等措施，实现节能减排的目标。

第一节 绿色建筑运行标识申报及节能减排

商管公司负责组织实施集团绿色建筑运行标识评审申报工作，目前累计10个广场获得"绿色建筑运行标识"。

2012年7月12日，住房和城乡建设部在北京万达索菲特酒店进行授牌仪式，表彰广州白云万达广场、福州金融街万达广场和武汉菱角湖万达广场。这三个项目是国内首批大型商业建筑获得绿色建筑运行标识。这三个项目绿色建筑运行标识的取得，标志着中国商业建筑进入绿色建筑时代，实现了中国绿色商业建筑的零突破，同时也标志着万达商管公司管理水平已达到国际化领先水平。

2012年11月5日~14日，上海江桥万达广场、武汉经开万达广场、厦门湖里万达广场等7个万达广场顺利通过住房和城乡建设部组织的现场专家评审，并于同年11月底在住房和城乡建设部网站上进行了公示。

经统计，2012年取得绿色运行标识的10个万达广场，总建筑面积达到178.0万m^2，与全国大型商业建筑相比年均节能量为1436.3万$kW \cdot h$，可实现减排CO_2 0.9万t，减排SO_2 55.9t，减排NO_x 16.1t。在给企业带来经济效益的同时，带来社会效益。

商管公司在运营阶段完善运营管理制度、定期进行能效考核、依托能源管理平台，遵循改进—测试—总结—改进的循环步骤，实现运营期间逐年持续降耗。通过运营，发现运营能耗漏洞，寻找节能潜力，按照一星级绿色建筑运行标准，对万达广场的运营模式进行调整，结合万达广场的特点，逐步形成适合商业经营管理的运行管理模式，引领行业发展。

第二节 集团能源管理平台建设

万达集团自2009年开始在北京石景山、南京建邺等四家万达广场进行能源管理平台的试点工作，在该系统的支持和配合下，四个试点广场的节能工作取得显著进展，物管水平持续提高。从2012年初开始，集团对2011年建成开业的17座万达广场和2012年申报一星级绿色建筑运行标识的万达广场进行能源管理平台的建设工作。

截至2012年7月，共有21座万达广场的能源管理平台建设顺利完成，覆盖了武汉中央旅游文化区、广州白云、福州金融街、石家庄裕华等17座万达广场。加上原先建设的4座广场，目前集团能源管理平台共搭建地方服务器21台、360余台采集终端、采集计量表具达9669块。数据上传至集团总部能耗数据中心，完成了"能源管理平台集中展示系统"的搭建，成为集团能耗指标监测、节能成果展示和对外宣传的展示平台。目前能源管理平台已初具规模，完善后可实现能耗在线监测，为管理者提供重大的管理决策依据，为设计者提供设备选型等提供重要依据，从而进一步加大节能降耗力度。

第三节　节能改造

新建及在建万达广场已经全部按照新的"万达节能标准"实施，对于2010年前开业的万达广场，节能改造成为必然。2012年还是一个节能改造探索年，紧跟国际照明产业发展，推动绿色照明在万达广场中的应用，在万达广场地下车库采用LED灯具改造取得成功后，逐步替代商业照明。商管公司先后在沈阳铁西、太原街、淮安等万达广场室内步行街、商管用房、设备机房进行试点LED照明改造，在保证照度、色温、显色性等设计参数不变的情况下（略有提高），取得了良好的效果，就改造部分相比，节能率达到了50%，为下一步节能改造奠定了基础。

第四节　2013年工作展望

在2012年党的"十八大"报告中，环境保护被提升到了前所未有的高度，首次单篇论述生态文明，首提"美丽中国"的宏伟目标，强烈地关注环境保护、资源循环利用、节能减排等相关领域。与此同时2013年将进入"十二五"规划绿色建筑快速发展阶段。

商管公司结合《万达集团节能工作规划纲要（2011-2015年）》的要求，确定了2013年绿色建筑节能工作目标：

（1）完成2012年10月份前开业并获得绿色建筑准设计标识项目全部取得"一星级绿色建筑运行标识"；

（2）完成已开业的3～4个广场绿色建筑改造，并取得"二星级绿色建筑运行标识"；

（3）完成万达学院"三星级绿色建筑运行标识"的申报及评审工作；

（4）实现新开业项目开业3年内能耗逐年下降2%～3%的目标；

（5）完善能源管理平台；

（6）逐步实现既有已开业广场的节能改造工作。

2012年万达集团绿建节能管控综述

万达商业规划研究院副院长　李峻

　　2012年是全面贯彻《万达集团节能工作规划纲要（2011-2015年）》的第一年，在由万达商业规划研究院绿建节能研究所牵头，其他部门、公司大力配合下，各项绿建节能工作全面展开，商业、酒店项目全部取得一星级绿色建筑设计标识，10个开业广场项目取得一星级绿色建筑运行标识、6个酒店项目取得绿色饭店标识，同时商管、百货、酒店系统都完成了第一年节能降耗2%～3%的指标。

　　取得如此出色的成绩，根本原因是在万达集团强大的制度体系及执行力的支撑下，节能工作管理小组进行了有效管理、积极检查、督办和考核。下面从六个方面谈一下节能工作的管控办法。

第一节　集团绿建节能工作组织构架

　　万达集团成立绿建节能研究所，隶属万达商业规划研究院，专门负责绿建节能研究工作，其主要职责是牵头集团各部门完成年度节能工作目标，督办和检查各部门的工作，并对万达集团"绿色、低碳"战略目标的实施进行计划协同及督办。

第二节　计划管理

　　2011年7月，计划模块化管理办法正式上线运行，其中2个2级节点、1个3级节点与绿建节能有关（表1），所有2012年开业项目的节能工作全部纳入计划模块化管理，项目公司全面落实，项目中心跟踪督办，万达商业规划院研究提供技术支持，保证了计划的实现，也第一次实现了开业前所有项目均拿到绿建设计标识的目标。

同时，绿建节能相关内容纳入"2012版项目管理制度"，其中第三章明确规定：

"2.股份公司设计管控及考核的重点内容为：安全质量、计划控制、项目品质、限额设计、强条落实、面积管控及节能绿建七大方面"。

"2.7 绿建节能：依据《万达集团节能工作规划纲要（2011-2015年）》及本制度相关规定开展节能相关工作"。

根据制度及计划模块的考核办法，保证了绿建工作按计划实施。

第三节 销项管理

2010年，按照集团要求，规划院成立绿建节能研究所，其主要职责是牵头集团各部门完成年度节能工作目标，并督办和检查各部门的工作。

2012年年初开始，由绿建节能研究所组织各部门责任人参与，每月举行一次集团节能工作例会，会议的主要议题就是销项检查各部门节能工作的完成情况，对出色完成任务的部门给予表扬，对未按计划完成工作的部门进行提示、督办或通报（表2）。

表 1 计划模块节点

序号	级别	阶段	事项	开始时间	周期	完成时间
296	2	验收	绿色建筑设计评星成果取得	试营业日前 180 天	150 天	试营业日前 30 天
314	3	验收	BA 系统调试验收	开业日后 90 天	90 天	开业日后 180 天
315	2	验收	节能相关工程实施成果专项验收	开业日后 150 天	30 天	开业日后 180 天

表 2 销项计划表

编号	工作内容	开始时间	完成时间	工作成果	责任部门	完成情况
1	一星级绿色建筑设计标识取得					
1.1	一星级绿色建筑设计标识认证	已纳入计划模块，随项目建设		证书	项目公司	17 个项目已获得证书
1.2	绿色建筑设计标准完善	2012 年 1 月	2012 年 3 月	任务书，管控要点，建造标准	规划院	现有标准满足现有绿建设计目标
2	逐年降低运行能耗 2% ~ 3%					
2.1	新开业项目能源管理平台建设	已纳入建造标准，随项目建成		节能专项验收报告	商管总部工程部	硬件建设随项目实施，软件集采按计划推进
2.2	能源总部分析系统	2012 年 2 月	2012 年 10 月	能源总部分析软件	商管总部工程部、信息部	已完成

第四节　供方管理

为保证各项目一星级绿色建筑设计标识的取得，集团为绿建咨询单位单独建立了供方品牌库，对与万达合作过的供方按制度进行了考察、评比，最终确定了北京清华城市规划研究院等10家合格供方，从而保证了每年20个商业广场、15个酒店的绿建评审工作有序地进行。

在已有供方中，每个项目通过招投标的方式选择绿建咨询供方，既保证了服务质量，也降低了咨询成本，每个项目的绿建咨询费由上百万元降低到几十万元。

第五节　标准管理

2011版建造标准已经加入了申报一星级绿色建筑标识的建设费用，设计任务书中也增加了相关的标准内容。

为了保证节能成果的有效落实，2012年7月，万达学院组织，规划院牵头，成本部、南北中心质监部、商管公司参与，对福州金融街、武汉经开、银川金凤3个项目进行了楼宇自控（BA）系统的复盘，发现了BA系统的问题和解决办法，复盘后，各部门组成工作小组，完成了《万达广场BA系统设计、招标、施工、验收、运营标准》的编制工作，对BA系统在各阶段的工作制定了工作标准及考核要点，又一次解决了执行层面标准不统一问题，为节能工作的细化深化开了个好头，同时也贯彻了丁总裁"一键式集中控制系统"的工作指示。

第六节　对外宣传

集团在对外宣传节能绿建方面也做了大量的工作，从2011年开始，作为大会主要赞助方参加由住房和城乡建设部等5部位联合主办的每年一度的国际绿色建筑和建筑节能大会，规划院院长在会上做主题发言，同时大会专门为万达集团设立了绿建节能分论坛，此举大大提高了万达集团在节能方面的影响力，宣传了集团公益社会的目标。

第七节　小结

商管、百货、酒店建设、酒店管理、南北项目中心、规划院等各部门在绿建节能方面都做了大量的工作，每个部门在绿建管理方面都有自己的心得体会，为了保证今后的工作更上一个台阶，我们会重点抓好计划督办、标准建设、考核落实3个方面的工作，同时加大对外合作的力度，从而实现集团在节能战略方面的各项目标。

7 万达绿色住宅建筑设计管理

万达北方项目管理中心 尹强 荣万斗

北方项目管理中心认真落实和严格践行万达集团的"绿色、低碳"战略目标和《万达集团节能工作规划纲要（2011-2015年）》，在2012年北方住宅项目的绿色建筑设计取得丰硕成果，共有天津万达中心万海园住宅等7个住宅项目通过了中华人民共和国住房和城乡建设部的绿色建筑设计标识的评审。其中天津万达中心万海园住宅项目、西安大明宫万达广场南区住宅1-8号楼两个项目通过二星级绿色建筑设计评价标识评审，实现了居住建筑绿色建筑工作的重大突破；长春宽城万达广场A地块（住宅）、大连高新万达公馆项目（一期）、潍坊万达广场6、7号住宅楼、赤峰万达广场C区C1-C5号楼、丹东万达广场A地块住宅等五个项目通过一星级绿色建筑设计评价标识评审。从2011年开始至2012年底，万达北方项目已共有13个住宅项目通过了绿色建筑设计标识的评审。

万达集团北方项目管理中心设计部编制并下发了《销售物业设计管控手册绿建篇2012版（试行）》，从计划管控、设计管控等多方面全过程指引和管控各项目的绿建设计和申报工作，保证了各项目申请绿色建筑评定工作按计划如期完成。现结合万达北方项目绿色住宅建筑设计及申报评审过程中的实际情况，介绍相关计划管控的关键点和设计技术管控的重点。

第一节 设计计划管控

一、计划的第一个关键点是在方案阶段确定申绿工作设计管控计划表（表1）

确定绿建申报计划和顾问，宜在建筑方案进行过程中确定，以便顾问单位从绿建方面对建筑、机电等各专业的方案提供专业的意见，避免在方案确定后因绿建申报而提出对方案的较大修改意见。

表1 住宅绿色建筑设计管控表

序号	业务明细	完成标准	计划完成日期	备注
1	确定绿建顾问	确定绿色建筑顾问单位，并开始工作		方案阶段确定
2	顾问提方案建议	顾问公司根据项目情况提供方案建议书、投资增量估算、星级自评估等		在方案阶段提供
3	绿建申报星级审批	项目公司根据星级自评估（打分表）确定申报星级，并按流程报集团审批		在方案基本确定前报审
4	施工图过程图完成	参考顾问公司提供的方案要求，设计单位完成施工图（含景观、弱电智能化）设计		确保景观、弱电智能化施工图同时完成
5	顾问审图	顾问提供施工图修改意见		在正式施工图出图前进行
6	审图会	顾问单位、设计单位（含景观、弱电智能化）、项目公司等单位对审图意见进行沟通，并确定施工图修改内容和提交计划等，形成会议纪要		根据问题解决情况，确定是否召开审图会
7	提交申报用图纸	设计单位（含景观、智能化）完成申报绿建深度全套施工图，提交电子和纸质版给顾问公司		
8	申报资料汇总	各项方案分析报告以及绿色建筑整体深化方案报告完成		
9	申报	注册，申报完成		
10	绿标办初审	绿标办提供修改意见		
11	补充调整	根据绿标办提供的修改意见进行补充调整等，并提交绿标办		
12	专家评审会	绿标办组织绿建专家评审会，项目公司派人参加评审会并了解评审意见		
13	补充资料或完善设计	根据评审意见补充资料或完善设计，直至通过审核		
14	开始公示	住房和城乡建设部网上可查阅，公示期一个月		
15	取证	项目公司取得证书		
16	评定成果备案	项目公司取得证书后，按流程完成证书和申报材料的备案		

二、第二个关键点是确定拟申报绿色建筑设计评价星级

各项目组织相关人员，参照绿色建筑评价标准打分表（住宅建筑设计标识）（此表略），结合项目设计、成本等实际情况进行自评估并确定申报星级，并按集团制度规定的流程报集团审批。此阶段非常关键，必须重点关注，逐条核对，确保方案经济合理，申报星级符合项目实际情况，尽量做到申报星级与项目设计匹配，既不要出现此阶段打分较高而后发现不满足的情况，也不要出现能达到更高星级而只申报较低星级的情况。

三、第三个关键点是施工图设计

应在开始施工图设计之初，由绿色建筑顾问根据拟申报星级和项目实际情况提出绿色建筑设计要求，并与设计单位（含景观、智能化）等共同讨论确定满足申报星级的设计要求，以指引施工图设计单位（含景观、智能化）按照该设计要求进行设计，并组织相关单位在设计过程中进行充分的沟通和交流，确保施工图设计满足申报绿色建筑的要求，且经济合理。此阶段如管控到位，可减少设计图纸的修改次数。

第二节　设计技术管控

一、关于人均用地指标

《绿色建筑评价标准》（GB/T 50378-2006）第4.1.3条规定："人均居住用地指标：低层不高于43m²、多层不高于28m²、中高层不高于24m²、高层不高于15m²"。万达集团开发的住宅以高层住宅为主，高层住宅要求人均居住用地不高于15m²。人均用地指标是控制人均用地的上限指标，是控制建筑节地的关键性指标，可通过两种方法来满足其要求，方法一：控制户均住宅面积；方法二：增加中高层住宅和高层住宅的比例。该项要求在建筑方案设计阶段需重点关注。

二、关于日照问题

《绿色建筑评价标准》第4.1.4条规定："住区建筑布局保证室内外的日照环境、采光和通风的要求，满足现行国家标准《城市居住区规划设计规范》（GB 50180），中有关住宅建筑日照标准的要求"。该项主要是审核由当地政府认可的日照分析单位提供的日照分析图和日照分析报告，该项标准需要在规划总图阶段认真分析区内每一户的日照及对周边项目的日照影响。在此，需要重点提及，对于南向建筑，在建筑设计时应充分考虑南向居室外窗的日照时数，不仅要满足日照间距，而且建筑立面不要增加过多构件以免形成自遮挡。如不满足此项要求，应及早采取调整规划布局或建筑立面设计等措施，满足居住者对日照、采光和通风的要求，创造宜居的生活空间。该项要求在建筑方案设计阶段需重点关注。

三、关于绿地问题

《绿色建筑评价标准》第4.1.6条规定："住区的绿地率不低于30%，人均公共绿地面积不低于1m²"。在规划设计、景观设计等阶段都应注意确保绿地率、人均公共绿地指标达标，且绿地布置符合《城市居住区规划设计规范》（GB 50180）的相关规定，在此需特别注意绿地率的绿地面积与公共绿地面积的区别。对于正在设计和后续项目的设计，应在规划、景观等阶段尽早核实或咨询相关顾问单位，采取合适的措施以满足要求。

四、关于节水问题

《绿色建筑评价标准》第4.3.1条和第4.3.4条分别规定："在方案、规划阶段制定水系统规划方案，统筹、综合利用各种水资源"，"景观用水不采用市政供水和自备地下水井供水"。在住宅设计中，应通过利用非传统水源如中水利用、雨水回用和合理的规划等，做到对水资源的充分利用和节约。原则上应优先利用市政中水，既经济又实用，并利于减少水源不足等因素对节水的影响。年降雨量800mm以上的地区，无中水回用系统时，应设计雨水回用系统，利用雨水作为杂用水水源。雨水回用系统的设计，需要根据项目的实际情况，结合景观设计的特色，对雨水利用进行多方面的综合考虑。万达广场的住宅部分可考虑与万达广场商业部分共同设计一套雨水回用系统。年降雨量小于800mm的地区，不宜选用雨水回收利用系统，如又无市政中水，建议该地区景观不宜设计水景。

五、关于隔声问题

标准第4.5.3条中规定："楼板和分户墙的空气声计权隔声量不小于45dB，楼板的计权标准化撞击声声压级不大于70dB。"本条文的允许噪声级与现行《民用建筑隔声设计规范》（GB 50118-2010）中的普通水平相比已相差无几。目前万达住宅项目的分户墙、外窗和户门的声学性能要求均能满足卧室、起居室的允许噪声级，在设计过程中应关注楼板的允许噪声级要求。一般地板采暖的项目的楼板能够满足隔声要求，无采暖或采用散热器供暖的项目要考虑适当的楼板隔音设计。

在万达集团各相关部门、公司的支持和努力下，万达居住建筑的绿建节能工作在2012年取得了重大进展，并且在申报二星级绿色建筑设计标识方面取得重大突破。随着全国绿色建筑评审的全面深入开展和申报项目的增多，预计评审机构对新项目的评审将会越来越严格。万达北方项目管理中心将在绿色住宅建筑设计管理方面继续探索，持续努力，并在后续项目的规划设计全过程中，精心组织、详细计划、认真落实绿色建筑设计标准，为万达集团节能战略目标的实现做出贡献。

8 万达百货系统节能管理

万达百货总部　刘强　范学立

百货系统围绕万达集团节能工作规划纲要,针对集团节能战略目标、商业建筑节能工作规划、节能工作保障责任部门、节能运营管理中心、节能工作设计管理权限界面、节能工作设计管理流程、LED节能灯具改造等涉及万达百货在集团绿建工作中应做的工作,达到集团要求的2011年以后新开门店逐年降低能耗2%~3%的目标。

万达百货系统在2012年7月份完成了对全国门店BA系统、能源管理平台、运营状态的统计,9月份完成万达百货能源10年预算工作、对百货各门店进行节能减排评比活动,将对排名前四名的门店进行奖励,对同期能耗增长而销售下降的门店在百货系统进行通报批评。

第一节　BA系统

针对已运营的40家门店,进行了BA系统的调研工作,正常运行的21家门店,失效的12家,7家无BA系统,对BA失效门店进行整改。目前完成整改2家,7家无BA系统的门店,根据门店现状,已安装自控装置4家。

第二节　能源管理平台的建设

2012年百货系统全力配合商管公司建设能源管理平台,截至2012年10月份完成21家门店(图1、图2)。能源管理平台的建立,便于百货总部对门店不定时的监控及能耗工作进行指导，对门店每个时段的用电量，设备运行状况有了直观的管理理念，发现疑点及时与门店进行沟通，大大降低了门店不必要的浪费。

图1 管理平台对各店管理操作界面

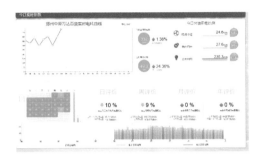

图2 单店能源管理界面

第三节　40家运营门店能耗分析

对已运营的40家门店按气候分区进行了能耗分析，根据气候分区，分为五个地区，分别是：严寒地区、寒冷地区、夏热冬冷地区、夏热冬暖地区和温和地区。

根据以上分区，严寒地区门店数量6家，寒冷地区门店数量12家，夏热冬冷地区门店数量18家，夏热冬暖地区门店数量4家（表1）。

2012年度有同期比的门店有26家，详细分布见表2。

26家门店同期比中，严寒地区5家门店，其中1家达到集团逐年降低能耗2%～3%的目标。寒冷地区7家门店，其中有5家达到集团逐年降低能耗2%～3%的目标；夏热冬冷地区有12家门店；其中有9家门店达到集团逐年降低能耗2%～3%的目标；夏热冬暖地区有2家门店；全部达到集团逐年降低能耗2%～3%的目标。共计17家达到集团逐年降低能耗2%～3%的目标，9家门店未达到集团目标。

表1　40家门店分布表

区域	严寒地区	寒冷地区	夏热冬冷地区	夏热冬暖地区	温和地区	总计
门店数量（个）	6	12	18	4	0	40

表2　26家门店分布表

区域	严寒地区	寒冷地区	夏热冬冷地区	夏热冬暖地区	温和地区	总计
门店数量（个）	5	7	12	2	0	26

一、未达标原因分析

（1）多数无BA系统或BA系统失效，导致开、关照明无法智能化控制，门店以原始手动操作；

（2）照明光源大量使用高耗能的金卤灯；

（3）门店对节能管理仍然存在疏漏，针对问题严重的门店，百货总部总结先进门店的管理经验，下发管理意见书，对其管理控制进行整改。

二、改进措施

（1）建立和完善能源管理平台；

（2）高耗能光源技术改造（LED灯具改造）；

（3）对门店存在的管理疏漏百货总部进行重点跟进，推广能耗控制较好门店的管理经验。

第四节　2012年节能工作总结

一、统计、配合工作

（1）配合规划院节能所、机电所完成百货系统40家门店《BA系统统计表》、《门店能耗统计表》和52家《空调系统技术参数统计表》的统计、汇总和上报工作，及时将现场第一手实时资料上报规划院相关专业所，为建筑节能设计提供可靠的基础数据；

（2）配合集团能源管理平台建设施工等工作。目前百货能源管理平台已上线20家门店；

（3）2012年百货配合商管总部、规划院取得福州金融街、武汉菱角湖、广州白云等10个万达广场整体一星级绿色建筑运行标识；

（4）配合规划院机电所、商管总部完成LED节能改造厂家考察和前期调研；

（5）完成了对2020年218家门店的10年能耗费用的测算工作，为百货系统10年测算提供了基础数据。

二、能耗管理工作

百货系统截至2011年12月开业40家门店中有能耗同期对比的门店26家（表2），2011年前3季度合计用电量12336万kW·h，2012年前3季度合计用电量11869万kW·h,较2011年同期对比下降467万kW·h，同比下降3.8%，百货系统达到了集团节能工作规划纲要目标管控。

三、档案建立及归档

（1）截至2012年57家门店设备设施建立档案并归档到行政管理部；

（2）截至2012年57家门店卫生间、保洁服务公司及保洁服务费用建档、归档；

（3）完成40家自开业到2012年上半年能耗建档归档；

（4）BA系统、空调系统技术参数建档归档。

第五节 2013 年工作计划

一、培训计划

（1）2013年3月份开展针对能耗管理平台的操作培训，为期一周时间；

（2）40家门店工程经理对2012年度节能工作的汇报及交流。

二、技术改造措施计划

（1）2012下半年百货系统在成都、广州、南京三家门店对卖场公共区域照明光源进行LED灯具改造前期单层基础节能数据收集工作，其中成都公司已完成全部更换的工作。百货总部在及时跟进和分析改造后的数据收集，如效果良好拟2013年下半年系统内大面积推广；

（2）吸取和借鉴商管公司空调模糊控制的实际操作、运行经验，对百货系统中空调能耗费用较高的3家门店试点改造，运营1～2个完整制冷期后视节能效果和投入产出比再予以大面积改造。

三、节能管理措施计划

针对百货商业经营的特点，对运营2年以上门店的能耗控制进行专项课题研究，科学、系统地制定百货能耗管理方案。

四、2013 年百货系统节能管控目标

技术改造节能措施和节能管理措施2013年度计划在2012年总能耗的基础上减少不低于3%。

第 二 篇

设计与建造

1

万达购物中心申报二星级绿色建筑设计标识可行性分析

万达商业规划研究院　曹彦斌　章宇峰

　　万达集团从2007年就开始做绿色建筑，节能环保走在全国企业前列。根据《万达集团节能工作规划纲要》的要求，2011年以后开业的万达广场必须取得一星级绿色建筑设计标识。因此万达广场购物中心项目现有设计建造标准可满足一星级设计认证要求。为进一步深入推进建筑节能，加快发展绿色建筑，同时结合国家大力倡导节能减排并推出了对高星级绿色建筑的财政补贴政策，现对典型万达广场购物中心申报二星级绿色建筑设计标识进行可行性研究和投资回收分析。

　　典型万达广场购物中心整体布局体现了"一街带多楼"的商业规划模式，即以室内步行街将百货楼、综合楼、娱乐楼以及精品店、次主力店连通起来。室内步行街2~3层，共享中庭的净高大于18m，长350~550m，宽10~12m，其贯通二、三层的通道部分以采光顶覆盖。除步行街外，基本都是建筑内区。除室内步行街有很大的玻璃采光顶外，其他部分没有天窗。

第一节　绿色建筑设计标识背景介绍

　　《绿色建筑评价标准》（GB/T 50378-2006）是2006年6月开始实施的关于绿色建筑评价的国家标准，是为了贯彻落实完善资源节约标准的要求，总结多年来我国在绿色建筑方面的实践经验和研究成果，借鉴国际上现有的评价体系，制定出的第一部多目标、多层次的绿色建筑综合评价标准。

　　《绿色建筑评价标准》分为住宅建筑与公共建筑两部分，主要从节地与室外环境、节能与能源利用、节水与水资源利用、节材与材料资源利用、室内环境质量、运营管理六个方面提出要求。要求分为控制项、一般项和优选项三类，其中控制项为绿色建筑的必备条件；一般项和优选项为划分绿色建筑等级的可选条件，而优选项是难度大、综合性强、绿色度较高的可选项。各部分的得分占总分的比例如图1所示，相对而言，节能与能源利用部分比重最大，达到24%。

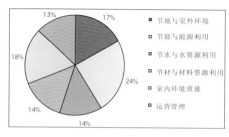

图1　绿色建筑评价标准各部分得分比例示意（公共建筑）

其中适用于万达购物中心项目设计标识的控制项共20项，一般项共32项，优选项共12项（表1）。绿色建筑必须满足所有控制项规定，不同级别的绿色建筑需要满足一般项和优选项的条文项数各不相同。

表1　适用于万达购物中心项目设计标识认证的项数要求（公共建筑）

等级	一般项数（共32项）						优选项（共12项）
	节地与室外环境（共6项）	节能与能源利用（共9项）	节水与水资源利用（共6项）	节材与材料资源利用（共4项）	室内环境质量（共4项）	运营管理（共3项）	
★	3	3	3	2	2	1	—
★★	4	5	4	3	2	2	5
★★★	5	7	5	3	3	2	8

第二节　典型万达购物中心申报二星级绿色建筑设计标识对应增加技术措施分析

按照现有万达购物中心建造标准已经满足二星级绿色建筑设计标识认证一般项条文项数要求和2项优选项条文，只需增加3项优选项技术措施即可以达到申报二星级绿色建筑设计标识认证要求。因此典型万达广场购物中心申报二星级设计标识具有很强的可操作性。

针对典型万达广场购物中心项目，按照现有建造标准可满足二星级绿色建筑设计标识认证一般项条文项数要求和2项优选项条文要求，还需增加3项优选项技术措施即可以达到申报二星级绿色建筑设计标识认证要求（表2）。

表2　现有技术标准已满足优选项条文要求列表（典型万达广场）

编号	条目内容	达标情况	说明
5.2.18	根据当地气候和自然资源条件，充分利用太阳能、地热能等可再生能源。可再生能源产生的热水量不低于建筑生活热水消耗量的10%，或可再生能源发电量不低于建筑用电量的2%	✓	采用太阳能热水系统
5.5.14	设置室内空气质量监控系统，保证健康舒适的室内环境	✓	采用CO_2浓度控制系统

经技术比较和成本测算，确定增加以下 3 条优选项措施：

措施15.2.19：各房间或场所的照明功率密度值不高于现行国家标准《建筑照明设计标准》（GB 50034）规定的目标值。

（1）公共区域照明系统大面积采用LED灯具替换普通灯具，拟新增采用LED灯具区域及面积（表3）；

（2）公共区域全部采用智能照明控制系统，实现分回路分场景控制。

措施25.2.16：建筑设计总能耗低于国家批准或备案的节能标准规定值的80%。

（1）照明系统节能：严格按照《建筑照明设计规范》中目标值的要求进行设计，选用发光效率高的光源和灯具；采用智能照明控制系统，随室外天然光的变化可调节人工照明照度；

（2）空调系统节能：采用高效冷水机组（制冷性能系数优于规范限值20%以上）（表4）；采用排风全热回收新风预处理系统（全热回收效率>60%）（表5）。

措施35.5.15：采用合理措施改善室内或地下空间的自然采光效果。

地下一层设置40组集光导光管及灯具（沿室外步行街布置），改善地下公共空间自然采光。

表3　拟新增彩 LED 灯具区域及面积

新增采用 LED 照明的公共区域	面积	单位
步行街公共区	1.5	万 m²
百货公共区	1.8	万 m²
机电配套用房（已采用）	1	万 m²

表4　高效冷水机组配置及技术要求

设备名称	冷量	单位	台数	技术要求
大商业冷机	950	冷吨	3	COP>6.12
大商业冷机	340	冷吨	1	COP>5.52
百货冷机	650	冷吨	2	COP>6.12

表5　全热回收新风系统配置及技术要求

设备名称	风量	单位	台数	技术要求
全热回收新风机组	32000	m³/h	10	热回收效率 >60%

第三节 典型万达购物中心申报二星级绿色建筑设计标识对应增加成本及投资回收期分析

典型万达购物中心按照现行《绿色建筑评价标准》（GB/T 50378−2006）申报二星级绿色建筑设计标识时，需要增加上述3项优选项措施，如果按照15万m²计算，总成本需增加849万元。

这些节能措施可节约电量143万kW·h/年，按照北京综合电价0.99元/kW·h计，节省运营费用141.6万元/年，静态投资回收期为6年。根据《关于加快推动我国绿色建筑发展的实施意见》（财建[2012]167号）的精神，"对高星级绿色建筑给予财政奖励。2012年奖励标准为：2星级绿色建筑45元/m²（建筑面积）"，如果考虑到政府财政奖励，静态投资回收期缩短为1.2年（表6、图2、图3）。

第四节 总结

（1）国家目前正在大力推进建筑节能，加快发展绿色建筑，并建立了高星级绿色建筑奖励制度。因此万达购物中心申报二星级绿色建筑设计标识是符合国家政策和发展导向的；

（2）根据以上测算分析，万达购物中心绿色建筑申报等级由一星级提高到二星级是切实可行的，对于颁布了补贴奖励实施细则的地区，可以由项目公司申请，经批准后申报二星级绿色建筑设计标识。

表6 典型万达购物中心申报二星级绿色建筑设计标识增加成本措施及投资回收期分析表

序号	拟采用的节能措施	增加投资（万元）	收益（万元／年）	投资回收期（月）
1	采用 LED 灯具	198	35.8	66
2	采用高效冷水机组＋排风全热回收	627	105.8	71
3	地下公共空间采用集光导光管及灯具	24	节能较少，忽略不计	—
4	合计	849	141.6	72
5	计入二星级绿色建筑奖励 45 元 /m²	174	141.6	14

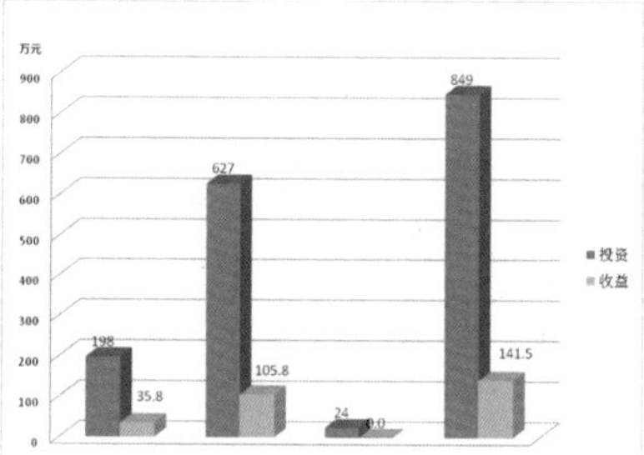

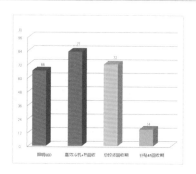

图2 申报二星级绿色建筑设计标识措施成本增量及投资收益

图3 申报二星级绿色建筑设计标识措施投资回收期

2 万达酒店申报二星级绿色建筑设计标识可行性研究

万达酒店建设公司　史萌

第一节　前言

根据集团2012年节能工作纲要，万达酒店均需取得一星级绿色建筑设计标识。截至目前，已有长白山威斯汀等9个酒店取得了一星级绿色建筑设计标识认证证书，并有太原等3个酒店在年底可取得一星级绿色建筑设计标识认证证书。随着对高星级绿色建筑财政补贴政策的出台，在不显著增加建造成本且技术可行的前提下，为在建和即将建造的万达酒店申报二星级乃至三星级绿色建筑设计标识势必成为今后万达酒店绿建工作的一项内容。

第二节　申报二星级和一星级绿色建筑设计标识的区别

由《绿色建筑评价标准》（GB/T 50378-2006）中对划分绿色建筑等级的项数要求（公共建筑）（表1）看出，申报二星级设计标识比申请一星级设计标识在各一般项的项数要求上均有所提高。除此之外，申报二星级设计标识还有六项优选项的要求。

表1　划分绿色建筑等级的项数要求（公共建筑）

等级	一般项数（共43项）						优选项数（共14项）
	节地与室外环境（共6项）	节能与能源利用（共10项）	节水与水资源利用（共6项）	节材与材料资源利用（共8项）	室内环境质量（共6项）	运营管理（共7项）	
★	3	4	3	5	3	4	—
★★	4	6	4	6	4	5	6
★★★	5	8	5	7	5	6	10

第三节　万达酒店申报二星级绿色建筑设计标识的可行性

一、项目情况

对已获得一星级绿色建筑设计标识的淮安万达嘉华酒店为例进行分析。该酒店位于淮安市清河区水渡口地区中央商务区，毗邻已经建成的淮安万达广场商业综合体。酒店总建筑面积35652.46m²，地上16层，地下2层，建筑总高度72.15m，总客房数230间。该酒店建筑效果图及场地规划图分别如图1、图2所示。

图1　淮安万达嘉华酒店效果图

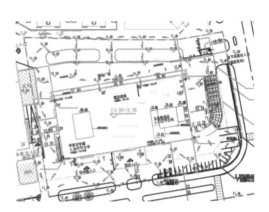

图2　淮安万达广场场地规划图

二、项目达标情况

淮安万达嘉华酒店规划设计阶段绿建等级达标情况（表2）。

由表2可见，该酒店要在现有基础上申请二星级绿色建筑设计标识，需在节水、节材、运营管理分别再多取得1个一般项，且需再多取得2个优选项。

表2　淮安酒店绿色建筑达标状况

	一般项数（共43项）						优选项数（共14项）
	节地与室外环境（共6项）	节能与能源利用（共10项）	节水与水资源利用（共6项）	节材与材料资源利用（共8项）	室内环境质量（共6项）	运营管理（共7项）	
达标	5	7	3	2	4	1	2
不达标	1	2	3	2	2	2	9
不参评	0	1	0	4	0	4	3
★要求	3	3	3	2	3	1	0
★★要求	4	5	4	3	4	2	4

三、申报二星级绿色建筑设计标识技术可行性分析

节地与室外环境、节能与能源利用、室内环境质量这三类一般项已满足二星级绿色建筑要求，在此不做分析，仅针对不满足二星级要求的一般项及优选项进行分析。

（一）节水及水资源利用

目前仅部分酒店设置了雨水收集系统，其余大部分城市型酒店均采用中水回收系统（图3），则5.3.9项可以得分，而5.3.6项不得分。如酒店在干旱地区，5.3.6项可不参评，则要评二星级绿色建筑此类只需3项达标即可，5.3.7项、5.3.9项、5.3.10项即可满足（表3）。

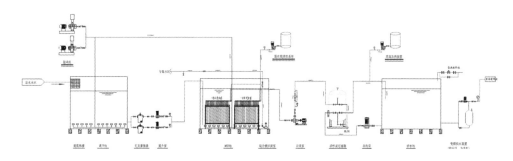

图 3　酒店中水处理工艺原理图

表 3　节水及水资源利用条文及达标状况

名称	类别	编号	标准条文	达标现状
节水与水资源利用	控制项	5.3.1	在方案、规划阶段制定水系统规划方案，统筹、综合利用各种水资源	√
		5.3.2	设置合理、完善的供水、排水系统	√
		5.3.3	采取有效措施避免管网漏损	√
		5.3.4	建筑内卫生器具合理选用节水器具	√
		5.3.5	使用非传统水源时，采取用水安全保障措施，且不对人体健康与周围环境产生不良影响	√
	一般项	5.3.6	通过技术经济比较，合理确定雨水积蓄、处理及利用方案	√
		5.3.7	绿化、景观、洗车等用水采用非传统水源	√
		5.3.8	绿化灌溉采取喷灌、微灌等节水高效灌溉方式	×
		5.3.9	非饮用水采用再生水时，利用附近集中再生水厂的再生水；或通过技术经济比较，合理选择其他再生水水源和处理技术	×
		5.3.10	按用途设置用水计量水表	√
		5.3.11	办公楼、商场类建筑非传统水源利用率不低于20%，旅馆类建筑不低于15%	×
	优选项	5.3.12	办公楼、商场类建筑非传统水源利用率不低于40%，旅馆类建筑不低于25%	×

注：√，达标；×，未达标。

如非干旱地区，则一般项需4项达标。如酒店外绿化面积尚可，则可以选择5.3.8项，即绿化采取喷灌、微灌方式（图4）。如绿化面积很小，则只能选择5.3.11项，中水利用率要达到15%。目前，4万m²酒店最高日用水量约1050m³/d，要满足5.3.11项，中水处理规模至少在180m³/d，用于酒店卫生间冲厕、室外绿化浇灌等。

图4 绿化喷灌

（二）节材与材料资源利用

由表4可见，在5.4.5和5.4.7项之中必须取得一项。如考虑5.4.5项，建议结构主筋采用HRB400（三级钢），三级钢占钢筋总量的比例不低于70%，并应提供《高强度钢用量计算书》。如考虑5.4.7项，则应提供可再循环材料用量比例计算书。

表4 节材与材料资源利用条文及达标现状

名称	类别	编号	标准条文	达标现状
节材与材料资源利用	控制项	5.4.1	建筑材料中有害物质含量符合现行国家标准 GB18580～18588 和《建筑材料放射性核素限量》GB6566 的要求	—
		5.4.2	建筑造型要素简约，无大量装饰性构件	✓
	一般项	5.4.3	施工现场 500km 以内生产的建筑材料重量占建筑材料总重量的 60% 以上	—
		5.4.4	现浇混凝土采用预拌混凝土	✓
		5.4.5	建筑结构材料合理采用高性能混凝土、高强度钢	×
		5.4.6	将建筑施工、旧建筑拆除和场地清理时产生的固体废弃物分类处理，并将其中可再利用材料、可再循环材料回收和再利用	—
		5.4.7	在建筑设计选材时考虑使用材料的可再循环使用性能。在保证安全和不污染环境的情况下，可再循环材料使用重量占所用建筑材料总重量的 10% 以上	×
		5.4.8	土建与装修工程一体化设计施工，不破坏和拆除已有的建筑构件及设施，避免重复装修	✓
		5.4.9	办公、商场类建筑室内采用灵活隔断，减少重新装修时的材料浪费和垃圾产生	—
		5.4.10	在保证性能的前提下，使用以废弃物为原料生产的建筑材料，其用量占同类建筑材料的比例不低于 30%	—
	优选项	5.4.11	采用资源消耗和环境影响小的建筑结构体系	×
		5.4.12	可再利用建筑材料的使用率大于 5%	—

注：√，达标；×，未达标；—，不参评。

（三）运营管理

万达酒店设计了完备的建筑智能化系统，包含通信系统、安防系统、音视频系统、楼宇自控（BA）系统、客房管理系统、智能灯光控制系统等（图5），因此5.6.8项完全可以达标。

楼宇自控系统包括制冷系统、空调换热系统、锅炉供热系统、空调送排风系统、生活冷热水系统、中水系统、排水系统、照明智能控制系统、分项计量等，5.6.9项完全可以达标（表5）。

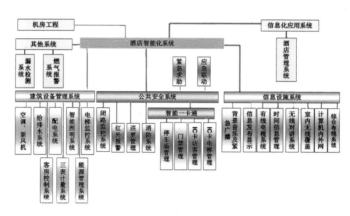

图5　酒店弱电智能化系统

表5　运营管理条文及达标状况

名称	类别	编号	标准条文	达标现状
运营管理	控制项	5.6.1	制定并实施节能、节水等资源节约与绿化管理制度	—
		5.6.2	建筑运行过程中无不达标废气、废水排放	—
		5.6.3	分类收集和处理废弃物，且收集和处理过程中无二次污染	—
	一般项	5.6.4	建筑施工兼顾土方平衡和施工道路等设施在运营过程中的使用	—
		5.6.5	物业管理部门通过ISO14001环境管理体系认证	—
		5.6.6	设备、管道的设置便于维修、改造和更换	✓
		5.6.7	对空调通风系统按照国家标准《空调通风系统清洗规范》GB19210规定进行定期检查和清洗	—
		5.6.8	建筑智能化系统定位合理，信息网络系统功能完善	×
		5.6.9	建筑通风、空调、照明等设备自动监控系统技术合理，系统高效运营	×
		5.6.10	办公、商场类建筑耗电、冷热量等实行计量收费	—
	优选项	5.6.11	具有并实施资源管理激励机制，管理业绩与节约资源、提高经济效益挂钩	—

注：✓，达标；×，未达标；—，不参评。

（四）优选项

第5.2.18可再生能源的利用及第5.2.19项各区域照明功率密度值达标并非所有酒店都能做到，考虑到部分不参评项，只有做到4个优选项才能申报二星级绿色建筑设计标识。各优选项分析及建议如表6所示。

由表6分析可得，该酒店要想取得二星级绿色建筑设计标识认证，需要在5.1.14、5.2.18、5.2.19、5.5.14、5.5.15等5项中选4项达标。透水地面、太阳能热水系统、室内空气品质监测、导光筒采光分别如图6、图7、图8、图9所示。

表6　优选项条文及达标状况

分类	序号	条文	可采用的技术措施及建议	调整后达标判定
节地与室外环境	5.1.12	合理选用废弃场地进行建设。对已被污染的废弃地，进行处理并达到有关标准	项目选址已定，无法更改	×
	5.1.13	充分利用尚可使用的旧建筑，并纳入规划项目	项目选址已定，场地无旧建筑，不参评	—
	5.1.14	室外透水地面面积比大于等于40%	透水地面包括公共绿地、植草砖及透水混凝土等，有可能实现，暂按达标考虑	√
节能与能源利用	5.2.16	建筑设计总能耗低于国家批准或备案的节能标准规定值的80%	万达酒店多使用玻璃幕墙，窗墙比较大，且采用常规冷热源，而非地源／水源热泵等可再生能源，因此整体判定建筑能耗较高，很难达标	×
	5.2.17	采用分布式热电冷联供技术，提高能源的综合利用率	万达酒店一般不可能采用热电冷联供	×
	5.2.18	根据当地气候和自然资源条件，充分利用太阳能、地热能等可再生能源，可再生能源产生的热水量不低于建筑生活热水消耗量的10%，或可再生能源发电量不低于建筑用电量的2%	裙房及塔楼屋面设置太阳能集热板，用于预热生活热水，预热量占总生活热水耗热量的10%以上。暂按达标考虑	√
	5.2.19	各房间或场所的照明功率密度值不高于现行国家标准《建筑照明设计标准》GB50034规定的目标值	在室内和照明设计方案阶段，绿建顾问即介入，并尽量采用节能灯具，少用装饰灯具，各房间、场所的照明功率密度值严格按照《建筑照明设计标准》目标值设计，暂按达标考虑	√
节水与水资源利用	5.3.12	办公楼、商场类建筑非传统水源利用率不低于40%，旅馆类建筑不低于25%	万达酒店虽采用中水或雨水收集，但酒店冲厕、室外绿植灌溉等用水比例较低，很难达到25%的利用率，按不达标考虑	×
节材与材料资源利用	5.4.11	采用资源消耗和环境影响小的建筑结构体系	万达酒店项目基本不采用钢结构，按不达标考虑	×
	5.4.12	可再利用建筑材料的使用率大于5%	酒店可再生材料使用量较少，按不达标考虑	×
室内环境质量	5.5.13	采用可调节外遮阳，改善室内热环境	酒店若采用带活动遮阳的呼吸式玻璃幕墙或机翼百叶遮阳系统，对外立面影响较大且投资较高，按不达标考虑	×
	5.5.14	设置室内空气质量监控系统，保证健康舒适的室内环境	建议在酒店人员密度较大、空气品质要求较高区域空调回风处设二氧化碳监控，并与新风系统联动。此项较易实现，按达标考虑	√
	5.5.15	采用合理措施改善室内或地下空间的自然采光效果	可增加导光筒为酒店地下车库、后勤区提供自然采光，降低照明能耗，此项投入成本不高，按达标考虑	√
运营管理	5.6.11	具有并实施资源管理激励机制，管理业绩与节约资源、提高经济效益挂钩	此项属运营管理，非设计范畴，不参评	—

注：√，达标；×，未达标；—，不参评。

图6　透水地面

图7　太阳能热水系统

图8　室内空气质量传感器

图9　导光筒

四、申报二星级绿色建筑设计标识经济可行性分析

从前文分析得出，鉴于现已要求所有万达酒店均采用中水回收系统，采用高性能混凝土和高强度钢也应不存在问题，且所有万达酒店弱电智能化系统、楼宇自控系统都设计完善，且成本分析按最不利即成本最大原则考虑，因此成本增加考虑以下几项技术：室外绿化滴灌、透水地面、太阳能热水、室内二氧化碳监测、导光筒。

实际上，如酒店地处干旱地区或扩大中水处理规模，室外绿化滴灌可以不做。如严格控制酒店灯具尤其是装饰灯具的选型，透水地面也未必需要。

增加五项技术（最不利情况）成本投入分析如表7。

除此之外，申报二星级绿色建筑设计标识的绿建顾问费用也比申报一星级绿色建筑设计标识有所增加。就淮安万达嘉华酒店而言，一星级的顾问费是15万，申报二星级则为27万，即增加了12万的咨询费用。

综上，该酒店申报绿色建筑二星级设计标识增量成本约为115.25万元，单位建筑面积增量成本约为32元/m²。

获得二星级绿色建筑设计标识后，根据国家对高星级绿色建筑的财政鼓励政策，二星级绿色建筑可补贴45元/m²，该酒店总计可获补贴160.43万元。

表7 技术成本分析表

技术名称	单价	使用量	总价（万元）
室外绿化滴灌	5元/m²	500m²	0.25
透水地面	70元/m²	500m²	3.5
太阳能热水	2000元/m²集热板	400m²（集热板）	80
二氧化碳监测	5000元/套	21套	10.5
导光筒	6000元/个	15个	9
合计			103.25

第四节　总结

万达酒店申报二星级绿色建筑设计标识，技术上可实现，且即使按投入最大考虑，享受国家补贴的收入也完全可以弥补初投资成本，尚有约40%盈余。

获得高星级绿建标识对于万达酒店自主品牌的建立和发展意义深远，万达酒店也将迈入绿色酒店的行列。而且对开业酒店随之申请绿色酒店甚至绿色建筑运行标识也大有帮助。如果酒店计划申报二星级绿色建筑设计标识，建议尽早确定绿建顾问并使其参与设计全过程。

万达购物中心中水利用可行性探讨

万达商业规划研究院　朱晓辉　李跃刚

万达酒店建设公司　　赵毅

背景

水是人类生存的基础和经济社会发展的重要战略资源，党和政府高度重视节水型社会建设，城市建筑节水是建设节水型社会的重要组成部分，而使用非传统水源，包括雨水、再生水等则是建筑节水的直接体现，是节约市政用水及自备井用水的重要方面，对于城市购物中心来说，合理地建设中水处理系统，实现污、废水的再利用，从而达到节约水资源、减少污、废水排放量目的，符合目前国家积极倡导的节能减排产业政策，具有积极、深远的社会效益和环境效益。

第一节　中水回收利用的必要性

一、绿色建筑评估体系的要求

（一）国内绿色建筑节水标准

2006年建设部颁布的《绿色建筑评价标准》（GB/T 50378-2006）是我国第一部多目标、多层次、对绿色建筑进行综合评价的技术标准。

评价指标分为六大类，每类又细分为控制项、一般项、优选项（表1）；控制项必须满足，优选项为加分项，需综合利用各项技术，投资高、回报慢；这样一般项就成为绿色建筑评价的关键所在。

绿色建筑的核心是"四节一环保"，其中节水是非常重要的一个环节，在满足控制项的前提下，一般项要求根据地区降水特点采用雨水或再生水，并对灌溉和景观用水提出要求，再生水或雨水的利用成为获取绿色建筑标识的必选项。

表1 划分绿色建筑等级的项数要求（公共建筑）

等级	节地与室外环境（共6项）	节能与能源利用（共10项）	节水与水资源利用（共6项）	节材与材料资源利用（共8项）	室内环境质量（共6项）	运营管理（共7项）	优选项数（共14项）
★	3	4	3	5	3	4	—
★★	4	6	4	6	4	5	6
★★★	5	8	5	7	5	6	10

（二）LEED评估体系节水标准

美国绿色建筑协会于1998年发布《能源及环境设计先导》绿色建筑评估体系，简称LEED评估体系，被认为是该领域最完善、最有影响力的评估标准。

LEED评估体系主要从可持续发展建筑场地，节水、能源和环境、材料和资源、室内环境质量、创新设计过程六个方面进行综合考察（图1），根据每个方面的指标进行打分，将通过评估的建筑分为认证级、银奖级、金奖级、铂金奖级四个级别，以反映建筑的绿色水平。

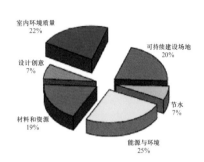

图1 LEED评估体系六要素占比

该评估体系节水方面主要从节水景观、创新的污水技术、节约用水三个方面进行综合评价，LEED评估体系同样对于非传统水源的利用作出了量化的约定。

二、国家规范、标准的要求

（一）《建筑中水设计规范》（GB 50336—2002）的相关要求

规范第1.0.5条规定，缺水城市和缺水地区适合建设中水设施的工程项目，应按照当地有关规定配套建设中水设施。条文说明中解释对于宾馆、饭店、公寓、高级住宅等，建筑面积大于2万m^2，或回收水量大于100m^3/d的条件下配套建设中水设施。

（二）《民用建筑节水设计标准》（GB 50555—2010）的相关要求

规范第5.3.1条：水源型缺水且无城市再生水供应的地区，新建和扩建的下列建筑宜设置中水处理设施。（1）建筑面积大于3万m^2的宾馆、饭店；（2）建筑面积大于5万m^2且可回收水量大于100m^3/d的办公、公寓等其他公共建筑；（3）建筑面积大于5万m^2且可回收水量大于150m^3/d的住宅建筑。

（三）《清洁生产标准　宾馆饭店业》（HJ 514—2009）的相关要求

本标准给出了宾馆饭店业运营服务过程清洁生产水平三级技术指标（表2）。一级：国际清洁生产先进水平；二级：国内清洁生产先进水平；三级：国内清洁生产基本水平。

如前所述，无论是绿色建筑评估体系，还是规范标准的相关要求，中水系统的建设都成为必须。

表2　宾馆饭店业清洁生产技术指标要求

清洁生产指标等级	一级	二级	三级
给排水系统	节水器具符合《节水型生活器具》(CJ 164)，安装率达到100%		
	卫生器具的给水额定流量、最低工作压力等符合《建筑给水排水设计规范》(GB 50015)		
	建筑面积20000m² 以上的宾馆饭店建设中水设施，建立雨水收集利用系统，并且有效利用中水和雨水	建筑面积20000m² 以上的宾馆饭店建设中水设施，并且有效利用中水	

第二节　购物中心中水利用可行性探讨

一、中水水质标准

目前国内中水水质的标准主要有如下两种：《城市污水再生利用城市杂用水水质》（GB/J 18920–2002）和《城市污水再生利用景观环境用水水质》（GB/T 18921–2002）。

对于城市购物中心，中水回用对象主要包括如冲洗卫生间恭桶、便池用水；绿地浇灌用水，汽车冲洗用水；庭院道路冲洗用水；水池、喷泉等水景用水；还可用于独立消防系统的消防用水等。因为上述用途较多且用水广泛，如合用水质标准应采用二者中较为严格的水质标准为宜。

二、中水处理工艺

中水处理工艺的选择工作必须在大量资料调研和系统试验研究的基础上慎重进行，如果中水处理工艺标准选择过高，会增加中水处理设施的初期投资、运行费用和日常维护费用，导致中水处理成本和中水用户的负担费用增加；但如果中水处理工艺标准选择过低，会使中水水质不能达到相关标准的规定，影响中水的正常使用。

满足不同用水水质标准的要求，一般可采取如下几种处理工艺（图2）。

（一）满足国内中水水质标准

传统生化处理工艺—深度处理工艺（砂滤、炭滤）—消毒

（二）满足部分地表四类水体标准

传统一级处理工艺—MBR膜生物反应器工艺—消毒

（三）满足高品质再生水标准

传统生化处理工艺—双膜（超滤＋反渗透）工艺—消毒

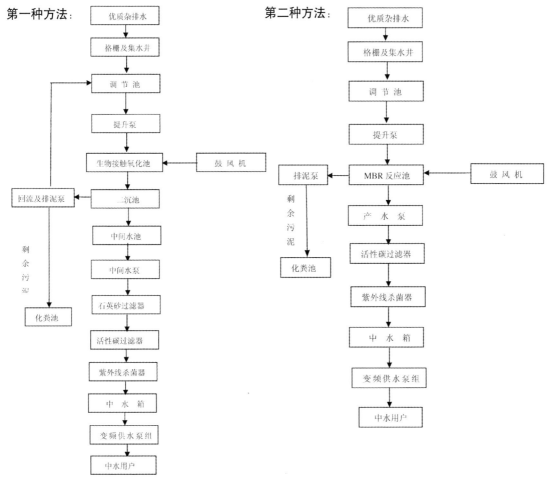

第一种方法：

优质杂排水 → 格栅及集水井 → 调节池 → 提升泵 → 生物接触氧化池 ← 鼓风机 → 二沉池 → 中间水池 → 中间水泵 → 石英砂过滤器 → 活性碳过滤器 → 紫外线杀菌器 → 中水箱 → 变频供水泵组 → 中水用户

回流及排泥泵 → 化粪池
剩余污泥

第二种方法：

优质杂排水 → 格栅及集水井 → 调节池 → 提升泵 → MBR 反应池 ← 鼓风机 → 产水泵 → 活性碳过滤器 → 紫外线杀菌器 → 中水箱 → 变频供水泵组 → 中水用户

排泥泵 → 化粪池
剩余污泥

图 2　中水处理工艺流程图

三、万达项目建设中水系统的适用性

（一）不同项目中水系统适用性分析

（1）文化旅游区项目：原水量较充足，可回用景观、绿化用水点较多，中水回用水量也亦达到平衡，较适合中水回用。

（2）万达购物中心项目（含酒店）：酒店中水原水量充足，可回用于商业及写字楼冲厕及绿化用水，酒店做非客房区部分回用，推荐使用。

（3）酒店单体项目：原水量充足，回用量较少，机房需设于酒店地下层占用面积较多，空气质量较差，管道井面积增大，对酒店品质有影响，可考虑设置部分中水回收，因酒店冲厕用水量小，应慎重考虑回用。

（二）万达购物中心项目（含酒店）建设中水系统的优势

（1）万达购物中心中水来源一般可考虑酒店区的排水，具有水源充沛、水质优的特点，主要包括冷却排水、沐浴排水、盥洗排水、洗衣排水，这些都是优质杂排水，其处理工艺具有简单、投资省等优点。

（2）万达购物中心（含酒店）总体建设成本投入越大，中水处理系统建设成本占总成本的比例越低，故中水处理系统在投资比例方面占有相对优势。

（3）中水在万达购物中心中的用途广泛，如冲洗卫生间恭桶、便池用水；绿地浇灌用水，汽车冲洗用水；庭院道路冲洗用水；水池、喷泉等水景用水；还可用于独立消防系统的消防用水等。

四、万达酒店水量调查及分析

因万达购物中心内五星级酒店中水水源稳定、充沛；且优质杂排水水质优良，我们对万达五星级酒店进行用水量调查，在摸底调查中，我们选取了一南一北两个具有代表性酒店：宁波万达索菲特大饭店和青岛万达艾美酒店，开业2年及以上。其中宁波万达索菲特大饭店：建筑面积4.2万m^2，客房291间，员工数388人；青岛万达艾美酒店：建筑面积5.3万m^2，客房348间，员工数433人。水量统计见表3。

从表4我们可以发现，两家酒店的年平均日、最高日用水量每年都有增长，南方酒店比北方酒店用水量稍高一些，2011年年平均日用水量均在300m^3左右，且最高日用水量基本相同，达到374m^3（图3、图4）。

表3　宁波万达索菲特大饭店和青岛万达艾美酒店用水量统计（截至 2011 年 10 月）

月份	宁波万达索菲特大饭店			青岛万达艾美酒店		
	2009年（m^3）	2010年（m^3）	2011年（m^3）	2009年（m^3）	2010年（m^3）	2011年（m^3）
一月	6636	7549	8363	—	4922	7732
二月	6014	6240	7128	—	3606	5326
三月	6119	8098	7868	—	5626	7722
四月	6714	6990	7404	—	4782	8807
五月	7026	7637	8370	—	5493	10858
六月	9062	7792	9612	—	6075	11228
七月	8698	9982	11212	—	8534	10236
八月	8812	9957	10257	—	8836	10588
九月	8135	9378	8395	—	6372	9363
十月	7868	7848	8313	—	7763	9771
十一月	7822	7512	—	—	6720	—
十二月	6757	6462	—	4338	7232	—

表 4 日用水量统计

统计项目	宁波万达索菲特大饭店			青岛万达艾美酒店	
	2009年	2010年	2011年	2010年	2011年
年平均日用水量(m³)	249.06	265.13	289.74	211.00	305.44
最高日用水量(m³)	302.07	332.73	373.73	294.53	374.27

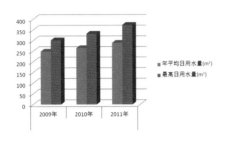

图 3 宁波万达索菲特大饭店日用水量图

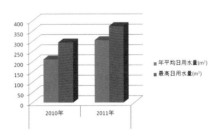

图 4 青岛万达艾美酒店日用水量图

五、经济评价

我们以最高日用水量374m³作为中水原水量的计算依据，考虑不可回收用水量64m³/d（空调冷却水补水、绿化用水等），可回收计算原水量为310m³/d。依据《建筑中水设计规范》（GB 50336-2002）第3.1.4条规定，酒店优质杂排水（沐浴、盥洗、洗衣）水量最少占最高日用水量的72%。依此计算酒店优质杂排水原水量为223.2m³/d，我们以200m³/d作为中水处理规模。

根据上述中水处理规模，选定两种中水处理工艺（A/O+二沉池+石英砂过滤+活性炭过滤+消毒，MBR+活性炭过滤+消毒），处理后水质达到《城市污水再生利用城市杂用水水质》（GB/T 18920-2002）和《城市污水再生利用景观环境用水水质》（GB/T 18921-2002）要求。

通过计算核定设备及土建总投资，计算单方水处理成本，核算投资回收期，结果见表5。

表 5 中水回用经济分析表

	设备总投资（万元）	处理成本（元/m³）	投资回收期（年）	所需空间（m²）	要求建筑高度（m）
工艺一	148	1.2	4.1	130	≥3.6
工艺二	153	1.3	4.3	130	≥3.6

注：上表以北京地区电价（1.03元/kW·h）及水价（6.21元/m³）为依据。

智能模糊控制技术
在中央空调节能控制中的应用

万达商管公司总部　崔福贵　田礼讯

第一节　概要

万达的每一个项目，都是城市的地标，成都锦华万达广场也不例外。

成都锦华万达广场是万达集团在西南区域内的旗舰项目，包含了百货、超市、零售、餐饮、娱乐等项目，总建筑面积达40万 m²，是蓉城最大的一站式购物休闲中心。对于城市商业体建筑来说，舒适的空调环境势必导致空调费用的大幅度增长，在2010年，成都锦化万达广场采用了以智能模糊控制技术为核心的中央空调管理专家系统，对中央空调冷（热）源中心进行节能改造，在确保终端用户空调服务温度的前提下，实现了中央空调系统能耗下降33%。

第二节　成都万达商业广场空调节能效果

中央空调管理专家系统采用模糊控制技术，对成都锦化万达广场项目总制冷量为1745USRT的中央空调系统进行智能模糊优化控制，对系统3台冷水机组、6台循环泵组、3台冷却塔风机及相关辅助设备进行全天候、全参数、24小时不间断动态监测，真正实现中央空调系统智能化管理，高效节能。

2010年10月11日～18日，广场建设方和设备供应方共同对该系统进行全面的测试，被测试的中央空调主机及辅机采用定流量和变流量交替运行的方法对各自能耗进行记录，且对天气情况和空调效果进行了详细的记录。

一、气象条件

从记录日的气温变化看（表1），11日～18日最低、最高气温分别为18℃和27℃，记录日均气温逐渐降低、但差异较小。

表1　调研期间气温

日期	日均气温(℃)	最高气温(℃)	最低气温(℃)
10月11日	23.5	26	21
10月12日	23.5	27	20
10月13日	22	25	19
10月14日	22.5	26	19
10月15日	22.5	25	20
10月16日	21.5	24	19
10月17日	21.5	24	19
10月18日	20.5	23	18

二、能耗数据

通过对10月11日～18日的测试，在开机台时数相同的前提下，记录冷（热）源中心系统各项高耗能设备的耗电数据，包括中央空调主机、冷冻水泵、冷却水泵和冷却塔风机，能耗数据如图1、表2所示。

通过表2可见，采用BKS中央空调专家系统控制模式下，较原系统工作模式电能消耗降低效果显著。

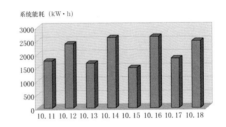

图1 不同工作模式下的能耗柱状图

4组BKS模式运行记录中的系统功耗分别较原工作模式下了26.02%、36.20%、43.86%和25.98%，测试期间，系统综合节能率为33%。

表2　数据统计记录表

测试日期	10月11日	10月13日	10月15日	10月17日	10月12日	10月14日	10月16日	10月18日
运行方式	BKS模式运行				原模式运行			
系统能耗(kW·h)	1760	1669	1490	1849	2379	2616	2654	2498
总计能耗(kW·h)	6768				10165			
节约能耗(kW·h)	3397							
节能百分比	33%							

第三节 控制系统的主要设备

一、冷热源站控制设备

根据不同项目中央空调冷（热）源中心的具体情况，设计选用节能控制系统相应设备。每个智能控制柜、箱的控制功能（表3）。

表3 冷（热）源中心控制设备表

冷（热）源中心控制设备	控制功能
模糊控制柜	冷热源主机状态、能耗监测、启停控制、系统优化控制
冷温水泵智能控制柜	水泵逻辑/保护控制、控制/调节信号转发、状态监测、能耗及相关过程信号的检测
冷却水泵智能控制柜	水泵逻辑/保护控制、控制/调节信号转发、状态监测、能耗及相关过程信号的检测
风机智能控制箱	风机逻辑/保护控制、风机控制/调节信号转发、风机状态监测、风机相关过程信号的检测
现场模糊控制箱	采集冷温水供回水总管温度、冷温水流量、冷温水供回水压差、冷却水回水总管温度、主机冷水出口温度、主机冷却水出口温度等

二、现场设备

（一）过程参量采集设备

采集各个冷（热）源主机冷冻水出入口温度，冷却水出入口温度，冷温水回水总管流量，冷冻水供、回水总管温度，冷冻水分、集水器压差，冷温水供、回水压差，冷（热）源主机能耗。

（二）控制执行器件

控制执行器件包括各变频器、触点开关（继电器、接触器）等。

第四节 控制原理

一、冷冻水系统的控制原理

系统对冷冻水系统采用模糊预测算法实现最佳输出能量控制。系统针对集中空调冷冻水系统的时滞、时变和非线性特征，可实现空调系统冷冻水流量根据末端负荷的需要而动态调节，使系统输出能量与负荷需求相匹配，在保证空调服务质量的前提下，最大限度地降低了系统能量消耗。

（一）基于负荷预测的冷冻水系统动态控制技术

本项目空调冷冻水为变流量、异程式系统。对于冷冻水这种大惰性、大滞后而且具有动态突变性和高度非线性的系统，控制的最大难题在于控制效果的不确定性和高度易变性。

目前最常见的冷冻水系统变流量控制领域所流行的恒压差控制与恒温差控制模式都属于

"跟随控制"，但这两种控制方式都存在被控参量自身的局限性和控制技术方面的局限性。基于负荷预测的冷冻水系统动态控制技术是一种"超前控制"，它与跟随控制有本质的不同，不是被动地跟随偏差信号动作，而是通过负荷预测主动地提前一个时间动作，以保证系统供冷与负荷用冷在数量上相等、在时间上同步，从而消除供需之间冷量的数量差与时间差。即当气候条件或空调末端负荷发生变化时，冷冻水系统供回水温度、温差、压差和流量亦随之变化，传感器将检测到的这些参数送至模糊控制器，模糊控制器依据所采集的实时数据及系统的历史运行数据，根据模糊预测算法模型、系统特性及循环周期，通过推理、预测出未来时刻空调负荷所需的制冷量和系统的运行参数，包括冷冻水流量，供回水温度、温差、压差的最佳值，并以此调节各变频器输出频率，控制冷冻水泵的转速，改变其流量，使冷冻水系统的流量，供回水温度、温差、压差运行在模糊控制器给出的最优值，使系统输出能量与末端负荷需求相匹配。

（二）变流量工况下的安全保护技术

在采用变流量方式对集中空调系统进行节能控制时，需要对变流量工况下系统运行的安全性保障采取必要的措施。具体措施为：蒸发器水流量的安全性保护，冷冻水出口低温的安全性保护和冷冻水供回水低、高压差的安全性保护。

二、冷却水系统的控制原理

系统对空调冷却水系统采用自适应模糊优化算法实现系统效率最佳控制。根据空调系统排热与吸热相平衡的原则，构建一套自寻优和自适应的模糊优化控制策略，自动跟踪环境与负荷的变化，动态调节排热系统的运行参数，使冷却水系统、冷却风系统与冷冻水系统和冷水机组协调运行，从而在任何负荷条件下，都能以最少的系统能耗（冷水机组、水泵和风机能耗之总和）获得所需要的冷量，实现系统综合性能优化。

由逆卡诺定律可以知道，冷水机组制冷量和制冷系数是冷冻水温度和冷却水温度的函数。也就是说，冷水机组的制冷系数与冷冻水循环和冷却水循环都有关联，如果二者不协调，则会导致冷水机组效率下降。然而，现有的空调系统控制方式，冷冻水循环和冷却水循环各自互不关联，无任何协调措施，导致冷水机组常常在低效率状态下运行，造成空调系统能耗增大。

由于冷水机组的能耗以及冷却水泵和冷却风机的能耗，都与冷却水的温度密切相关，但冷却水温度对它们的影响又恰恰相反。在某一室外气候条件和某一空调末端负荷的工况下，一定存在一个使系统总能耗最低（即系统效率最佳）的冷却水最佳温度。冷却水最佳温度值与冷冻水温度、冷却水的流量、室外空气湿球温度和冷却塔风机的风量有着密切关系，但空调制冷系统总功耗的最低点，并不是固定在某一个恒定的冷却水温度上，它随着多种因素的不同而变化。基于系统综合性能优化的冷却水系统控制技术，采用系统效率最佳的冷却水自适应模糊优化控制。当室外气候条件或空调末端负荷发生变化时，模糊控制器在动态预测系统负荷的前提下，依据所采集的实时数据及系统的历史运行数据，根据气候条件、系统特性和自适应模糊优化算法模型，通过推理计算出所需的冷却水温度最佳值，并与检测到的实际温度进行比较，根据其偏差值，动态调节冷却水的流量和冷却塔风量，使冷却水温度趋近于模糊控制器给出的最优值，从而保证整个空调系统始终处于最佳效率状态下运行，系统整体能耗最低。

第五节　总结

根据对成都万达商业广场中央空调节能控制系统的节能控制，结合该系统的运行情况，作出以下总结。

（1）中央空调能源管理系统运行安全、稳定、可靠，功能指标达到设备的技术要求；

（2）系统能及时、准确地自动跟踪末端空调负荷的变动来运行；

（3）控制系统界面直观、操作方便，具有较高的自动化程度；

（4）在中央空调管理专家系统运行下，能够实现空调系统泵组平滑、稳定的运行，减轻了泵组及各运行设备的机械磨损，对泵组有较好的保护作用；

（5）在中央空调管理专家系统控制和管理下，空调系统节能效果显著。

5 万达集团数据中心项目绿色节能措施

万达信息管理中心　胡杰

第一节　项目概况

万达集团数据中心位于廊坊万达学院内，为二层独栋建筑，一层是基础设施，二层是IT设备机房，总建筑面积2700m²。数据中心于2012年2月底正式投入使用。在数据中心建设过程中，充分参考了国内外高等级数据中心先进的设计理念，面向集团信息化发展要求，在稳定可靠安全的基础上，充分考虑节能减排、灵活扩展和运维管理的要求，为集团信息化系统提供了一周24小时持续可靠、安全稳定的运营环境。

第二节　数据中心能耗现状

据专业机构统计，2011年我国数据中心总耗电量达700亿kW·h，已经占到全国总用电量的1.5%，而且数据中心耗电量每年还以30%的速度增长，在资源日益紧张的今天，虚拟化、整合、环保节能、安全、自动化，将是下一代绿色数据中心的发展方向（图1）。

数据中心机房是能耗大户，单位平方米机房的耗电量超过2kW，比像万达广场这样的商业中心能耗高10倍，一座几千m²的大型数据中心一年的耗电量将会超过1000万kW·h。图2是典型高等级数据中心的能耗分布图。

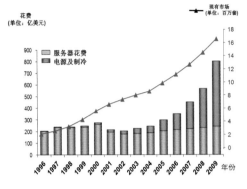

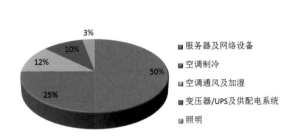

图1 数据中心服务器设备购买费用及电费统计图　　　　　图2 典型高等级数据中心各系统能耗分布图

其中由服务器、存储和网络等构成的IT设备系统所产生的功耗约占数据中心机房所需总功耗的50%左右。25%左右的功耗来源于空调制冷系统，12%左右的功耗来源于空调送回风和加湿系统。由变压器、不间断电源及输入和输出配电柜所组成的供电系统损耗约占机房总功耗的10%左右。其中7%左右来源于不间断电源供电系统所产生的损耗，3%左右来源于供电系统的损耗。照明系统约占数据中心机房总功耗的3%左右。

从功耗组成上看，数据中心节能设计要以耗电所占比例最高的IT设备和空调制冷节能为工作重心，同时兼顾空调通风、加湿、供配电及照明的节能措施。

第三节　数据中心节能技术的应用

为充分体现集团提倡的"绿色建筑"理念，在万达集团数据中心规划设计阶段，我们从IT及网络设备选型、空调冷却、空调通风加湿、供配电系统、照明、服务管理等方面采用了大量先进的节能环保技术和措施，并结合数据中心设计建设的最佳实践经验，用以实现数据中心高效运行和节能环保并举。

一、IT及网络设备节能

通过虚拟化和动态容量管理技术整合IT资源，将原有系统逐步迁移到虚拟化服务器上，停用高耗能的旧服务器。这样会减少应用部署时间，增加IT基础设施扩展性和灵活性，大大提高IT资源的利用率，并可节约20%~30%以上的设备用电。

大量采用刀片服务器，这样不但可以节约机柜空间，便于集中管理、易于扩展和提高使用效率，而且可帮助我们节约20%~44%的设备用电。

集团统一集中采购低功耗节能型IT及网络设备。据专业机构测算，设备处理器功耗每降低1W，可使整个数据中心从供电、制冷、通风等环节节省功耗2.84W，大规模采用低功耗节能设备是建设绿色数据中心的重要环节。

二、空调冷却节能

采用最新节能型精密空调，配进口高效涡旋式压缩机，其COP值高达3.8以上，安装进口直流变速EC风机，比普通风机节能35%以上；同时，室外机选装变频风机，大大节约运转能耗；另外，办公区舒适型空调采用综合能效系数IPLV（C）值高达5.7的直流变速多联机系统，其COP值及部分负荷性能效率远超国家一级能效等级。

冷热通道隔离。采用高效的地板下送风、吊顶上回风方式，机柜面对面背对背方式摆放，形成冷热通道，同时将冷通道的上部和两端采用透明玻璃封闭，在两端安装门，以便人员进出。冷通道封闭后，杜绝了冷热气流混合的现象，配合在机柜未装设备的位置上安装盲板，最大限度地将冷量集中到设备进风口，提高气流组织效率，从而为节能降耗创造有利的条件（图3）。

每台机柜前安装0%～50%全可调出风口地板，根据机柜内设备的负载动态调整出风量，达到精确制冷的目的，提高空调制冷效率（图4）。

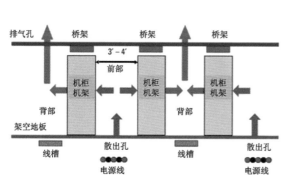

图3　机房气流组织示意图

图4　机柜冷通道封闭

综合布线全部采用上走线方式，将高架地板下的空间作为送风静压箱，减少桥架对气流的阻碍，同时封堵机房吊顶上和地板下各种管道和桥架的开口。

安装精密空调群控系统，随时根据机房环境变化，自动调节空调运行状态，使压缩机或加湿除湿工作时间减少，以达到节能目的。

数据中心建筑内外墙及楼板均做隔热保温处理，机房建筑外墙完全封闭，达到防止结露、保温、减少冷量损失防止冷桥产生的作用，最大限度提升空调的制冷和节能效果。

三、空调通风加湿节能

每台精密空调电加湿系统功率高达9～10kW，为此我们设计了独立湿膜加湿系统，降低加湿能耗95%以上。

新风处理机组风机变频，机组自带热回收装置。冬季利用机房内的热排风处理室外低温新风，处理后的新风经过预热提高温度后送至各功能房间，同时，主机房热排风被新风处理冷却后送回机房以利于节能。

在柴油发电机房设置热回收机组，冬季利用主机房热排风加热柴油发电机房的新风，以达到节能目的。

四、供配电系统节能

采用绿色节能的IGBT整流和逆变技术的高可靠性在线式不间断电源设备。对比目前市场上的12脉冲或6脉冲整流的不间断电源，同比体积降低约40%，重量降低约60%。同时IGBT整流技术功率因数接近1，输入电流谐波小于3%，在双转换模式下整机效率可达到94.5%，比传统的12脉冲工频机效率高3%～5%。

采用进口长效阀控式密封铅酸蓄电池，设计使用寿命长达8～10年，比其他品牌电池寿命提高1倍以上，大大减少对环境的污染。

因为数据中心用电占到学院用电约50%，所以在规划设计阶段，将学院10kV开闭站放置到数据中心内，结合合理电缆路由设计，将电力传输过程中的损耗降至最低（图5）。

安装电容补偿柜，通过自动补偿控制器收集到负荷端的无功损耗（功率因数）情况，自动进行电容补偿的投切动作，从而达到减少无功损耗、提高功率因数的目的。经电容补偿柜补偿后功率因数可以达到0.99。

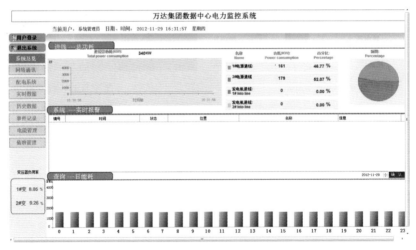

图5 数据中心电力管理平台

五、照明系统节能

安装智能照明系统，结合机房门禁系统和移动侦测系统的联动实现"按需照明"，利用场景控制开关对机房设备区灯光进行控制，根据不同功能或场景需要来开启相应区域的照明回路。机房无人时，可将照度维持在应急疏散和安保监控所需要的较低程度，在有人进入机房操作时，自动开启操作人员经过的走道和机柜所在区域的照明，实现照明节能和智能控制。采用智能照明控制后，可以有效节约能源达25%～30%。

六、运维服务管理节能

按IT设备负载情况严格控制空调开启数量，白天关闭公共区域照明，随时关闭不用的IT设备。

在安全的前提下，提升机房空调的回风温度，据测算，每提升1℃，可降低空调耗电3%，节能效果显著。

部署电力管理平台系统，实现对供配电系统用电精细化管理，实时查看数据中心各级配电系统的运行情况、功率及设备参数，提供各级负载的能耗分析及历史数据查询，并生成能耗分析图表，为后期评估节能效果和调整节能策略提供了可靠的依据。

第四节　节能效果分析

万达集团数据中心引入了国际通行的PUE（Power Usage Effectiveness，数据中心总能耗与数据中心IT设备消耗电能的比值）作为衡量数据中心能耗指标的设计依据，万达集团数据中心PUE短期（IT设备负载达到30%）设计目标是1.8，远期（IT设备负载达到75%）设计目标是1.6，而国内数据中心能效指标PUE一般在2.5～3.0之间。以PUE=2.5作为基准值，集团数据中心IT设备负载为30%时，每年可节约147万度电，IT设备负载为75%时，每年可节电470万kW·h，节能效果十分显著。

第五节　小结

融入大量节能理念和先进技术的万达集团数据中心已经达到国内数据中心行业领先水平，随着节能技术不断推陈出新，信息管理中心还将继续运用科学手段推进数据中心的节能降耗工作，持续有效地降低建设和运营成本，这不单是我们的责任也是集团赋予我们的使命。

6 万达学院：绿色建筑升华

万达商业规划研究院　郝宁克　张洋
清华城市规划设计研究院　陈娜

　　万达学院是万达集团首个获得
绿色建筑设计标识最高级别——三
星级认证证书的项目，展现了万达
集团在绿色节能方面的新高度。

第一节　项目概况

　　万达学院（图1）项目位于廊坊
经济技术开发区，东侧为梨园路，
南侧、西侧为规划路，北侧为花园
道。项目用地面积13.333万m²，建
筑面积13.056万m²。此次申报范围

图1　万达学院鸟瞰

主要是包括教学楼、行政楼、教职工宿舍、学员宿舍、食堂、信息中心、展览馆、体育馆、看台等9栋单
体在内的一期工程部分，建筑面积共计5.343万m²。

　　本项目一期工程部分已于2011年11月11日竣工并投入使用，且于2011年11月8日通过国家
绿色建筑设计评价标识最高级别——三星级绿色建筑设计标识认证，这也是截至2011年11月中
旬，全国获得绿色建筑标识认证的268个项目中，第一个获得三星级绿色建筑设计评价标识认
证的学校类项目，其具体评审结果如表1所示。

表 1 万达学院绿色建筑设计标识评审结果

	一般项（共36项）						优选项数
	节地与室外环境	节能与能源利用	节水与水资源利用	节材与材料资源利用	室内环境质量	运营管理	
	共6项	共10项	共6项	共5项	共6项	共3项	共12项
不参评项	0	1	1	0	1	0	0
★★★	5	7	4	4	4	2	8
评审结果	5	7	5	5	5	3	8

第二节 绿色建筑技术应用

万达学院一期工程遵循绿色建筑设计理念，从节地、节能、节水、节材和环境保护等多方面综合考量，运用多项绿色建筑技术，包括加强园区绿化、排风热回收系统、建筑整体节能、非传统水源利用、可再循环材料使用、自然通风、天然采光等，并获得住房和城乡建设部三星级绿色建筑设计评价标识认证。

一、节地——加强园区绿化

万达学院一期工程选择适宜廊坊地区气候和土壤条件的近80种乡土植物，采用滞尘除噪型包含乔灌草在内的复层绿化，形成室外透水地面面积47978m²，则透水地面面积比达到47.8%。除此之外，本项目的园区绿化还可以起到隔声降噪、改善场地声环境的作用。如图2所示，来自道路车辆的交通噪声，通过围墙采用隔声墙、边界设置10m绿化带等措施，减少噪声量约20dB （A）。

二、节能——排风热回收系统

综合考虑地方气候特点、经济适用性以及热回收效率，廊坊地区采用新风显热回收较全热回收效率节能效果更优，因此，本项目教学楼新风机组及组合式空调器采用板翅式显热回收空气处理机组，设100%总风量的回风管，冬季可以调节新风、回风比例；行政楼、教职工宿舍、学员宿舍、食堂、展览馆、体育馆采用组合式转轮热回收空气处理机组。空气热回收装置的额定热回收效率不低于60%。图3为实际设计建筑在考虑新风显热回收前后各单体全年逐时冷热负荷统计图（其他单体情况类似）。

三、节能——建筑整体节能

如图4所示，万达学院一期工程项目，通过采用围护结构优化、新风显热回收、提高冷源效率、冷冻水大温差、水泵变频调节等建筑节能技术，建筑全年采暖空调能耗从475.09万

kW·h降低到294.19万kW·h，可实现采暖空调系统节能率达到38.1%。由图5得出，本项目地标参照建筑全年累计照明能耗为177.90万kW·h，通过大面积采用节能灯具后，实际设计建筑全年累计照明能耗为148.55万kW·h，可实现照明系统节能率达到16.5%。综合上述统计结果，得出地标参照建筑、实际设计建筑全年累计的采暖空调和照明总能耗如表2和图6所示，即实际设计建筑的全年总能耗为地标参照建筑的68%。

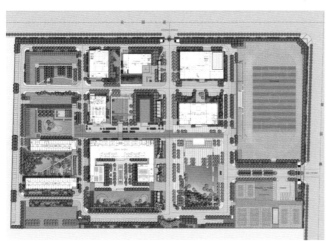

图2 绿化降噪　　　　　　　　　　　　　　　图3 新风显热回收前后全年逐时冷热负荷统计图

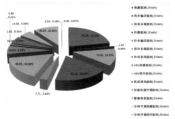
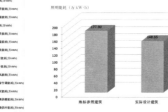

图4 实际设计建筑采暖空调分项能耗统计图　　图5 照明能耗统计图　　图6 建筑总能耗统计图

表2 地标参照建筑与实际设计建筑能耗统计表

建筑分项能耗	单位	地标参照建筑	实际设计建筑
全年采暖能耗	万kW·h	239.05	135.13
全年空调能耗	万kW·h	236.04	159.06
全年照明能耗	万kW·h	177.90	148.55
全年总能耗	万kW·h	652.99	442.74
能耗比例	%	100	68

四、节水——非传统水源利用

廊坊经济技术开发区周边无市政中水供给，本项目从节水角度出发，经全面技术经济比较后，最终确定收集建筑优质杂排水到院区中水处理站经处理达标后回用于冲厕、绿化、道路冲洗、景观水等。经计算：教学楼、行政楼、教职工宿舍和学员宿舍这4栋单体及其附属室外的中水设计用量为36320.34m³/a，园区整体生活用水设计总量为82358.25m³/a，则本项目非传统水源利用率整体可达到44.1%。

五、节材——可再循环材料使用

本项目从节材角度出发，尽量多地使用可再循环材料，尽可能地减小建筑材料对资源和环境的影响，如表3所示，其中使用可再循环材料共计9863.0t，所用建筑材料总质量96532.4t，则本项目可再循环材料使用率达到10.22%。

表3　可在循环材料使用率计算表

建筑材料		体积（m³）	密度（kg/m³）	质量（kg）
可再循环材料	铜	8	8500	68000
	钢筋	510	7850	4000000
	木材	3300	800	2640000
	铝合金	704	2700	1900000
	石膏制品	120	1300	156000
	门窗玻璃	5	1400	7000
	玻璃幕墙	780	1400	1092000
不可循环材料	砂浆	3000	2000	6000000
	水泥	3000	1500	4500000
	石材	200	2800	560000
	砌块	17000	750	12750000
	混凝土	25000	2500	62500000
	乳胶漆	346	900	311400
	屋面卷材	60	800	48000
可再循环材料总质量				9863000
建筑材料总质量				96532400
可再循环材料使用率				10.22%

六、热环境——自然通风

廊坊地区夏季主导风向为东偏南（SE），夏季主导风向平均风速2.2m/s；冬季主导风向为西北偏北（NNW），冬季主导风向平均风速2.7m/s。本项目园区内建筑整体朝向为东南-西北向，略偏离正南-正北向7.38°，可有效地避开冬季主导风向、促进夏季自然通风。其中，教学楼中心位置设有中庭，屋面采光顶可开启，可起到拔风中庭的作用；行政楼北部位置设有中庭，屋面采光顶可开启，且建筑外窗可开启面积比例≥47%；教职工宿舍、学员宿舍、食堂、展览馆4栋单体可开启外窗面积较大，且建筑内部无大进深房间，可保证其主要功能房间整体换气次数不低于2次/h。

采用模拟软件ContamW进行计算，图7、图8为教学楼和行政楼这2栋单体建筑模型（其他单体情况类似），模拟计算结果如下：在纯热压通风情况下，教学楼内部整体换气次数可达到5.33次/h；在风压通风情况下，行政楼内部整体换气次数可达到29.1次/h，学员宿舍内部整体换气次数可达到11.1次/h，教职工宿舍内部整体换气次数可达到10.7次/h，食堂内部整体换气次数可达到14.4次/h，展览馆内部整体换气次数可达到28.4次/h。

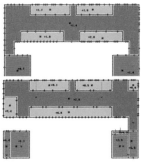

图 7　教学楼实景照片及模型

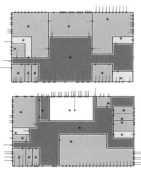

图 8　行政楼实景照片及模型

七、光环境——天然采光

天然采光指利用天然光源来保证建筑室内光环境。在良好的光照条件下，人眼才能进行有效的视觉工作，虽然天然采光与人工照明都可以在一定程度上满足室内照度要求，但两者在室内舒适度及建筑节能性上存在着很大差别。万达学院一期工程项目除信息中心和看台外，各单体立面均设有大面积的玻璃外窗及玻璃幕墙，其中的教学楼和行政楼的顶部设置采光顶，以通过天然采光满足室内照度要求，减少了照明能耗和空调能耗。

现采用Ecotect软件进行模拟分析，其光学分析模型和各单体天然采光系数分布状态如图9和图10所示，经模拟计算所得园区整体天然采光面积满足率情况如表4所示。当采用可见光透过率为0.7的玻璃时，满足采光规范要求值的主要功能区面积比为93.0%，且能满足"75%以上的主要功能空间室内采光系数≥2%"的面积比可达到82.0%。

表4 园区整体天然采光满足率统计

功能房间	房间面积（m²）	满足采光标准房间面积（m²）	满足采光系数≥2%房间面积（m²）	采光标准满足率（%）	采光系数≥2%满足率（%）
教学楼	3656.9	3297.9	3297.9	90.2	90.2
行政楼	3213.6	2711.8	2545.2	84.4	79.2
学员宿舍	6116.0	6116.0	5612.0	100.0	91.8
教职工宿舍	5780.0	5568.3	4480.7	96.3	77.5
食堂	703.0	703.0	585.0	100.0	83.2
展览馆	2484.0	2432.0	1667.9	97.9	67.1
体育馆	2171.8	1596.0	1596.0	73.5	73.5
园区	24125.5	22425.0	19784.7	93.0	82.0

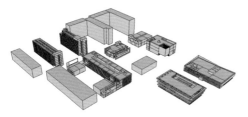

图9 光学分析模型　　　　　　　　　　　图10 教学楼天然采光系数分布状态图

第三节 小结

廊坊万达学院为教育类综合性建筑群，孔子曰："习礼大树下，授课杏林旁"，我们从人类与自然和谐共处的角度出发，在设计过程中，采用的绿色建筑设计方案均经过充分论证，而非新材料、新技术不合理的堆砌。同时，注重各种有效数据的收集、整理、保存，使之成为可应用、可借鉴、可推广、可复制的绿色学校建筑。

本项目设计过程中研究实用并具推广意义的绿色生态技术，以提高社会效益、经济效益和环境效益，达到节约能源、有效利用能源、保护生态、实现可持续发展的目标。廊坊万达学院投资有限公司努力通过绿色建筑设计实践与运营管理，跟踪和积累科研数据，使绿色建筑科研成果更完善，更具有实用意义，推动廊坊市绿色建筑实践迈上新台阶。

7 广州白云万达广场购物中心二星级绿色建筑设计标识评定工作特点分析

万达商业规划研究院　范珑

第一节　项目概况

广州白云万达广场位于广州市白云区云城东路西侧、云城南三路以南、云城南二路以北、地铁2号线以东，购物中心总建筑面积约17万m²，其中地上部分6层共计9.6万m²，包括百货楼、综合楼、娱乐楼和室内步行街，首层层高5.4m，2~6层层高5.1m，室内步行街区域局部通高，顶部开天窗采光。地下2层，建筑面积7.4万m²，为地下车库、设备用房和超市，地下一层层高5.7m，地下二层层高5.1m，购物中心是广州白云万达广场的重要组成部分，已于2010年12月17日开业（图1）。

图1　广州白云万达广场全貌

第二节　绿色建筑目标与实施管理

作为万达集团第一批节能试点项目，广州白云万达广场也是万达集团2010年开业的四个A级项目之一。在建设初期，万达集团就确定了力争取得绿色建筑设计标识的目标，除了选择国内优秀的设计团队外，还聘请了最高水平的咨询团队，在万达商业规划研究院绿建节能所的带领下，按照绿色建筑标准开展设计和节能环保措施的研究。

广州白云万达广场的总体定位是：源于绿色生态，高于国家标准，在部分做法上起到示范作用，总体措施可在其他项目上复制推广。再通过设计、实施和后期运营的全过程管理、分阶段措施优化，把本项目打造成为高品质、高性能的绿色建筑项目，实现资源节约，环境品质改善，为万达集团探索出一条商业广场的"绿色、低碳"之路。

"源于绿色生态"是针对本项目开展可绿色设计的基本原则。通过广泛调研当前国内外最新的节能、绿色建筑标准和低能耗、绿色建筑的理念，为本项目量身打造最适合的生态节能技术体系，而不是盲目遵循或者简单按照国内外的标准进行"依葫芦画瓢"设计。另一方面也为申请国家绿色建筑等相关奖项打好基础。在项目的实施过程中，由万达规划院节能所牵头组成的技术团队，对主要、重大的技术问题进行系统的模拟分析，根据分析结论进行施工图绘制；施工图设计过程中，结合具体情况不断优化，调整节能、环保措施；设备招投标过程中，对产品和厂商提供技术参数进行评价；在施工阶段，根据工程进度到现场进行技术指导，协助完成机电系统的节能运行调试；项目竣工后，由万达规划院节能所领导的技术团队，对绿建措施的施工结果进行验收，并将对建筑能耗进行为期一年的数据采集，对所采取的节能措施的实际效果进行分析。

第三节　绿色建筑具体特征

广州白云万达广场以国家绿色建筑二星级为总体目标，主要技术依据为：《绿色建筑评价标准》（GB/T 50378—2006）、《绿色建筑评价技术细则（试行）》（建科[2007]205号）和《绿色建筑评价标识管理办法（试行）》（建科[2007]206号），本项目于2010年12月13日通过了国家二星级绿色建筑设计标识认证，所有控制项均达到要求，一般项和优选项评审结果如表1所示。

下面将分别从节地与室外环境、节能与能源利用、节水与水资源利用、节材与材料资源利用、室内环境质量和运营管理几方面，对广州万达广场的主要绿色建筑特征做具体介绍。

一、节地与室外环境

（1）选址及指标：项目位于广州市白云区，占地面积约12.6万 m^2，总建筑面积39.7万 m^2。项目选址为旧白云机场废弃场地，经过对旧的飞机跑道改造后进行项目建设。

表1 广州白云万达广场绿色建筑设计标识评审结果

	一般项（共36项）						优选项数
	节地与室外环境	节能与能源利用	节水与水资源利用	节材与材料资源利用	室内环境质量	运营管理	
	共6项	共10项	共6项	共5项	共6项	共3项	共12项
不参评项	0	1	1	0	2	0	0
★★	4	5	3	3	2	2	5
评审结果	5	6	3	4	3	3	5

（2）室外环境：场地位于《城市区域环境噪声标准》2类型，室外噪声经现场测试达标。经室外风环境模拟，建筑物周围人行区风速不超过5m/s；项目交通组织合理，步行至附近公交站点距离不超过500m。

（3）景观绿化：地面除车行道外均以复层绿化为主。

（4）屋顶绿化：投入较多资金对屋面进行绿化和美化，在营造绿色环境的同时，减少了室外太阳辐射对室内的不利影响、增加了"碳汇"。

（5）地下空间利用：地下建筑面积达到82061m²，地下部分为2层，用途为地下车库、设备用房和超市。

二、节能与能源利用

（1）在建筑总平面设计时，结合主导风采用有利于自然通风的方案设计。

（2）建筑外窗可开启面积达到外窗总面积的30%以上，建筑幕墙具有可开启部分以保证利用自然通风，在室内步行街屋顶设置了120m²的电动窗，能够在室外条件适宜时开启。

（3）所选择的建筑外窗的气密性达到了现行国家标准《建筑外窗气密性能分级及检测方法》（GB/T 7107）规定的4级要求。

（4）所有全空气空调系统都能够根据室外气象条件的变化，自动实现全新风或可调新风比运行。

（5）按照商业运行的需求合理选择空调设备、合理划分空调、通风系统，当建筑物内部分冷热负荷时和仅部分空间使用时，能够采取有效措施节约通风空调系统能耗。

（6）通过合理设计和设备选型，确保通风空调系统风机的单位风量耗功率和冷热水系统的输送能效比符合《公共建筑节能设计标准》（GB 50189）的要求。

（7）结合广州的气候条件，完全利用太阳能为商管的浴室提供洗浴用热水。

三、节水与水资源利用

（1）综合利用水源，考虑了雨水的收集利用，雨水经收集处理后主要用于建筑的绿化浇灌和道路冲洗。

（2）屋顶绿化采用喷灌、微灌等节水高效的浇灌方式。

（3）按照不同业态、不同用途分别设置用水计量装置。

四、节材与材料资源利用

（1）整个购物中心建筑造型简约、实用，没有采用过多的装饰性构件。

（2）现浇混凝土全部采用预拌混凝土。

（3）商场内均为大开间设计，建筑内部空间采取灵活隔断方式。

（4）土建装修一体化设计施工，减少了建材的浪费。

（5）设计单位在结构设计上进行多方案比较和优化，采用了资源消耗和环境影响小的建筑结构体系。

五、室内环境质量

（1）不同业态空间单独设置空调系统，可分别进行调节。

（2）采取精细化建筑平面设计，将主要机房、泵房等噪声源合理布置在地下室等位置，减少其对相邻使用空间的噪声干扰；将对噪声敏感房间布置在地上的内部区域，远离外界和内部噪声源的噪声干扰。

（3）建筑入口和主要活动空间设有无障碍设施。

（4）超市、万千百货营业区、万达物业的电玩、数码电器、娱乐城、影院等采用全空气系统的空间，均设置 CO_2 浓度检测系统，根据 CO_2 浓度调节新回风比例。

（5）根据多方案技术经济比较选择了较为合理的地下空间自然采光利用方案。

六、运营管理

（1）建筑智能化系统包括综合布线系统、信息网络系统、安全防范系统、有线电视系统、视频会议系统、空调集控系统、能耗计量系统、环境监控系统、集中式机房管理系统等定位合理，信息网络系统功能完善。

（2）建筑通风、空调、照明等设备采取有效的控制策略，保证在满足使用功能的前提下高效运营。

七、几个主要的节能措施亮点

（一）尽可能地利用自然通风，起到节能的效果

广州白云万达广场的内部来自于人员和灯光的产热量大，需要的空调能耗较多。根据广州地区的全年逐时温度，按照自然通风温差8℃计算，即室外空气温度处于10~20℃时采用自然

通风对建筑进行冷却，计算出本建筑可以采用自然通风节能的小时数为1517小时，每天自然通风时间不低于3小时的天数为143d，约占全年总小时数的17%，通风原则为：

a.过渡季自然通风：充分利用自然通风消除室内余热余湿，根据当地气象参数及建筑负荷确定合理的换气次数范围，以达到过渡季节完全依靠自然通风保证室内热环境舒适性的目的。

b.空调季自然通风：尽可能多的利用自然通风，进行逐小时分析，能够依靠自然通风满足室内舒适性的小时内即不开启空调设备，尽量减小空调开启时数，降低空调能耗。

c.夜间自然通风：充分利用夜间较低温空气进行自然通风，冷却建筑，以建筑整体作为蓄能设施，降低空调系统开启负荷和运行能耗。

d.自然通风辅助机械通风：充分利用建筑侧窗与天窗进行自然通风，当自然通风动力不足时，以机械通风方式辅助，或将空调系统以全新风模式运行，减少冷机开启时数，降低空调系统运行能耗（图2）。

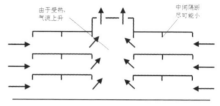

图2 室内步行街自然通风原理示意图

（二）全空气系统变风量、变新风比运行

在百货、影院、酒楼、电器售卖等区域采用整体变总风量的送风策略，即每台空调机组的风机安装变频器，根据需要改变送风量，年节省风系统运行电耗257万kW·h，单项策略建筑节能率达到6.7%。广州过渡季、冬季自然通风可利用时间长，如果不考虑室内湿度控制，如果采用全空气系统新风比可调策略，将大量减少冷机工作时间。经计算，冬季/过渡季加大新风量供冷可承担全年空调负荷的9%左右，年减少运行耗电（风机+冷机+水泵+冷却塔）85万元，单项技术建筑节能率2.2%。

（三）空调冷冻水大温差、循环泵变频运行

不同于常规7℃/12℃的5℃温差，本项目采用低温供水的6℃温差（6℃/12℃）冷冻水系统。经详细分析，冷冻水大温差系统不会影响末端规模和造价。冷冻水为一次泵系统，每台循环泵都配置了变频器，变频下限控制在不低于额定频率的70%，这样可以在保证不影响冷机工作的同时，大大降低水泵运行能耗。

（四）用电分项计量

大型商业建筑的能源消耗情况非常复杂，以空调系统为例，其组成包括冷热源、输配系统和末端设备等多个环节。目前各类公共建筑基本上都是一块总电表，对建筑各耗能环节的状况往往难以了解，也就难以发现能耗不合理的地方。安装分项计量系统，使建筑内各耗能环节如冷热源、输配系统、末端设备、照明、办公设备和热水能耗等都能实现独立分项计量，可以了解分析各项能

耗水平和能耗结构是否合理,发现问题并提出改进措施,从而有效地实施建筑节能。

第四节　成本分析

通过分析计算,本项目在绿色、节能方面的增量投入总共约695.7万元,单位增量成本为18.6元/m²。其中,屋顶绿化工程的增量成本最大,占总增量成本的46.0%;其次是高效节能灯具、雨水收集回用系统工程,分别占28.7%和12.2%;再次是围护结构保温、二氧化碳浓度监测系统,分别占5.9%和3.6%;增量成本最小的为节水灌溉,占总增量成本的0.9%;其次是地下采光系统、太阳能热水系统,比例分别为1.3%和1.4%(图3)。

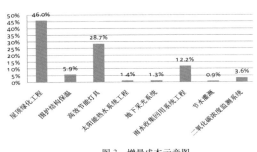

图3　增量成本示意图

第五节　总结与发展

本项目为商业综合体建筑,在设计过程中,采用的绿色建筑设计方案均经过充分论证,而非新材料、新技术不合理的堆砌。

同时,注重各种有效数据的收集、保存、整理,使之成为可推广、可借鉴、可应用、可复制的绿色商业建筑。设计过程中采用了实用并具推广意义的绿色生态技术,以提高社会效益、经济效益和环境效益,达到节约能源,保护生态,实现可持续发展的目标。经过专家评审,广州白云万达广场成为国内首个取得绿色二星设计标识的商业建筑。

以广州白云万达广场为典范,2010年福州金融街万达广场、武汉菱角湖万达广场同时获得了绿色建筑一星设计标识。通过3个项目绿色建筑标识的评定工作,为万达商业地产项目的绿色、低碳之路明确了方向,同时必将开启中国商业建筑全面走向绿色的序幕。从2011年起,所有万达广场都将按照绿色建筑的评价标准进行设计。相信,随着万达集团绿色商业购物中心的逐渐兴起,必定引领中国商业地产迈向绿色、低碳的新高峰。

8 天津河东万达中心万海园住宅项目 二星级绿色建筑设计

天津万达项目公司　任小兵　王泽
依柯尔绿色建筑研究中心　苏帅

"绿色"是一种文化，指人类仿照绿色植物，创造有利于大自然平衡，实现经济、环境和生活质量之间相互促进与协调发展的文化。绿色建筑就是在建筑的全寿命周期内，最大限度地节约资源（节地、节能、节水、节材）、保护环境和减少污染，为人们提供健康、适用和高效的使用空间，与自然和谐共生的建筑。

第一节　项目概况

天津河东万达中心万海园住宅项目（图1），总占地面积2.7万m²，建筑面积10.8万m²，绿地率高达52.5%，住宅小区内总共四栋高层建筑，户数382户，地上25～39层，地下3层（含建筑夹层）。

第二节　项目评审结果

万海园住宅项目以《绿色建筑评价标准》（GB/T 50378—2006）和《天津市绿色建筑评价标准》（DB/T 29-204—2010）二星级绿色建筑设计标识标准为依据进行设计，经过评审后，项目于2012年7月2日获得住房和城乡建设部和天津市城乡建设和交通委员会共同认证的住宅类二星级绿色建筑设计评价标识证书（图2），评审结果如表1所示。

图 1　天津河东万达中心万海园住宅项目

图 2　二星级绿色建筑设计标识证书

表 1　天津河东万达中心万海园住宅项目参评项统计表格

	一般项（共42项）						优选项数
	节地与室外环境	节能与能源利用	节水与水资源利用	节材与材料资源利用	室内环境质量	运营管理	
	共9项	共7项	共7项	共6项	共6项	共7项	共12项
达标	6	3	6	2	5	2	3
不达标	2	3	0	1	1	0	4
不参评	1	1	1	3	0	5	5
得分	68	49	73	50	60	100	42.2
权值	0.15	0.25	0.15	0.15	0.2	0.1	0.2
加权得分	62.9						8.44
总得分	71.34						

第三节　绿色建筑技术应用

万海园项目遵循绿色建筑设计理念，从节地、节能、节水、节材和环境保护多方面综合考虑，运用多项绿色建筑技术，包括透水铺装、屋顶绿化、地下空间合理利用、分户热计量、节能灯具、节水器具、中水回用、水表计量、高强度钢和可再循环材料的使用等措施，满足2星级设计要求。

一、节地与室外环境

（一）基本指标

场地位于天津中环线以内，人均居住用地指标11m²/人，住区绿地率为52.5%，人均公共绿地2.14m²/人，均满足控制项的基本要求。

（二）景观绿化

绿化物种选择适宜当地气候和土壤条件的乡土植物且采用乔、灌木复层绿化，平均每100m²绿地面积上有3.67棵乔木，18.27棵木本植物。

（三）屋顶绿化

住宅周围的商业区域屋顶采用屋顶绿化且墙面、护栏、小品采用垂直绿化，既降低能耗，防止屋面老化，又能防风、滞尘、蓄雨，缓解城市洪涝、城市热岛效应。

（四）透水铺装

场地区域内的景观步行道、宅间道、地上停车场等区域均采用透水铺装，室外透水地面的面积高达63.08%，大大的缓解了雨水径流量，降低市政排水压力。

（五）建筑节地

合理利用地下空间，主要功能为设备用房、停车场等。

（六）风环境

住区风环境有利于冬季室外行走及过度季、夏季的自然通风通过模拟可知（图3、图4），建筑周围人行区域距地1.5m处风速为2.5m/s，便于居民行走。

（七）周边交通

交通组织合理，步行至公交站及地铁站的距离不超过500m（图5）。

（八）室外噪声

场地满足《城市区域环境噪声标准》的2类标准（图6、图7）。

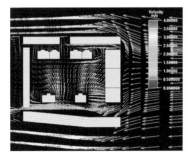 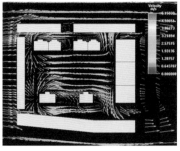 

图3 工况一 1.5m高处风速矢量图　　　图4 工况二 1.5m高处风速矢量图　　　图5 周边交通概况
（夏季：东南风，风速3.4m/s）　　　（冬季：西北风，风速3.4m/s）

 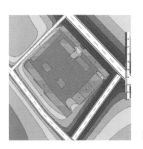

图6 昼间预测值 <54dB　　　　　　　　　　　　　　图7 夜间预测值 <46dB

二、节能与能源利用

（一）外窗的气密性等级

外窗的气密性等级不低于现行国家标准《建筑外窗气密性能分级及检测方法》规定的4级。

（二）节能设备

每户采用VRV多联机中央空调系统，IPLV值达到了3.6以上，超过《多联式空调（热泵）机组能效限定值及能源效率等级》（GB 21454）规定一级能效标准。

节能灯具：住宅走道采用红外自熄开关控制，双灯头T8三基色节能灯具，楼梯间照明灯具采用触摸延时开关控制，双灯头T8三基色节能灯具。

节能电梯：采用网络控制变压变频电梯，节省电能30%~50%；同时还采用PWM整流技术（能量回馈技术），谐波明显降低，对电网的污染大大降低；在控制方面应用了专家系统、模糊逻辑和人工神经元网络控制的电梯群控调配系统，提高运行效率从而达到节能30%以上。

（三）分户计量

每户在户外管道井内设置超声波热计量表，户内采用地板供暖，在集分水器每个分支设置远传式电热执行器，通过自控装置调节室内温度（图8、图9）。

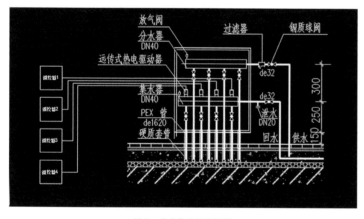
图8 分户热计量统计图

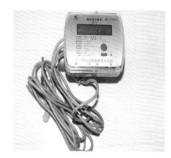
图9 超声波热计量表

三、节水与水资源利用

（一）分质、分区供水

居民生活用水低区（3层以下）采用市政管网压力直供，高区生活用水由地下室2层的生活泵房供给；室内冲厕及室外绿化灌溉采用市政中水，中水利用率高达36.12%。

（二）节水措施

a.所用用水部位采用节水器具，例：坐便器采用3L/6L两档式；

b.分级别、分用途设置计量水表且安装率达100%；

c.采用减压限流措施，入户管表前压力经减压阀之后压力不大于0.2MPa；

d.绿化灌溉采用分级别、分灌水周期、微喷灌的高效方式，比普通灌溉节省50%～70%。

（三）中水安全保障措施

中水系统的水箱、阀门及给水栓、取水口、井盖处有明显的"中水非饮用"标识，中水管道外表涂浅绿色且均打印"中水非饮用"标志，公共场所及绿化的中水取水口处设带锁装置，防止误用。

四、节材与材料资源利用

（一）建筑造型

项目建筑造型要求简约，实用，无大量装饰性构件。

（二）建筑选材

a.现浇混凝土全部采用预拌混凝土；

b.合理采用高性能混凝土和高强度钢，其中高强钢用量比例达到71.25%（图10）；

c.可再循环材料使用重量占所用建筑材料总重量的9.49%（图11）。

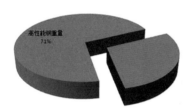

图10　高性能钢材用量比

图11　可再循环材料用量比

（三）一体化

土建与装修一体化设计施工，减少建材的浪费。

五、室内环境质量

（一）室内采光

居住空间开窗具有良好的视野，每户至少有2个居住空间满足日照标准要求，卧室、起居室、书房、厨房均设置外窗且采光系数不低于1%（图12～图14、表2）。

图12　A户型采光模拟结果

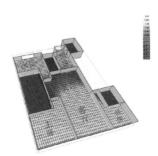

图13　B户型采光模拟结果

图14　C户型采光模拟结果

表2　三种户型居住空间最低采光系数统计

户型	卧室1	卧室2	卧室3	客厅	厨房
A户型	3.05%	2.63%	2.29%（书房）	1.35%	1.04%
B户型	2.69%	2.88%	3.21%	1.29%	1.11%
C户型	2.49%	1.87%	2.75%	1.33%	1.13%

（二）室内通风

每套住宅的通风口面积不小于该套房间地板面积的1/15，厨房的通风开口面积不小于厨房地板面积的1/10。

（三）空气品质

采用集中中央新风系统通风换气，通过把卫浴间和厨房污浊空气经过中央排风风机排出到室外，利用负压原理将新风引入卧室、起居室等空间，保证新风量不小于56.25m³/h·人。

（四）人性化设计

a.项目采用地板供暖系统，用户可自主调节室温，满足不同需求；

b.建筑出入口和主要活动空间设置无障碍设施，满足特殊人群的需求。

六、运营管理

（一）分户计量

每户设置单独的水、电、热、燃气表，分类计量与收费。

（二）设备布置

强弱电、水暖管道设置在公共部位，设有专门设备机房、泵房，便于维修、改造和更换。

（三）智能化系统

设置安全防范系统、管理监控系统、通信网络系统，满足居住区居民的安全和正常生活需要（图15、图16）。

图15　智能系统主控机房实景举例图

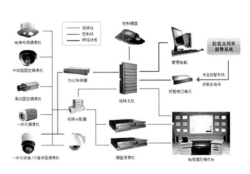

图16　智能系统原理框架

第四节　总结

在未来的城市建设中，绿色建筑的理念将不断的贯穿于整个建筑的生命周期内，万海园住宅项目在设计过程中结合现有状况和资源，合理采用多种绿色建筑措施，最大程度的降低建筑能耗，不仅有明显的经济效益，而且其产生的社会效益、环境效益亦是不可忽略的。

现代社会是一个高速发展的社会，为此我们付出了巨大的代价：环境污染、臭氧层空洞、温室效应、自然资源匮乏，这些都威胁着我们人类的生存，建筑行业给地球带来的危害是很大的，根据有关数据，建设活动引起的环境负担占总环境负担的15%～45%，因此我们必须在节地、节能、节水、节材等各个方面进行优化，既能提供给居民舒适的生活环境，还能尽可能减少污染和资源的使用。

万达集团是国内大型的房地产开发商，在中国的房地产行业有着举足轻重的作用，天津河东万达中心万海园项目也是万达集团第一个获得二星级绿色建筑设计标识认证的住宅项目，这不仅是万达集团重要的试点项目也为更多的房地产企业树立了榜样，便于绿色建筑在全国范围内大面积的推广，实现可持续发展的最终目标。

武汉菱角湖万达广场购物中心一星级绿色建筑设计标识评定工作特点分析

万达商业规划研究院　章球

武汉万达项目公司　郑庆胜

建筑是满足人类物质和精神生活需要的重要组成部分。绿色是自然、生态、生命与活力的象征，代表了人类与自然和谐共处、协调发展的文化，绿色建筑的设计不仅仅要关心节能问题，还要做到最大限度地节约土地资源、水资源和材料资源，改善室内环境，达到人与环境、人与建筑、建筑与环境的和谐统一。

2009年12月，武汉菱角湖万达广场在进行节能咨询工作的同时即开展了绿色建筑申报的评估与准备工作。2010年1～3月召开了多次绿建设计的研讨会议，通过集团各个部门及专家的评议，制定了菱角湖绿建申报设计调整方案。2010年4月开始，在规划院、项目公司直接操作和咨询方的配合下，武汉菱角湖项目开始了绿色建筑的设计调整及申报资料的整理工作，并于2010年8月底开始申报，11月28日通过了绿建评审答辩，成功取得了一星级绿色建筑设计标识。

总结武汉菱角湖项目绿建评估的过程，在节地、节材方面均能达到绿建评价要求，节能更是规划院孜孜不倦追求的目标，这三项在绿建评估初期即已达标，而节水项则达不到要求。

绿建评价标准中，有关节水的内容共有6项：

（1）通过技术经济比较，合理确定雨水积蓄、处理及利用方案。

（2）绿化、景观、洗车等用水采用非传统水源。

（3）绿化灌溉采取喷灌、微灌等节水高效灌溉方式。

（4）非饮用水采用再生水时，利用附近集中再生水厂的再生水；或通过技术经济比较，合理选择其他再生水。

（5）按用途设置用水计量水表。

（6）办公楼、商场类建筑非传统水源利用率不低于20%、旅馆类建筑不低于15%。

要达到一星标准需满足三项，而菱角湖项目只能满足一项。分析以上节水项，除第5条外，均涉及再生水、雨水等非传统水源的应用，所以，申报绿色建筑设计标识在节水方面的技术调整也需要围绕非传统水源的利用做文章。具体采用怎样的利用形式则应切合菱角湖万达广场的实际：菱角湖项目周边没有再生水厂，如果要利用再生水，则必须自给自足，而万达广场在用水上一个最大的特点是盥洗废水少，餐饮和便溺污水多，可回收处理的量仅在5%～10%间，即便运用也难以达到利用率要求，这时候只有雨水收集回用可以考虑了。如果采用了雨水利用措施，节水项能同时满足第1、2项，满足了一星级绿色建筑设计标识要求。

雨水利用是一个内容很广泛的概念，具体到建筑工程上，雨水利用目前主要的手段有：地表下渗、收集储存回用，这两个措施也均被收纳为绿建措施。

雨水下渗方式对于地下水涵养、减少降雨径流强度有重要意义，在有较多的绿地的住宅小区，下渗是最经济有效的方式，而万达广场绿化面积很少，基本上都是硬质铺砌，依托绿化下渗基本不可行，大量采用透水混凝土砖铺砌的方式则对于广场整体品质上有影响。此外，雨水入渗会造成深层土壤含水量人为增加，对地下室防水带来不利影响。雨水回收利用方式是直接收集降雨进行储存，应用于日常生活工作用水，对于年降雨量较大而且频率较多的地区采用雨水收集储存回用的方式也较为经济。所以，经过规划院与咨询单位多次讨论，结合武汉当地气候条件，菱角湖项目非传统水源利用确定为雨水收集回用。

雨水收集后可回用于绿化浇洒、汽车冲洗、空调冷却水补水、冲厕用水。但汽车冲洗、冲厕、空调冷却水补水需要保证率高，水质也有一定的要求，投资与收益上不容易平衡，故雨水利用还是以回用于绿化浇洒与道路冲洗为主。

《建筑与小区雨水利用工程技术规范》（GB 50400-2006）提出，雨水径流量设计重现期为1～2年，回用系统最高日设计水量不小于收集量的40%，按该规范解释，目的是能保证收集的雨水能在3天内用完，以提高雨水收集设施的利用率，同时对保证了收集的雨水水质。以武汉菱角湖万达广场为例：武汉菱角湖广场绿化与道路面积为12000m²，冲

图1　武汉菱角湖项目绿建设计标识申报流程

向绿标办提出申报意向
↓
签署申报声明缴纳注册费
↓
网上填写申报材料
↓
专家评审
↓
专业评价
↓
缴纳评价费
↓
形式检查
↓
向社会公示
↓
颁发证书

洗灌溉水量按2～3L／（m² · d）计算，则日需要冲洗用水位24～36t，存储3天，则雨水需收集回用为72～108t，建造一个收集池，池体容积整体在100～120t。

应用项与收集量确定后，最后需要确定雨水收集区域并考虑雨水处理方式。

雨水本身水质较好，收集雨水水质随着收集面的性质而有差异，而雨水可生化性能很差，年内也不稳定，设置水处理设施处理难度高且经常闲置，故雨水利用应尽可能收集洁净面雨水，应用于水质标准较低的用水项。

广场、地面等区域由于人员活动与商业经营的影响，灰尘大、含一定油脂，而屋面区域受影响小，故屋面雨水较为洁净，应选用屋面作为雨水收集的区域，具体屋面收集大小根据雨水收集与回用的平衡计算确定。

根据以上步骤，万达广场雨水收集与处理的流程如下：

屋面雨水→初期弃流→雨水沉淀→消毒→清水池回用。

将流程后三段合并为一个室外埋地的钢筋混凝土蓄水池，池体分成3个部分，弃流与沉淀部分，清水池部分，清水池部分按25%日回用水量（以武汉菱角湖万达广场为例，则为6～9t）计算。弃流量2～3mm径流厚度。

经过以上论证步骤，武汉菱角湖万达广场雨水利用的方式得到了各方认可，工程上也易于实施，保证了一星级绿色建筑设计标识的申报成功。

如果说节能是绿色建筑的心脏，则节水就是绿色建筑的眼睛，为了这双明亮的眼睛，为了万达广场自然和谐、可持续发展，在节水技术上我们还将不断开拓，使万达集团绿色与环保的理念走在时代的前列。

10 福州金融街万达广场购物中心
一星级绿色建筑设计标识评定综述

万达商业规划研究院　胡伟

福州万达项目公司　高世杰

为贯彻执行节约资源和保护环境的国家技术经济政策，推进可持续发展，万达集团2010年开展了绿色建筑试点工作，福州金融街万达广场作为首批试点项目，在项目开业前完成了绿色建筑申报工作，如期取得了住房和城乡建设部颁发的绿色建筑认证标识，为万达集团2010年开业项目画上了圆满的句号。

绿色建筑按等级划分有一星、二星、三星三个等级，评价主要有节地与室外环境、节能与能源利用、节水与水资源利用、节材与材料资源利用、室内环境质量、运营管理六个方面。评价贯穿整个建造周期，需要统筹协调各专业完成。福州金融街万达广场（图1）确定为绿色建筑试点项目时，建筑物已经封顶，存在诸多不利因素，受场地空间限制，雨水收集利用技术很难实施。但节水是绿色建筑评价的必需条件，我们通过组织专家评审，结合福州市气象、水资源现状条件，论证福州市为水资源丰富城市等工作，在没有设计雨水回收利用的前提下确保通过绿色建筑评审。我们通过协调设计单位，根据绿色建筑评价标准修改施工图，完善节能、节水技术，增加太阳能利用、分项计量等技术措施，利用计算机模拟建筑冷热负荷，调整空调末端控制技术，计算机模拟建筑风环境，增加采光顶通风窗等一系列技术的应用，最终使得福州金融街万达广场满足绿色建筑评价标准，顺利取得绿色建筑设计标识。

总结福州金融街万达广场A区将在节地与室外环境、节能与能源利用、节水与水资源利用、节材与材料资源利用、室内环境质量、运营管理共六个方面皆符合绿色建筑的要求。

图1 福州金融街万达广场

一、节地与室外环境

场地选址并无环境问题，该项目广场的建设对附近生态环境及人文社会无不良影响。建设场地的绿化率高，有助生态发展及缓和热岛效应。而可透水的铺面可保留雨水在场地内以涵养地下水。场地附近的交通网络完备，停车设施设于地下层，充分利用地下空间。

二、节能与能源利用

建筑设计的特点、高效的设备、余热的利用、自然资源的应用及系统的监控有助于该项目广场节省大量的能源。加上蓄冷系统利用峰谷电费优惠及营运上的先进概念，可节省超过20%的总能源成本。

三、节水与水资源利用

该项目设置合理完善的供水排水系统，并配合各种节水器具、高效灌溉及低漏损措施，有效地节省大楼的用水。在水资源循环利用的原则下，以回收生活用水、冷凝水、水塔排水及雨水为非传统水源，进一步减少水资源的消耗。

四、节材与材料资源利用

该项目建筑设计简约、结构以轻钢为主，并充分应用有再循环利用元素的物料，以减少对资源的消耗及环境的影响。加上施工阶段的各项节材管理的计划及措施，实现节约材料资源的目标。

五、室内环境质量

透过严格监控室内的温度、湿度、空气质量，并配合优化室内噪声环境及光环境的设计，以提供一个舒适及健康的建筑空间给使用者。

六、运营管理

以节省各类资源和减少污染物排放为该项目的基本营运概念，加上于设计阶段构思的设备及系统布置，有助于实现低营运成本的目标。

各类别的得分占总分的比重，节能与能源利用类别占24%，其他类别所占比重大致相当。

根据福州金融街万达广场绿色建筑设计经验：为确保申报绿色建筑成功，在新项目建设初期就将绿色建筑理念深入各个部门，统一协调；将很大程度降低绿色建筑建造成本。如果只是在设计环节做绿色建筑，不能在建筑材料、建筑施工的环节进行控制，就会增加绿色建筑评审的不确定性。在项目建设初期关于节地、节材、优先使用本地材料、本地植物利用等容易得分项上争取不减分，这需要项目公司统一协调设计、成本、工程才能实现。

绿色建筑评价应统筹考虑建筑全寿命周期内，节能、节地、节水、节材、保护环境、满足建筑功能之间的辩证关系。依据因地制宜的原则，结合建筑所在地域的气候、资源、自然环境、经济、文化等特点进行评价。

11

泰州万达广场绿色建筑实践

泰州万达项目公司　吴志刚　王军海

《万达集团节能工作规划纲要（2011-2015年）》中提出：2011年及以后开业的项目均达到一星级绿色建筑设计标准。截止到2011年12月15日，计划2011年开业的13个万达广场已有11个项目顺利获得一星级绿色建筑设计标识证书，另外两个项目已在住房和城乡建设部网站公示，预计1月份拿到证书。其中，泰州项目和常州新北项目对此项工作给予高度重视，严格管控，比正式开业时间提前两个月拿到一星级绿色建筑设计标识证书，其管理经验值得其他项目公司学习。

第一节　项目概况

　　泰州万达广场（图1）位于泰州市区中心，地段交通条件优越，地块东至海陵南路，南至济川东路，西至青年南路，北至通扬运河。项目总占地面积11.48万m²，总建筑面积41.18万m²，其中购物中心部分建筑面积约为16.58万m²（地上建筑面积10.33万m²，地下建筑面积6.25万m²），地下二层，地上裙房五层。

图1　泰州万达广场

一、绿建咨询单位的选择标准：

（1）与万达集团有多次合作的设计院；

（2）价格相对低的。

二、与咨询单位、设计单位确定技术方案：

（1）根据住房和城乡建设部绿标办要求的内容进行整合归纳，确定必须项和选择项（表1）；

（2）根据专家评审和提交资料时间制定工作和时间计划，并严格把控各个时间节点；

（3）根据工作和时间计划，合理有效的组织设计单位和咨询单位组织提供用于报审的资料文件并做严格的审核和校对。

表1　泰州万达广场绿色建筑设计标识评审结果

		节地与室外环境	节能与能源利用	节水与水资源利用	节材与材料资源利用	室内环境质量	运营管理
控制项（共20项）	总项数	4	5	5	1	5	0
	达标	4	5	5	1	5	0
	不达标	0	0	0	0	0	0
	不参评	0	0	0	0	0	0
一般项（共36项）	总项数	6	10	6	5	6	3
	达标	4	3	3	3	3	1
	不达标	2	6	3	1	2	2
	不参评	0	1	0	1	1	0

注：设计阶段不参评项：5.1.5、5.4.1、5.4.3、5.4.6、5.4.10、5.5.4、5.6.1、5.6.2、5.6.3、5.6.4、5.6.5、5.6.7、5.6.10；

　　项目特点不参评项：5.2.15、5.4.5、5.5.9。

三、各合作方提供用于报审的资料文件

（1）环评报告；（2）日照分析报告；（3）场址氡浓度检测报告；（4）建筑专业全套施工图纸；（5）建筑效果图；（6）交通影响分析报告；（7）景观全套施工图纸；（8）暖通专业全套施工图纸；（9）节能计算书；（10）水系统规划方案；（11）给水排水专业全套施工图纸；（12）结构专业全套施工图纸；（13）装修全套施工图纸；（14）灵活隔断比例计算；（15）电气专业全套施工图纸；（16）室内背景噪声计算。

第二节　绿色建筑具体特征

泰州万达广场购物中心项目以国家绿色建筑一星设计标识为总体目标，主要技术依据为：《绿色建筑评价标准》（GB/T 50378—2006）、《绿色建筑评价技术细则（试行）》（建科〔2007〕205号）和《绿色建筑评价标识管理办法（试行）》（建科〔2007〕206号），项目于2011年10月9日获得了绿色建筑一星设计标识认证证书，所有控制项均达到要求，评审结果如表1所示。

下面分别从节地与室外环境、节能与能源利用、节水与水资源利用、节材与材料资源利用、室内环境质量和运营管理几个方面，介绍泰州万达广场购物中心的绿色建筑特征。

一、节地与室外环境

（1）室外环境：场地位于《城市区域环境噪声标准》1类型，室外噪声经现场测试达标；交通组织合理，步行至附近公交站点距离不超过500m。

（2）景观绿化：绿化物种选择适宜当地气候和土壤条件的乡土植物，且采用包含乔、灌木的复层绿化。

（3）地下空间：建筑地下建筑面积为6.2万m^2，主要功能为车库、超市和设备用房。

（4）施工组织管理：项目采用多种措施，对施工期间场地施工噪声、废水、废气、固体废弃物等污染源进行防治。

二、节能与能源利用

（1）所选择的建筑外窗的气密性达到了现行国家标准《建筑外窗气密性能分级及检测方法》（GB 7107）规定的4级要求。

（2）所有全空气空调系统过渡季节考虑70%新风比的运行，同时设置排风系统，以保持室内的正压恒定。

（3）按照商业运行的需求合理选择空调设备、合理划分空调、通风系统，当建筑物内部分冷热负荷时和仅部分空间使用时，能够采取有效措施节约通风空调系统能耗。

（4）步行街新风机组根据室内外二氧化碳浓度差控制室内新风量，新风机组变频控制；百货空调系统根据二氧化碳浓度控制新风和回风的混合比例，空调机组变频控制。

（5）利用太阳能供给购物中心生活热水。

（6）建筑冷热源、输配系统和照明等各部分能耗独立分项计量。

三、节水与水资源利用

（1）综合利用水源、考虑了雨水的收集利用，雨水经处理后主要用于建筑的绿化浇灌和道路冲洗。

（2）按照不同业态、不同用途分别设置用水计量装置。

四、节材与材料资源利用

（1）整个购物中心建筑造型简约、实用，未采用装饰性构件。

（2）现浇混凝土全部采用预拌混凝土。

（3）商场内均为大开间设计，建筑内部空间采用灵活隔断方式。

（4）土建与装修一体化设计施工，减少了建材的浪费。

五、室内环境质量

（1）室内照度、统一眩光值、一般显色指数等指标满足现行国家标准《建筑照明设计标准》（GB 50034）中的有关要求。

（2）不同业态空间单独设置空调系统，可分别进行调节。

（3）采取精细化建筑平面设计，将主要机房、泵房等噪声源合理布置在地下室等位置，减少其对相邻使用空间的噪声干扰；将对噪声敏感房间布置在地上的内部区域，远离外界和内部噪声源的噪声干扰。

（4）建筑入口和主要活动空间设有无障碍设施。

六、运营管理

强弱电、水暖管道设置在公共部位，设有专门设备机房，便于维修、改造和更换。

第三节　主要措施

一、全空气系统变风量、变新风比运行

（1）空调系统分区控制：项目百货卖场、超市卖场、儿童活动区、电玩区、ZARA、餐饮、健身、电影院等大空间区域采用全空气系统，过渡季考虑新风比70%运行。

（2）二氧化碳传感器：空调通风系统采用直接数字智能化控制，配设电动调节阀与变频控制器，内铺新风机组和百货空调机组，设置室外及室内二氧化碳浓度传感器，在保证舒适度的前提下采用最小新风量。

a.步行街新风机组根据室内外二氧化碳浓度差控制室内新风量，新风机组变频控制。

b.百货空调系统根据二氧化碳浓度控制新风和回风的混合比例，空调机组变频控制。

二、采用高效、节能设备

（1）采用高效冷水机组：项目根据不同业态的房间功能，分别设置不同型号的冷水机组，达到空调供暖分系统、分区控制，能够有效的节约空调供暖系统能耗。如表2所示为不同使用位置的冷水机组参数。

（2）水泵变频运行（图2）：

a.冷源侧采用一次泵系统，水泵变频运行，其下限频率控制为70%，低于70%流量时定流量运行。

b.负荷侧设电动调节阀变流量运行，风机盘管回水管设电动二通阀，空气处理机组（新风机组）回水管设电动调节阀，供回水总管阀设压差旁通控制阀。

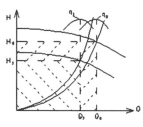

图2　变频水泵曲线

c.冷水机组与水泵根据负荷变化调节运行台数，在冷水机组允许的流量范围内，根据供回水温差控制冷冻水泵与冷却水泵变频，根据冷却塔出水温度控制冷却塔风机运行台数（表2）。

d.采用调节方便的空调末端：项目大空间区域采用可调节的全空气系统末端，KTV及影城办公区域采用风机盘管，可以灵活调节，提高室内人员的舒适性。

表2　冷水机组参数

| 序号 | 设备名称 | 使用位置 | 制冷量 | | 型号 | 满负荷输入功率（kW） | 运行电流RLA（A） | 数量（台） |
			kW	USRT				
1	离心式冷水机组	大商业	3340	950	19XR-7P7055 EMDH5A	599.0	40	3
2	螺杆式冷水机组	大商业	1230	350	30XW1352	237.3	565	1
3	离心式冷水机组	万千百货	2637	750	19XR7P7P525 MDH5A	459	31	2
4	螺杆式冷水机组	超市	1082	308	30XW1152	217	510	2

三、能耗分项计量

大型商业建筑的能源消耗情况非常复杂，以空调系统为例，其组成包括冷热源、输配系统和末端设备等多个环节。目前各类公共建筑基本上都是一块总电表，对建筑各耗能环节的状况往往难以了解，也就难以发现能耗不合理的地方。安装分项计量系统，使建筑内各耗能环节如冷热源、输配系统、末端设备、照明、办公设备和热水能耗等都能实现独立分项计量，可以了解分析各项能耗水平和能耗结构是否合理，发现问题并提出改进措施，从而有效地实施建筑节能。

泰州万达广场主要采用以下能耗分项计量措施：

（1）百货、超市、电器城采用高供高计方式：每路10kV电源进线设置专用高压计量柜（图3）；商场主力店、次主力店各业态采用低压计量，在变压器低压出线处设置计量表进行分层分区域计量。

（2）室内、室外步行街、底商采用低压计量，在楼层公共区设置集中表柜计量，一户一表。

（3）室外照明、景观照明、广告照明在变电所低压出线处分回路计量。

图3 高压计量柜

（4）计量表具及互感器精度：高压互感器0.2级；计量表0.5级；低压互感器、计量表0.5级。

四、太阳能热水器

能源是国民经济发展和人民生活水平提高的重要物质基础。太阳能是资源最丰富的可再生能源，具有独特的优势和巨大的开发利用潜力，充分利用太阳能有利于保持人与自然的和谐相处及能源与环境的协调发展。

泰州万达广场采用太阳能热水器为地下商管用房提供生活热水，太阳能水箱间设置在三层屋顶，水箱有效容积为5m³，其设计小时热水量为900L/h（图4）。

图4 太阳能热水器

五、施工组织管理

施工过程中可能产生各类影响室外大气环境质量的污染物质，主要包括施工扬尘和废气、废水、固体废弃物排放。

泰州万达广场项目在施工期间提出了各种防治措施（图5），主要有以下几点：

（1）依据工程特点和各施工阶段施工要求，综合考虑施工任务，对平面实行分阶段布置和管理，把办公区、生活区、生产区分开布置。例如：现场办公、生活区采用彩钢板围挡与施工现场分隔。

（2）在保证场内交通运输畅通和满足施工对材料要求的前提下，最大限度地减少场内运输，特别是场内二次搬运。例如：钢筋加工车间及木工加工车间尽量利用基坑周围空闲场地作为加工车间及堆放场地；砂石统一堆放，散装水泥设置水泥立库，袋装水泥尽量减少搬运环节。

（3）每个出入口均设置专门的门卫进行出入管理，出口处均设置洗车台及沉淀池，以保证施工现场出去的车辆干净，不污染周围道路；整个施工现场沿围墙四周布置临时环路，临时道路采用混凝土路面；由于现场场地较为狭小，场区内考虑全部硬化。

（4）尽量避免对周围环境的干扰和影响。例如：合理安排施工作业时间，严禁夜间进行高噪声施工作业；尽量采用低噪声的施工工具；在高噪声设备周围设置掩蔽物；施工现场设置围栏，缩小扬尘扩散范围，做好防尘工作；建筑垃圾运输车辆应当采取密闭措施，不得超载运输，不得遗撒、泄漏。

图 5 施工现场

第四节　总结

本项目为商业综合体建筑，在设计过程中，采用的绿色建筑设计方案经过充分论证，而非新材料、新技术的不合理的堆砌。同时，注重各种有效数据的收集、保存、整理，使之成为可推广、可借鉴、可应用、可复制的绿色商业建筑。

本项目设计过程中研究实用并具推广意义的绿色生态技术，以提高社会效益、经济效益和环境效益，达到节约能源，有效利用能源，保护生态，实现可持续发展的目标。

12 常州新北万达广场绿色建筑实践

常州万达项目公司　胡建军　刘志诚

第一节　项目概况

常州新北万达广场位于常州市新北区通江大道以西巢湖路以南地块，规划设计总用地面积74400m²，建筑面积38.82万m²，总投资25.4亿元，项目计划建设一个集大型商业、室内外步行街、SOHO、住宅等多种物业类型，购物、娱乐、餐饮、休闲、居住、办公于一体的大型城市综合体（图1）。

项目大商业部分建筑面积约为9.82万m²，其建筑平面布局简洁而不失大气，各部分功能

图1　常州新北万达广场

分区明确，地下两层，地上六层。地下一层设有超市、设备机房、员工餐厅及停车库，地下二层为停车库。地上的步行街将裙房划分为两部分，北侧一、二层为对外商铺，三、四层为商铺；南侧按不同的业态划分为百货楼、综合楼、娱乐楼。各业态在裙房1~6层上下贯通形成各自相对独立的区域，同时步行街又将各区域连接为一个整体。

项目建设之初就确立了集环保、节能、健康于一体的绿色生态建筑目标，设计阶段根据建筑本身特点，因地制宜地利用了一系列绿色建筑技术，包括变频水泵、水蓄冷、能耗分项计量、全空气系统新风比可调、节水器具、雨水收集回用、灵活隔断等。常州项目以国家一星级绿色建筑设计标识为目标，并于2011年10月9日获得了一星级绿色建筑设计标识认证。

第二节　绿色建筑技术

常州项目遵循绿色建筑设计理念，从节地与室外环境、节能与能源利用、节水与水资源利用、节材与材料资源利用、室内环境质量和运营管理等多方面综合考量，运用了多项绿色建筑技术。

建筑节能设计，采用被动技术优先，主动技术优化的技术策略，通过围护结构热工性能、窗墙比优化控制，降低了设计负荷，节约了初投资；室内环境控制优先考虑自然通风、自然采光等被动式措施；通过大温差冷冻水系统、变频水泵、水蓄冷等先进技术的应用，降低了建筑暖通空调运行能耗；节水方面采用雨水收集回用及使用节水器具；节材方面50%以上功能房间采用灵活隔断，可变换功能。

一、围护结构热工性能

建筑外围护作为室内外空间的唯一屏障，其热工性能决定了整个建筑系统的能耗状况，常州新北万达广场地处夏热冬冷地区，购物中心屋顶采用40mmXPS挤塑聚苯板保温，墙体采用35mm岩棉保温板保温（图2），外窗选用铝合金单框中空玻璃窗，玻璃采用Low-E中空玻璃，自身传热系数3.2W/$(m^2 \cdot K)$，遮阳系数0.45，满足《公共建筑节能设计标准》（DGJ32/J 96—2010）的要求，达到了节能50%的要求。

图2　建筑外幕墙

二、自然采光优化

天然采光照明相对于人工照明，不仅节约能源，室内的光照舒适度也更好。加强建筑天然采光方法主要有两种，一是减少采光进深，主要体现在设置中庭，或者减少房间跨度等；二是加强围护结构的天然光透过性能。本项目采用两种方法结合的方式来加强室内采光效果。即步行街顶部天窗采用可见光大于0.4的玻璃，通过顶部采光，改善了建筑室内的自然采光效果（图3）。

图3　大商业采光顶实景

三、自然通风优化

自然通风不仅能够提高室内舒适度，还能够相应地降低建筑的耗能，在过渡季节起到部分或全部取代空调的作用。在建筑设计和构造设计中鼓励采取诱导气流、促进自然通风的主动措施，如导风墙、拔风井等，以促进室内自然通风的效果。本项目步行街上方采光天窗设有可开启部分，利用热压产生拔风效果，过渡季节可以减少建筑能耗（图4）。

四、空调供暖系统节能设计

考虑到建筑内部不同能耗特点，项目空调系统分为大商业和万千百货两套（图5）。大商业部分：内街及内街商铺、影院走廊采用风机盘管加新风系统，次主力店、国美、大玩家、电影院采用全空气系统低速风道送风；万千百货部分：百货区域采用全空气系统低速风道送风，办公区域采用风机盘管加新风。采用了以下多种绿色建筑节能措施。

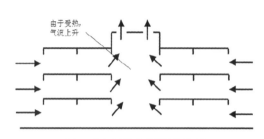

图4　室内步行街自然通风原理示意

图5　组合式空调器

（一）空调冷冻水大温差、水泵变频运行

不同于常规的7/12℃的5℃温差，本项目采用低温供水的6℃温差冷冻水系统，经分析，大温差系统不会影响末端规模和造价。

大商业及万千百货空调系统中的冷冻水系统均采用一级变频泵设计，流量最低为设计流量的70%，可以根据系统压力变化改变水泵电机频率，减少水流量，降低水泵功率。

（二）室内空气品质监测、全空气系统新风比可调

建筑全空气系统的组合式空调器可以根据室内二氧化碳浓度及室内外焓差自动调节新回风比控制，新风管井按照70%的总送风量预留，回风及新风混合后经中效过滤处理。

（三）水蓄冷系统

空调水蓄冷系统依靠昼夜峰谷电价差的优势，利用夜间便宜电价蓄冷，在白天高峰电价时放冷运行，同时也起到了调节系统负荷率的效果，提升运行冷机的COP。小容量水蓄冷系统可以调节系统负荷，利用峰谷电价差优势，运行节能并省钱；大容量水蓄冷方案可以减少制冷主机装机容量，减小配电压力，利用峰谷电价差优势，节省投资、运行省钱并节能。项目大商业部分利用消防水池采用水蓄冷系统，蓄冷水温4℃，总蓄冷量为1834kW·h。

（四）BA系统集中控制

建筑所有集中空调系统、通风系统的运行均有BA系统集中控制（图6），可以针对不同环境及时调整空调系统的运行方式，降低建筑能耗。例如显示所有空调通风系统的启停状态；控制电动风阀、水阀；冷水水泵变频调节；二次水系统最不利环路压差控制；过滤器压差报警等。

图6　BA系统控制室

（五）能耗分项计量

大商业按业态用电性质分别计量，树干供电回路在楼层电井设置计量，其余在变电所内设置数字仪表（图7）。步行街每户设置计量，计量表设置在楼层电井内。外铺每户设置计量，计量表设置在地下一层电表间；使建筑内各耗能环节如冷热源、输配系统、末端设备、照明、办公设备和热水能耗等都能实现独立分项计量，可以了解分析各项能耗水平和能耗结构是否合理，发现问题并提出改进措施，从而有效地实施建筑节能。

图7 计量电表（配电箱）

五、非传统水源利用

常州年降雨量大约1071.5mm，雨水资源丰富，且全年都有降雨。从气象资料显示，从4月到9月降雨量都在80mm以上，常年平均降水日数127天，春季占29%，夏季30%，秋季22%，冬季19%，雨分布比较均匀，非常适合雨水的收集利用，是非常好的杂用水水源。雨水利用可作为区内绿地浇灌及生活杂用水的补充水源。

本项目以大商业屋面雨水作为雨水收集水源，雨水经处理后用于绿化浇洒，在雨量不充足的情况下考虑采用自来水补水。在五星级酒店东侧广场设置集中的雨水收集池和雨水处理回用设施，统一处理、统一回用。雨水收集流程如图8所示。

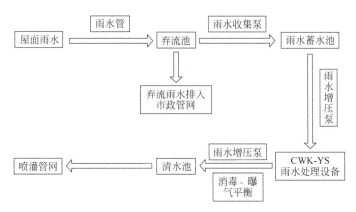

图8 雨水处理流程示意图

六、其他绿色建筑节能设计措施

（一）采用节水器具

为更好的节约水资源，项目全部采用节水器具，例如采用陶瓷片密封水嘴，采用一次冲水量小于6L的大便器，其节水器具满足《节水型生活用水器具》（CJ 164）的要求。

（二）采用高效节能灯具

项目室内照明光电源均采用高效节能型（图9），例如荧光灯为T5管直形荧光灯或紧凑型荧光灯，配高频电子镇流器，所有室内放电灯具功率因数不小于0.9。同时建筑采用智能照明控制：购物中心楼梯间照明由控制室集中控制，应急照明常亮；商业走道、营业厅应急照明采用断路器或隔离开关集中控制，且营业时间内要求处于点亮状态。

图9　高效节能灯

（三）节材

项目主要结构为钢筋混凝土框架结构，混凝土全部采用预拌混凝土，50%以上空间采用灵活隔断，室内空间功能可变换。

第三节　施工组织管理

常州新北万达广场购物中心项目将绿色建筑的设计理念贯穿于施工过程中，在施工过程中注重环境保护，避免对周围环境造成污染，主要措施有以下几点：

一、扬尘控制

建筑施工中出现的扬尘主要来源于渣土的挖掘与清运、回填土、裸露的料堆、拆迁施工中由上而下抛撒垃圾、堆存的建筑垃圾、现场搅拌混凝土等。

项目采取多种措施防止扬尘：建筑垃圾、工程渣土运输车辆装土作业结束，应及时盖好车顶盖板或其他遮盖物，密闭运输；车辆驶出工地前，应及时冲洗车辆轮胎底盘、清除车身表面污物；拆房垃圾装车作业应喷水降尘，防止尘土飞扬；建筑工地周围设置遮挡围墙，其高度不低于2.5m，避免尘土、废弃物及杂物飘散（图10）。

图10　施工现场围挡图

二、噪声振动控制

建筑施工噪声是指在建筑施工过程中产生的干扰周围生活环境的声音，主要包含：装载机、打桩机、挖掘机等高噪声设备的使用。

项目选取低噪声设备，对易产生高噪声的设备采取隔声与隔振措施；合理布置场地，将高噪声设备远离场地边缘，避免对周围环境造成影响。

三、水污染控制

施工现场的各类排水经过处理，达标后排入城市排水管网。沿临时设施、建筑四周及施工道路设置排水明沟，并做好排水坡度，施工污水经过沉淀处理后排入市政管线。排水沟要定期派人清掏，保持畅通，防止雨季高水位时发生雨水倒灌。生产用水经过沉淀，厕所的排污经过三级化粪处理。施工现场出入口设洗车槽，外运车辆进行清洗，减少车辆带尘。

四、建筑垃圾控制

袋装的装修垃圾应在规定的堆放点堆放整齐，散装的装修垃圾应在堆放点周围设置符合要求的围栏。建筑施工工地出口处的内侧应铺设长度不小于25m、宽度不小于出口处宽度的硬质路面，并在出口处设置相应的车辆冲洗设施，或在出口处内侧设置确保运输车辆不污染城市道路的其他保洁设施。

挖掘机（装载机）出土装车不得超量装土。车辆装载土方应四边拉平，高度不得超过车厢四周栏板，不得影响加盖；装载装修、拆房的轻泡垃圾，其装载高度应符合有关规定，并有防散落措施。

第四节　项目管控

本项目确定绿色建筑目标后，选择了多家咨询单位进行技术实力、项目业绩等多方面比对，最终选择了综合实力较强的北京清华城市规划设计研究院城市建筑环境与能源研究所作为合作单位。

咨询合作开始阶段，项目公司与咨询单位根据项目进度确定了本项目咨询申报时间表（表1），并在一个月内完成了图纸核查和与设计院的技术对接，迅速确定了绿色建筑设计思路和工作流程，为后面咨询申报工作的开展奠定了良好的基础。

表 1　项目进度时间节点

时间	项目进度
4月5日	与咨询单位签订绿色建筑申报合同
4月7日	向咨询单位提供项目资料
4月21日	咨询单位提交第一版施工图核查报告
5月4日	与咨询单位、设计院开会，确定绿色建筑达标方案和图纸调整内容
5月4日～7月24日	设计院修改图纸、咨询单位整理申报材料
7月24日	提出申报，提交申报材料
8月16日	专家评审会
9月9日	项目公示
10月9日	项目公告
10月9日	获得一星级绿色建筑设计标识认证证书

第五节　总结

在未来的城市公共设施建设方面，绿色建筑将可持续发展的理念贯穿于规划方案、建筑设计、机电设计、绿色施工、运营管理等各个方面，必然成为未来建筑的发展趋势。常州新北万达广场购物中心项目，在设计过程中，合理采用多种绿色建筑措施，达到降低建筑能耗，有效利用能源，保护环境，实现了可持续发展的目标。

13 武汉经开万达广场绿色建筑实践

武汉万达项目公司　梁智强　张谦

绿色建筑是指在建筑的全寿命周期内，最大限度地节约资源（节能、节地、节水、节材），保护环境和减少污染，为人们提供健康、适用和高效的使用空间，与自然和谐共生的建筑。

"绿色建筑"的"绿色"，代表一种概念或象征，指建筑对环境无害，能充分利用环境自然资源，并且在不破坏环境基本生态平衡条件下建造的一种建筑，又可称为可持续发展建筑、生态建筑、回归大自然建筑、节能环保建筑等。

绿色建筑的基本内涵可归纳为：减轻建筑对环境的负荷，即节约能源及资源，提供安全、健康、舒适性良好的生活空间；与自然环境亲和，做到人及建筑与环境的和谐共处、永续发展。

武汉经开万达广场购物中心，总用地面积9.61万m²，建筑面积12.19万m²。在从前期概念设计开始，就按照绿色建筑要求进行相关所有设计，并从始至终将绿色建筑有关要求贯彻落实到设计、材料采购、施工等具体环节中去，直至开业同期获得由国家住房和城乡建设部颁发的"一星级绿色建筑设计标识"证书。

第一节　项目规划设计阶段

项目设计之初就定位为绿色建筑，按照绿色建筑一星级标准设计，合理采用相关绿色生态节能技术，从节地、节能、节水、节材、室内环境质量、运营管理六方面着手打造武汉经开万达广场购物中心。项目公司设计部在集团规划院的指导下，根据项目自身特点，因地制宜打造符合武汉地区发展和应用的一星级绿色建筑，采用高性能能效比空调系统，机组COP值高达

图 1　武汉经开万达广场实景

5.6的优于规范要求的标准；大空间区域采用全空气空调系统和水蓄冷系统，夏季制冷充分利用夜间低价电力，蓄谷调峰，减小高峰时间市政电网的压力。

在节能照明方面，本项目光源采用T5荧光灯、LED灯和环形节能荧光灯等节能型光源，在保证照明质量的前提下尽量减小照明功率密度（LPD），最大限度地考虑自然采光的前提下，对照明系统进行优化设计，实现绿色照明。

步行街是万达广场的精髓，步行街采光顶是从外界获得自然光线、太阳辐射热以及通风换气的重要部位，合理的天窗设计应该既能充分利用天然采光，又可以阻挡过量的太阳辐射热，同时兼顾到建筑的自然通风。

在水系统方面，采用雨水回渗与集蓄利用技术，对场地雨水收集至蓄水池，经净化处理后用于景观补水、绿化浇灌、道路冲洗等，充分利用雨水资源，可以大大减轻城市的需水压力，缓解地下水的资源紧张状况，是改善城市生态环境的重要部分，将会产生巨大的社会、环境及经济效益。在人行步道上采用透水砖铺设，达到雨水回渗入地，能够调节地表的温度和湿度，维护地表生态平衡。

除上述技术外，本项目采用一系列绿色节能措施，从场地选址安全、节约用地、室外风环境、合理规划交通组织、地下空间利用、景观绿化、节水喷灌、建筑平面布局合理、可再循环材料利用、建筑无障碍设计、室内噪声控制、楼宇设备自动控制系统等技术融入建筑设计中，以人、建筑和自然环境的协调发展为目标，在利用天然条件和人工手段创造良好、健康的建筑环境的同时，尽可能地控制和减少对自然环境的使用和破坏，充分体现向大自然的索取和回报之间的平衡，充分体现了万达集团在大规模高速度发展商业地产的同时，承担社会责任，降低商业建筑能耗，为实现节能减排做出了积极贡献。

第二节　项目材料采购阶段

在经济可持续性发展的社会背景下，绿色建筑的概念逐渐深入人心。随着环保型产品逐渐在市场上成为主角，消费者对建筑材料提出了安全、健康、低碳等要求。万达集团一作为一个有强烈社会责任感的企业，推广应用绿色技术，使用无公害、无污染、无放射性的环保型建筑材料，成为我们所面临的唯一选择。

绿色建筑就是有效利用资源的建筑，即节能、环保、舒适、健康的建筑。在这个前提下，项目公司成本部在武汉经开项目购物中心的建筑材料选择上就主要遵循以下两个原则：一个是尽量使用3R（Reduce、Reuse、Recycle，即可重复使用、可循环使用、可再生使用）材料；另一个是选用无毒、无害、不污染环境、对人体健康有益的材料和产品，最好是有国家环境保护标志的材料和产品。

项目公司成本部还分别进行了"绿色供应商"和"绿色生产材料"这两个方面的调查、了解工作。对于绿色供应商，我们主要考察供应商企业内部对于环境活动的关注程度。对于绿色生产材料，我们主要考察包装材料的材质等是否环保。通过上述比较，公司会优先从注重环境保护的企业采购对环境负荷影响较小的生产材料。

第三节　项目施工管理阶段

在项目实施过程中，项目公司工程部函告总包方及各分包单位必须贯彻国际环境管理标准，分析现场影响环境的因素，针对影响因素制定有效的环保方案，最大限度地降低工地的扬尘和噪声对周围地区的影响。在此阶段，绿色建筑的建造理念主要体现在以下两方面：

一、施工环境管理

（一）噪声排放达标。

因施工工期或技术方面的要求噪声超标时，必须遵循当地政府的规定，采取补救措施。

（二）现场目测无尘。

（1）现场施工用场地采用硬化地面，其他暴露为利用场地种草绿化。

（2）现场设专人洒水降尘。

（三）运输无遗撒。

（1）混凝土罐车出场前应清洗下料斗。

（2）自卸车、垃圾运输车一律配备苫布覆盖渣土。

（3）出口设防土、泥草帘，钢筋算子。

（四）生产及生活污水达标排放。

（1）洗车池及临时排水管线与市政网连接处设立沉淀池。

（2）食堂设置隔油池。

（3）现场固定式厕所设置化粪池。

（五）尽量减少油品、化学品的泄露现象，化学品（油漆涂料等）和特殊材料一律实行封闭式、容器式管理和使用。

（1）编制化学品及有毒有害物品的使用及管理作业指导书并在操作前对工人进行培训。

（2）施工现场易燃、易爆、油品及化学品应储存在专用仓库、专用场地或专用储存室（柜）内。

（六）最大限度防止施工现场火灾、爆炸的发生。

（1）进行消防培训，增强消防意识。

（2）木工棚、油库、化学品库配备一定数量的环保灭火器。

（七）固体废弃物实现分类管理，提高回收利用量。

（1）实现固体废弃物分类管理，根据需要增设固体废弃物放置场地与设施。

（2）与运输方签订垃圾清运协议，并将垃圾消纳场的资质证明备案。

（3）列出项目可回收利用的废弃物，提高回收利用量。

（4）废弃物要及时收集并处理。

二、文明施工管理措施

（1）施工现场临时道路须进行硬化，在大门口设置车辆清洗池，对出场车辆进行清洗，以防止尘土、泥浆被带到场外，场地内其他不用区域将全部绿化。

（2）设专人进行现场内、作业面及周边道路的清扫、洒水工作，防止灰尘飞扬，保护周边空气清洁。

（3）建立有效的排污系统。

（4）楼层内设置临时卫生间并有专人定时清理。

（5）夜间灯光集中照射，避免灯光干扰周边居民的休息。

（6）散装运输物资时，运输车厢须封闭，避免遗撒。

（7）各种不洁车辆离开现场之前，须对车身进行冲洗。

（8）施工现场设封闭垃圾堆放点，若垃圾未回收将给予处分，并予以及时清运。

项目的施工环节，是购物中心能够按照绿色建筑既定目标实现的关键环节，项目公司设计、成本、工程等部门通力配合，确实贯彻、落实绿色建筑的设计、建造理念，直至项目购物中心竣工开业，获得集团各部门的一致好评。

14 成都金牛万达广场 绿色建筑设计实践

成都万达项目公司　郭卫东

成都金牛万达广场（图1）于2012年7月通过国家一星级绿色建筑设计评价标识认证，成为四川省自开展绿色建筑评价工作以来，首家获此殊荣的商业综合体项目。同时成都万达项目公司也成为四川省绿色建筑联盟的理事单位。

第一节　项目概况

成都金牛万达广场位于成都市一环路北三段与人民北路交界处地块，北至肖家村三巷，南至一环路北三段，东至北站路东一段，西至人民北路，地块紧邻成都火车北站。该项目总规划用地面积129094.75m²，规划总建筑面积1128570m²。参评项目为大商业项目，项目总占地面积77788m²，总建筑面积248805m²，其中地上建筑面积137423m²，地下建筑面积111382m²，主体结构采用框架结构体系，结构的设计使用年限为50年。地上商业4层（局部5层），主要功能为餐饮、百货、娱乐场、综合楼及室内商业步行街。地下机动车停车位1954个，非机动车位2917个。

图1　成都金牛万达广场鸟瞰图与总平面图

成都金牛万达广场大商业项目预计2012年12月完工，且于2012年7月通过国家1星级绿色建筑设计评价标识认证，其具体评审结果如表1所示。

表1 成都金牛万达广场绿色建筑设计标识评审结果

	一般项（共36项）						优选项数
	节地与室外环境	节能与能源利用	节水与水资源利用	节材与材料资源利用	室内环境质量	运营管理	
	共6项	共9项	共6项	共4项	共4项	共3项	共12项
达标	4	5	3	2	3	2	0
不达标	2	4	3	2	1	1	12
不参评	0	1	0	4	2	4	2

第二节 绿色建筑技术应用

成都金牛万达广场大商业项目遵循绿色建筑设计理念，从节地、节能、节水、节材和环境保护等多方面综合考量，运用多项绿色建筑技术：包括加强园区绿化、空调系统节能、照明系统节能、建筑整体节能、非传统水源利用、节水器具等，并获得住房和城乡建设部一星级绿色建筑设计评价标识认证。

一、节地——充分开发地下空间、加强园区绿化

成都金牛万达广场大商业项目交通十分便捷，利用现有地铁通道与本项目接口，充分整合激活地下空间，获得对地铁站商业价值的充分开发。

该项目选择适宜成都地区气候和土壤条件的近20种乡土植物，采用滞尘除噪型包含乔灌草在内的裙房屋顶绿化。除此之外，本项目的园区绿化还可以起到隔声降噪、改善场地声环境的作用。该项目在靠近一环路、人民北路一侧多栽种一些高大乔木、灌木组成隔离屏障，以期有助于降低交通噪声、汽车尾气的影响。通过以上隔声、吸声措施，交通对本项目临街住户的噪声影响将会因此而被明显减弱（图2），来自道路车辆的交通噪声，通过围墙采用隔声墙、边界设置绿化带等措施，减少噪声量约20dB（A）。

图2 绿化降噪

二、节能——照明系统

成都金牛万达广场大商业项目照明以三基色荧光灯为主要光源，配用节能电感镇流器或电子镇流器。主要场所照度标准及照明功率密度值满足《建筑照明设计标准》（GB 50034—2004）。

设置智能灯光控制系统用于照明系统的集中监测及控制，实现照明系统的节约管理。

三、节能——空调系统

成都金牛万达广场大商业项目的暖通空调系统选用高效的暖通节能设备，考虑了在部分空调负荷下以及过渡季节的暖通空调节能设计，并采用了水蓄冷系统，对于昼夜电力峰谷差异的调节具有积极的作用。

综合考虑地方气候特点以及经济适用性，成都金牛万达广场大商业项目的数码广场、电玩与网吧、餐厅、健身房、电影院、超市与百货的卖场等采用低速单风道全空气系统，空调机组采用组合式空调器，气流组织为上送上回，过渡季节和冬季可加大新风比，利用室外低焓值的新风消除室内余热。由于KTV广场和电影院存在低负荷运行工况，螺杆式冷水机组能够在变流量工况下运行，与之配套运行的冷水泵设变频调速装置，可实现一次泵变流量运行工况。

设置建筑设备监控系统用于空调系统的集中监测及控制，实现空调系统的节约管理。

四、节能——分项计量系统

成都金牛万达广场大商业项目的变电所配置变配电智能化系统，所有仪表均采用网络电力仪表，每条回路均安装了计量装置，能够对冷热源、输配系统和照明等各部分能耗进行独立分项计量，有助于业主在运营阶段及时发现用能不合理的地方。

五、节能——建筑整体节能

成都金牛万达广场大商业项目，通过采用围护结构优化、提高冷源效率、水池蓄冷、水泵变频调节、节能照明等建筑节能技术，依据《公共建筑节能设计标准》（GB 50189－2005）要求进行模拟计算，该项目实际设计建筑全年供暖空调和照明能耗满足国家标准50%的节能要求。

六、节水——供水、排水系统

成都金牛万达广场大商业项目采用分区给水系统，其中大商业部分低区为地下室1~2层，由市政给水管道直接供水；高区为3~5层，由变频供水设备供水。恒压变频供水装置的水泵吸水管上设有紫外线消毒设备，保证供水水质卫生。

成都金牛万达广场大商业项目采用雨、污分流的排水体制，对生活污水和雨水分系统进行组织排放。裙房的污水系统设置伸顶通气管；主楼的污水系统设置专用通气管。对设在地下室不能采用重力流方式排放的污废水，设置集水坑和潜污泵提升排出。厨房含油污水设置隔油池和隔油器处理后排至室外。空调机房废水采用间接排水的方式进行排放。各屋面均设有雨水排水系统和排出超设计重现期雨水的溢流设施。房屋面雨水排水系统采用压力流雨水排水系统，主楼屋面雨水排水系统采用重力流雨水排水系统。

成都金牛万达广场大商业项目选用的卫生洁具符合《节水型生活用水器具》（CJ 164—2002）标准的要求。公共卫生间内的洗手盆配用红外感应式龙头。

成都金牛万达广场大商业项目除按不同业态安装水表，便于计量收费，同时按照水平衡测试要求，分别安装一级水表、二级水表、三级水表（三级水表每天用水量高于10m³）。

七、节水——非传统水源利用

成都金牛万达广场大商业项目设有雨水回收与利用系统，屋面雨水经弃流装置弃流后进入地下2层原水池，再经水处理设备过滤、消毒处理后进入清水池，经雨水提升泵后为地面浇洒和绿化提供用水。同时，本项目裙房部分屋顶采用了绿化，屋顶绿化本身需要用水，屋顶绿化可以蓄存部分雨水，通过种植层与蓄排水层达到蓄存部分雨水的功能，削减洪峰，进而减轻市政雨水管网排水压力的作用。

八、节材——减少材料浪费和垃圾产生

成都金牛万达广场大商业项目现浇混凝土采用预拌混凝土，万千百货、次主力店、电器、餐饮、茶楼、商业均为大开间敞式的空间，采用灵活隔断，如矮隔断、玻璃隔断，预制板隔断等，可变换功能的室内空间采用灵活隔断的比例达到了35%，减少重新装修时的材料浪费和垃圾产生。

大商业项目建筑造型要素简约，无大量装饰性构件，装饰性构件总造价仅占项目工程总造价的0.49%，低于工程总造价的5‰。

九、室内环境质量——舒适、节能、健康的室内环境

成都金牛万达广场大商业项目室内暖通空调设计温度、湿度、风速、新风量等参数符合现行国家标准《公共建筑节能设计标准》（GB 50189）中的设计要求。围护结构采用了聚苯乙烯挤塑板、加气混凝土墙、部分60mm厚保温棉方式提高围护结构热阻，保温性能好，防止温度突然下降而形成的结露现象。外门窗气密性要求达到现行国家相关标准，可阻止空气渗透，防止室外潮热空气渗透室内而形成冷凝结露现象。项目平面布局和空间功能安排合理，每层绝大部分空调机房均安装在角落，且采用了吸声降噪措施，减少了对外界的干扰。

该项目的数码广场、电玩与网吧、餐厅、健身房、电影院、超市与百货的卖场等分区域采

用低速单风道全空气系统，空调机组采用组合式空调器，气流组织为上送上回，风口可调节。精品店、KTV广场、超市与百货的后场办公等区域采用风机盘管加新风的空调方式。空调系统末端调节方便，可提高人员舒适性。

十、运营管理——楼宇自控系统

成都金牛万达广场大商业项目设置建筑设备监控系统、智能灯光控制系统，通过对空调系统、给水排水系统、水处理系统、变配电系统、照明系统的集中监测及控制，实现各种能源的节约管理。

第三节 小结

在成都金牛万达广场大商业项目设计过程中，采用的绿色建筑设计方案均经过充分论证，而非新材料、新技术不合理的堆砌。同时，注重各种有效数据的收集、整理、保存，使之成为可应用、可借鉴、可推广、可复制的绿色公共建筑。

本项目设计过程中研究实用并具推广意义的绿色生态技术，以提高社会效益、经济效益和环境效益，达到节约能源、有效利用能源、保护生态、实现可持续发展的目标。成都金牛万达广场投资有限公司努力通过绿色建筑设计实践与运营管理，跟踪和积累科研数据，使绿色建筑科研成果更完善，更具有实用意义，推动成都市绿色建筑实践迈上新台阶。

15 山地休闲度假酒店节能技术应用

长白山万达项目公司　唐明德
中国建筑科学研究院上海分院　刘妍炯

长白山国际度假区是万达集团首个旅游地产项目，是中国旅游产业的一张新名片。生态、绿色、环保是度假区的主要特点，也是度假区制胜的法宝。

长白山国际度假区酒店项目依托长白山丰富的自然资源和独特的地理环境，以绿色节能为理念，充分利用山地的特点，从节地、节能、节水、节材等各方面综合考虑，打造旅游地产酒店项目。

第一节　技术亮点

一、因地制宜，打造绿色酒店

度假区酒店属于被绿色森林环绕、设施齐全、充满自然野生趣味的生态山林度假酒店。酒店尊重和利用基地中原有的地形地貌条件布置场地和建筑，尽量减少土方工程量，较好地保持了原有地貌主要特征。空间的布局强调自然生态环境的"绿色"渗透，体现了酒店建筑空间、庭园广场、绿化空间之间的有序穿插。

二、雨水收集利用与透水铺装

对屋顶雨水进行收集，用于车库地面冲洗和室外绿化灌溉。室外排水管采用带孔透水管，增加土壤渗透水含量，减轻市政排水压力。酒店透水地面面积较高，能够改善具体微环境，增加雨水入渗的同时，改善场地空气质量，具有很好的生态环境效益。

图1 长白山国际度假区

三、被动式通风技术

抚松县属高寒山区，酒店在过渡季合理采用被动式室外新风免费供冷，通过开启外窗来调节室内风速以满足非空调情况下室内舒适风速要求，达到节省空调制冷能耗的目的。

四、能耗监测系统

酒店设有良好的能耗监测系统和能耗分项计量系统，实现了对酒店能源系统的低效率、故障运行的监测和诊断，实现建筑节能的量化评价，实现优化运行、节约能耗。

第二节　绿色技术的应用

酒店的设计充分考虑与生态环境相协调，通过节地、节能、节水、节材，合理利用自然资源，减少对资源的消耗。通过减少废料和污染物的生成和排放，促进酒店产品的生产、消费过程与环境相容，降低整个酒店对环境危害的风险。酒店结合长白山的能耗、水耗、气候等特点，合理利用各项生态绿色技术，设计好建筑的围护结构、空调系统、照明系统，追求建筑技术适用性设计，真正在运营过程中实现节约资源的目的。

一、节地

（一）合理进行场地竖向设计，保持山区林地的地形地貌

根据山地建筑的特点，结合现场实际地形进行设计，场地布置和竖向随坡就势，减少土方工程量，对树木进行保护或移栽，最大限度保持山地的地形地貌。尽量利用对场区内道路及空地等进行绿化设计，使区内绿化面积不低于可绿化面积的80%，绿地率达到30%。区内尽量减少硬化地面，停车场地面采用镂空植草砖。

（二）强调山地建筑和自然山林绿化有机融合

景观绿色设计结合当地山地针阔混交林气候特点，根据当地的山地棕色森林土壤，选用当地的云杉、红松、白桦、山槐、银中杨、糖槭、柠筋槭等乔木，金叶榆、八宝景天、水腊、沙地柏、桧柏篱、高羊茅、丁香等灌木及地被植物，整体实现乔、灌木的复层绿化，确保地方树种占总数比重不低于70%。

（三）合理利用地下空间

结合场地的实际情况进行地下空间布局设计，地下空间主要功能为设备机房和商业辅助用房，地下建筑面积为24203m²，建筑基地面积为10292m²，地下空间建筑面积占建筑基底面积的比例为2.35:1。满足绿色建筑的空间要求。

二、节能

（一）根据各个功能分区的不同，设计不同空调分区与供暖设计

空调设计方面：空调冷源为风冷螺杆式热泵机组，空调冷热水系统采用四管制系统。客房、小会议室、SPA、大堂接待、办公、精品店、员工更衣、员工餐厅等采用风机盘管加新风；大堂、大会议室、健身房、滑雪大厅、餐厅及包房、茶室等采用一次回风全空气系统；游泳池采用一次回风全空气定风量系统，AHU采用除湿热泵；厨房、机房、地下车库等采用通风系统。

供暖设计方面：热源采用区域集中燃煤锅炉房，锅炉房提供高温热水至酒店换热站。客房、公共走道以及其他有风机盘管供暖的房间采用散热器作为辅助供暖，只承担部分围护结构热负荷。机房、楼梯间等房间的散热器则承担全部供暖热负荷；酒店大堂、滑雪大厅、中餐厅、全日制餐厅、健身中心、SPA、总统套房等区域设置地板供暖热水系统。

（二）节能高效照明设计，减低能耗

供电系统采用双路独立的10kV电源供电，双路10kV电源均引自不同区域变电站，采用10kV交联聚乙烯铜芯电缆专线引入设在地下一层及地下二层的高低压变配电室。照明采用节能灯、高效节能光源和灯具，镇流器采用优质荧光灯电子镇流器或带电容补偿的节能型电感镇流器，其功率因数不小于0.9。公共照明采用智能控制，在不同的使用时段对走廊、大厅、立面照明等实行分时控制，后勤走道、客房层公共照明、车库采用BA控制，大堂、餐厅等精装区域采用本地调光控制，客房采用RCU控制，室外照明采用BA+日光控制。

三、节水

（一）调节旅游区的建筑微气候

增加场地雨水与地下水涵养，改善生态环境及强化天然降水的地下渗透能力，设置绿地面积17220m²，透水地面面积占室外面积（47108m²）的36.5%。

（二）采用节水型的卫生洁具和高质量的五金配件

公共卫生间采用感应式节水水嘴和感应式小便器冲洗阀，客房坐便器采用容积为6L的冲洗水箱。污、废水管道采用柔性接口铸铁管（离心铸造），橡胶圈密封套+卡箍连接。雨水系统采用热镀锌钢管，卡箍连接。其系统管道及管件工作压力为1.0MPa；水池、水箱溢流水位均设报警装置，防止进水管阀门故障时，水池、水箱长时间溢流排水。

（三）雨水的回收利用，用于车库地面冲洗和绿化灌溉

抚松县地区年平均降雨量约为810mm，属于降雨量相对发达的地区，室外设计雨水收集系统，收集屋顶雨水，处理后回用水用于车库地面冲洗和室外绿化灌溉，不足部分采用自来水补充。

（四）完善的管理措施防止用水浪费

在用水各功能区域的进水管装有水表，包括机房补水等。其中在健身房、泳池更衣室、茶室、大堂吧、中餐厅雅间及大厅、全日餐厅、宴会厅、行政酒廊采用远传功能的水表计量；室外绿化预留接口加绿化水表；措施完善防止用水浪费。

四、节材

（一）建筑结构体系节材设计

建筑造型要素简约，装饰性构件比例未超过建筑总造价的5‰。

（二）土建与装修一体化施工

土建与装修工程一体化设计施工，不破坏和拆除已有的建筑构件及设施，避免重复装修。

五、室内环境

建筑智能化系统包括建筑设备监控系统、安全防范系统、智能灯光控制系统、卫星及有线电视系统、语音视频系统（AV）、火灾自动报警及消防联动系统等，智能化系统定位合理，对后期的高效运营、维护管理奠定了基础。

在建筑设备系统方面，设置楼宇自控系统和智能照明控制系统，纳入楼宇自控系统的设备有：空调机组、新风机组、通风系统、客房风盘、换热机组、制冷机组、循环水泵等。

（一）空调、通风系统接入DDC系统

可在控制中心显示并记录、打印各系统运行的状态、主要参数等进行集中控制。机房设备接入DDC系统，可根据总负荷的变化，实现机组分台优化控制，已达到整体节能。

变流量水泵根据检测的最不利环路的压差与设置的压差比较值，调整水泵的转数，根据实际需要水量运行。新风机组（PAU）、空调机组（AHU）回水管设电动调节阀，新风机组根据设定的送风温度与监测的送风温度比较值，调整阀门开度，达到设定要求；空提机组根据设定的回风温度与监测的回风温度比较值，调整阀门开度，达到设定要求。

（二）双风机空调机组（AHU）

新风阀采用电动调节阀，空调季，阀门开度保证系统最小新风量，过渡季节当室外焓值低于室内时，恒定送风温度直至最大新风量。

第三节　小结

长白山酒店项目采用了绿色生态技术，合理有效地解决和平衡了公共建筑开发，特别是酒店类开发与能源、资源节约问题，在整体上不仅美化了绿化生态环境，也在保证一个良好的声、光、热、湿环境的基础上，极大程度地节约了资源（土地、水、能源等资源），运营和维护成本也得以降低，具有较好的经济效益与环境效益。同时实现了一星级绿色建筑目标，体现了集团坚持开发绿色建筑和积极响应国家号召的坚定决心和信念，也反映出一个企业公民对于国家节能环保事业的责任与贡献。

项目的设计定位，是着眼于发展绿色建筑模式的复制与推广，必定能鼓舞和带动长白山乃至整个吉林地区内所有待开发和正在开发设计的建设工程项目共同努力实现全面的绿色建筑建设目标，获得更好的社会效益。

16 万达之绿色低碳精装交房

万达北方项目管理中心　荣万斗　昌燕

万达集团一向关注"绿色、低碳"工作，践行社会责任。在2010年年初，集团制定了2013年90%的居住类产品实现精装修交付并达到一星级绿色建筑标准目标，2011年年中，根据董事长的工作指示，万达集团要求2013年及以后的住宅类可售物业全部取消清水房。如今万达集团已将"2013年以后交付的住宅产品均为精装房"写入了《万达集团节能工作规划纲要（2011—2015年）》。万达集团项目管理中心已发出通知，要求已取得项目未开始设计的和后续新项目的住宅类产品，项目管理中心计划部按精装修排项目开发计划、成本控制部按精装修测算项目成本项目管理中心设计部按精装修进行项目设计管控。项目管理中心根据要求制订了详细的精装修设计的研发和模块标准化的工作计划。万达集团已步入了住宅产品全精装修交房时代。

众所周知精装房交付，有利于节材、节能、环境保护，提升居住和生活品质，为客户提供完美、舒适、环保、节能、方便的居住空间。

首先，精装交房最重要的是节省材料，避免二次装修浪费材料。住房和城乡建设部副部长仇保兴指出："每年全国光住宅装修造成的浪费就高达300多亿元人民币，仅北京市每年的装修造成浪费达到15亿元人民币，而上海市每年因为拆除和装修而产生的建筑垃圾有2000万t之多，这主要是由于我国一步到位的精装修住宅仅占年住宅开工总量的10%，而发达国家精装修住宅在80%以上。"

其次，精装修交房有以下几点优势：

（1）精装修交房有利于减少水、电等的能源消耗，利于节能；

（2）精装修交房有利于减少噪音、粉尘、建筑垃圾污染等诸多不利因素，避免了一户装修，四邻不安的问题，可以减少邻里之间、业主和物业公司之间的矛盾；

（3）精装修交房有利于保证装修质量和使用功能等，有利于减少业主自行改变房屋结构、拆改承重墙等，降低了房屋渗漏以及诸多安全隐患等，有效地保障了住宅品质，大大地提高了居住舒适度；

（4）精装修交房有利于降低装修成本，精装修住宅的装修材料、设备等是通过招投标集中采购，相对于业主自己采购或者团购来说，价格方面都有很大的优势并有利于提供专业和及时的保修等售后服务。

万达集团精装修产品一律聘请专业的设计师、专业的施工单位和监理单位组成项目建设团队，凭借其多年的精装修项目管理经验以及所积累的对设计、规范、材料、空间、细节的把握，对各种材料技术和性能的掌控，对住宅产品进行科学的整体规划和设计，并通过科学的模块化管理，确保设计和工程质量达到万达集团标准。万达集团在每一次新产品、新户型、新风格推出前都经过无数次的修改论证和实践。在方案设计阶段层层把关，项目设计及管理人员深入进行产品调研，把握产品方向，豪宅精装产品都需经过总裁审定才可进行施工，这在其他地产公司是绝无仅有的。在产品样板推出前，万达的总裁总是亲力亲为现场验收，不放过任何一点设计瑕疵，不放过任何一点施工质量隐患。正是基于万达集团从上至下对精装产品的关注和重视，使各地万达精装样板推出后均在当地引起不小的轰动，进而带动当地精装产品的开发工作。

万达集团近年来先后完成了大连明珠、北京大湖、大连东港、济南、太原、合肥、武汉积玉桥、石家庄、长沙、泉州、武汉东湖等十几个万达公馆住宅项目，约400万㎡住宅的建筑与精装整体设计，其中部分产品已经交付使用，受到了业内和客户的一致好评。

万达集团通过数年的实践，制定了精装模块操作手册，以利于大面积、高品质的推进住宅产品的精装修工作。操作手册包括营销、设计、施工、质量监管、物业管理等多方面内容，分前期样板间阶段、入伙及后期管理等阶段，对建设的各个环节进行了严格的规定和要求。

操作手册要求，万达集团所有精装产品的户型设计和精装修设计由集团根据市场情况，确定户型和精装模块类别。在设计过程中，集团项目管理中心设计部将组织项目公司、设计单位、施工单位、监理单位等进行协调、合图和审图，在样板间的施工过程，进行全过程把控，不断完善设计，以保证土建施工时，墙体、机电点位等一次到位，减少拆改、剔凿和材料等的浪费。

对精装修的产品施工质量，项目公司将按集团验收通过的样板间标准，切实组织好大规模的精装修工程，包括严格把控装修材料、严格把控施工过程、严格按模块化要求把控施工进度等，以保证精装修工程的品质。并对样板间实景摄像，该影像资料既是施工单位各工种的直观培训教材、也是最终实楼交付的验收标准，集团项目管理中心质监部对施工过程进行严格的质量监管，以保证建筑实体与精装模块的符合度。

对于精装修住宅项目的物业管理，万达集团将组织物业管理团队从施工期间开始检查，并参

图 1 长沙开福项目样板间实景照片

加项目的施工例会，从业主的角度提出建议及要求；对隐蔽工程、施工工艺、装修质量进行巡检及记录；收集整理施工图纸等技术资料，建立完整的前期介入工程资料档案，为项目接管验收做好前期准备，并利于业主入伙后，在物业管理和保修服务等多方面，为客户提供优质服务。

万达集团在集团层面对住宅精装修进行设计、营销、样板、施工、入伙、入伙后日常服务等全程把控，进行评审、检查、验收等工作，以确保让业主全方位享受万达集团的高品质精装修住宅的产品和服务。

万达集团精装修模块操作手册的研发和发布，为万达集团所有住宅产品在2013年全精装修交付打下了坚实基础，为万达之绿色低碳精装交房提供了有力的保障。万达集团将发挥集团的研发、管控优势，通过与参加项目建设的设计、施工、监理等单位的共同努力，确保住宅精装交房的品质，不断为客户提供更加完美、舒适、环保、节能、方便的宜居产品，为绿色低碳建筑事业做出贡献。

万达集团 | 建筑节能丛书

第三篇
运营管理

1 | 万达集团能源管理平台 使用情况与未来展望

万达商管公司总部　孙多斌　田礼讯

万达集团能源管理平台的建设和发展，从2009年首次尝试至今已逾三年。这三年来，系统建设的各级参与者，坚持以科学定量的数据化管理为导向，以切实降低万达集团各自持物业实际运行能耗、提高运行管理水平、提升建筑内部环境服务品质为目标。通过梳理管控指标和管理方法入手，不断优化和升级平台系统；逐渐摸索出了一条万达集团自持物业节能减排精细化管理的道路。

在能源管理平台系统的支持和配合下，四个试点广场的节能工作取得显著进展，物业管理水平取得了一定程度的加强。各广场工程部一线人员将该系统提供的大量能耗数据信息和分析诊断结果与设备系统的日常维护运行管理有机地结合起来。摸索出一整套设备节能运行的模式和方法。2011年全年，四个广场通过提高运行管理水平、优化控制策略、简单节能改造等无成本或者低成本手段已累计实现节能量逾146.24万kW·h，与所涉及的设备系统去年同期能耗相比，节能幅度超过15%。

下面着重介绍一下，这四个试点万达广场实现节能效果的方法和过程。

基于能源管理平台，集团商管工程部与外部的服务公司一起开展了大量的关键设备系统的专题研究。针对这些分析报告和研究成果，结合各个万达广场的自身特点，对日常运行管理进行了改进，对一些耗能设备进行了更换和改造。

比如基于历史数据及一定的现场测量得出，南京建邺万达广场冷水机组整体运行的冷负荷率较高，利于制冷效率（COP）的提高，但冷机长期高负荷运行将影响其寿命（图1）。综合考虑各种因素，建议设定冷负荷率1.2为分界点，所定温差为单台冷冻泵满负荷50Hz运行时该冷负荷率所对应的温差。同时建议对冷冻水进行变频改造。还有分析了该广场过渡季部分负荷时风冷热泵及冷冻站的运行策略，得出结论为过渡季更适合由冷冻站供冷结合有条件的自然通风冷却方式降温，风冷热泵更适合在冬季作为补充热源使用。

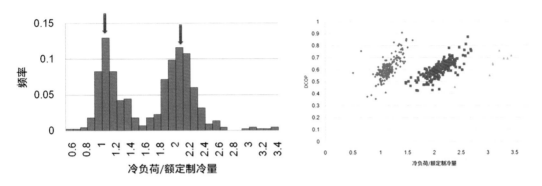

图1　南京建邺万达广场冷冻机典型工况图

对于北京石景山万达广场专题研究了它全年暖通空调系统的运行情况（图2），指导工程部在过渡季用自然通风冷却的方式实现降温，指出分析并追踪冬季风机盘管及空调箱的运行情况，并最终帮助一线技工对于上述设备的使用在冬季非营业时段保温防冻与节能降耗之间找到一个合理的平衡点。同时在该广场还诊断研究了中水系统运行状态，发现了压差传感器的故障，分析停车场节能灯改造的效果与变化。还结合现场测量分析了冷冻站二次水系统的运行状况（图3），并发现了较大的节能潜力，最终建议将二次泵并联变频运行并将运行的工作点分别设为47Hz、45Hz、42Hz、38Hz，既能满足4种末端的工作要求又能取得较好的节能效果。结合该系统我们还研究了青岛CBD万达广场步行街公共区域人工照明的使用特征（图4）。

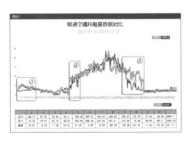

图2　北京石景山万达广场
暖通空调全年能耗图

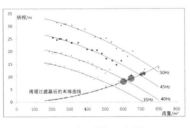

图3　北京石景山万达广场
二次水泵工况模拟图

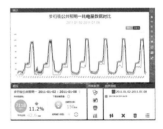

图4　青岛 CBD 万达广场室内步行街
公共照明典型周能耗对比

通过数据追踪了小区域定时控制与大区域照度控制两种控制方法的优劣并最终建议大区域照度控制结合自然采光遮阳控制实现该区域的管理。

以上简单地对四个试点万达广场的部分节能工作进行了总结。能源管理平台通过大量真实的数据记录，可以为设计部门提供设计依据和数据基础。同时，设计部门还可以对他们之间的

表1　四试点万达广场节能措施及效果汇总

	暖通空调系统	步行街公共照明	停车场照明	电梯	其他设备系统
北京石景山万达广场	通过改进供暖季风机盘管的开启策略，实现节能10.9万kW·h，耗电量同比下降44%。冷冻站经过调整运行策略，节约能源21.25万kW·h，耗电量同比下降18.87%		加强灯光区域管控，实现节能11.4万kW·h，耗电量同比下降20.8%		关闭不必要人防系统中的耗能设备，实现节能3.8万kW·h，耗电量同比下降40%；校正中水系统压差传感器实现节能2.584万kW·h，耗电量同比下降21.11%
南京建邺万达广场	通过数据分析和实时监控，优化冷热源控制策略，实现节能44.4万kW·h，耗电量同比减少18.58%，机组循环及冷却装置能耗同比下降13.66%，实现节能97431kW·h		进行了节能灯具的改造并加强了管控，实现节能11.7万kW·h，耗电量同比减少28.36%	加强电梯的运行管理，两个月实现节能1.2万kW·h，耗电量同比减少25.75%	
青岛CBD万达广场	优化运行策略，跟随天气变化调节运行参数。实现节能15.4万kW·h，耗电量同比下降14.37%	利用自然采光和通过控制改造，10个月实现节能5.26万kW·h，耗电量同比下降8.36%	进行了节能灯具的改造，7个月实现节能2.9万kW·h，耗电量同比减少30.4%		
重庆南坪万达广场			加强灯光区域管控，实现年均节能3.3万kW·h，耗电量同比下降15.8%	加强电梯夜间管理，实现年均节能约2.1万kW·h，耗电量同比减少61%	

设计预想进行有效验证，结合真实的运行效果，不断优化及改进设计思路，为今后新建万达广场的设计工作提供有力的支撑。

比如，我们曾对重庆南坪万达广场变压器系统及冷冻站系统的设计选型与实际运行效果进行了对比分析。发现该广场冷冻站变压器有一半左右的时间以低于30%的负载率运行，大于70%的时间只有6d，所以冷配变压器容量选型偏大，这说明设计阶段对变压器下属支路设备的分配有欠考虑之处，同时根据对冷机工况的分析发现了重庆南坪万达广场的冷机冗余过多，即3大1小的方式，最高可以提供607×3+256=2077kW的峰值功率，而实际仅有几天使用最高1200kW的峰值功率，冗余太大，关键是冷机的选型直接决定着变压器的选型，并建议今后合理的选型方式是2大2小，最高提供2×607+2×256=1726kW，既可以满足最大1200kW（2台大冷机最高提供1214kW）峰值功率的需求，又可以有备用设备，大冷机一主一备，小冷机一主一备，而且2台小冷机总功率也可以充当大冷机的备用设备，通过合理的设备启停策略，就可以实现并满足要求（图5）。

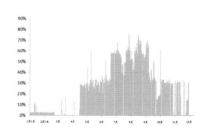

图5　重庆南坪万达广场冷冻站变压器负载率分析

表 2　重庆南坪万达广场冷冻站变压器负载率分析

负载率	天数	占全年百分比
0% ~ 30%	177 天	48%
30% ~ 40%	81 天	22%
40% ~ 50%	11 天	3%
50% ~ 60%	37 天	10%
60% ~ 70%	31 天	8%
大于 70%	6 天	2%

能源管理平台的建设与发展，始终贯彻"分层利用"及"贯穿全局"两个原则。"分层利用"是指将数据信息按照不同的权限及粒度进行加工处理，以适用于集团不同层面，不同岗位的管理与使用需求。强电值班人员通过原始支路数据对广场的配电支路进行实时监控，响应事故报警并跟踪解决因电力品质不佳而造成的能耗漏洞；设备系统运行管理人员通过跟踪分析各设备系统能耗数据信息，掌握其运行规律与特点，通过优化与调节提升其运行管理水平；设计院及工程经理将分项能耗数据作为其评价与分析各广场主要用能环节管理水平与设计水平的基础及依据；而集团的相关管理者可以通过统一的能耗指标，横向比较各广场的设计及运行管理状况，为考核及决策指明方向(图6)。

"贯穿全局"是希望通过不断地扩展与升级，将系统延展到选型设计、部件采购、工程调试交付、招商、运营管理、改造升级等项目发展的整个生命周期，将能耗数据贯穿所有工作环节，让节能管理工作始终"有的放矢"、"有条不紊"、"有迹可循"、"有目共睹"。

随着能源管理平台在全国多个广场的逐步建设完成，集团也根据万达广场的自身能耗特点制定了六大能耗指标，分别是：公共用电、暖通空调、步行街商户、步行街照明、停车场、动力用电。指标计算方法如图7所示。

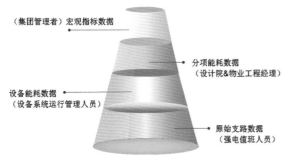

图 6　能耗数据得分层次管理

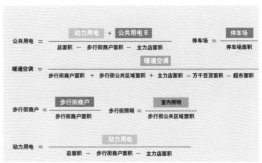

图 7　万达集团能耗指标统计方法

在万达集团总部的能源管理平台集中展示系统中，同时展示着各地万达广场的能耗指标（图8、图9），集团管理人员定期对各地万达广场重点能耗指标进行统计和对比，可以定期向全体相关人员发送能耗周报、月报，从而引起各地管理人员对能耗管理的重视，提高其节能意识和积极性。

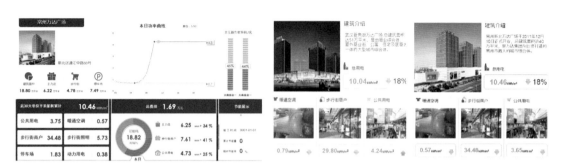

图8　万达集团能源展示中心平台能耗指标展示　　　　图9　各地万达广场能源展示中心平台能耗指标展示

各地万达广场的管理人员可以在本地的能源管理平台上，看到与本部平台相同步的能耗指标数据，从而根据更深入的查看设备能耗数据来分析指标数据异常的原因。

能源管理平台是一种信息管理系统，也是企业信息系统的一部分，它的发展方向应该深化其自身的专业功能，并尝试与更多的系统进行融合与集成。其具体设想如下：

发展成为综合信息平台，增加设备台账管理、维修维护管理、关键设备监控及报警、预付费电表管理、投诉管理等功能模块或子系统，使之成为物业工程管理人员与技术人员的主要工作界面及管理工具，并最终极大提高万达各级物业工程管理工作的信息化程度以及运行水平。

与客流量系统、停车管理系统、店铺租赁管理系统、财务管理系统等其他办公自动化系统实现数据信息的互联互通。整合其他系统的数据信息接入能源管理系统辅助能源策略决策与考评，并将能源相关数据提供给其他系统。

通过能源管理平台系统，整合外部咨询服务公司、楼宇自控系统及一线工程人员等各方力量，建立一种长效工作机制，共同实现设备系统的优化运行调节。最终，通过日常良好地运行管理调节实现节能降耗，提高环境舒适水平。

开发规划设计院使用的软件功能模块，让设计师在设计选型时能查阅大量历史参考数据及真实工况记录，最终打通设计模拟与真实运行的信息屏障。

在能源管理系统平台数据分析和诊断的基础上挖掘节能改造潜力及改造项目，逐步开展既有广场的节能改造工作，依靠能源管理系统平台追踪及评价改造效果，最终取得丰厚的经济回报。

宁波鄞州万达广场购物中心节能诊断

万达商业规划研究院　范珑　尹富庚

霍尼韦尔公司　贾其亮

　　本文研究范围为宁波鄞州万达广场部分区域，包括室内步行街及影城主力店工作区域（图1青色线框区域部分），后文均简称为万达广场，总面积约12.1万m²，其中地上面积约6.18万m²。该部分区域主要由万达物业部门负责运营。

　　万达广场期望通过节能诊断，找到切实可行的节能优化方案，降低运行费用，并保证室内舒适度达到设计要求。整个节能诊断分为两步：第一步，进行室内舒适度诊断分析，通过室内环境测试、现场调研测试、室内照度模拟等方法确认影响舒适度的因素；第二步，通过用能诊断分析、能源审计、机电设备测试、建筑负荷分析等方法发现并确认节能机会。

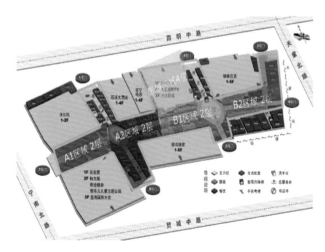

图1　宁波鄞州万达广场平面示意图

第一节　室内舒适度诊断分析

根据物业运行人员反映，万达广场室内舒适度主要存在以下问题：

夏季冷热不均状况比较严重，在空调满负荷运行状态下，二楼走廊温度仍然经常在30℃左右，尤其以一号门与三号门两边的区域较为严重；

室内感觉比较闷，尤其以影城区域最为明显；

室内步行街走廊区域夜间时相比其他万达广场步行街走廊区域光线暗。

一、室内温湿度诊断分析

由于实际测试时间为9月底左右，室内温湿度测试不能反映夏季最热时状况，故未列出温湿度测试结果。

通过现场调研测试，发现影响室内温湿度的主要因素如下：

（一）餐饮厨房排风无补风

由于餐饮厨房排风无补风，步行街区域大量经空调处理过的空气被吸入餐饮店并由排风机排出室外，而同时从广场进口处吸入大量未经处理的新风，导致广场进口处温度变化剧烈，无法达到相应的舒适度。

这种情况同时也造成大量的能源浪费。现场测试结果如图2所示。

（二）空调末端水阀无法自动调节

万达广场空调水管管路为异程管路设计，空调末端水管通过安装电动两通阀调节流量，维持水路平衡。

但实际空调末端水阀均未参与自动控制，控制系统中未编写相应的水阀调节程序，所有末端水阀基本保持全开，从而使得不同水路流量不均，导致冷热不均。

（三）空调水主管旁通管位置设计有误

空调水主管路布置图如图3所示，旁通管在供水主管管末与回水主管连接，当二次侧回水流量大于一次侧供水流量时，出现二次侧供水混水不充分即被泵出，导致各二次供水支管供水温度差异较大，造成各区域冷热不均。

二次侧供水支管供水温差较大现象由现场测试结果证实，如图4所示。同为供水支管，供水温度由9.4℃依次上升至12.6℃，温度最高的几乎接近回水温度。

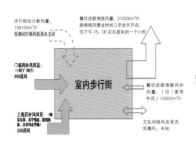

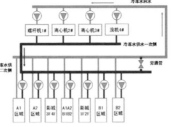

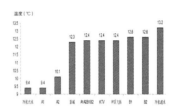

图 2　室内步行街风平衡测试示意图　　　　图 3　空调水主管路布置图　　　　图 4　二次侧供水支管供水温度测试结果

二、室内 CO_2 浓度诊断分析

万达广场室内 CO_2 浓度测试结果如图5所示。可见室内 CO_2 浓度均高于舒适要求的浓度700PPM，反映最明显的影城部分区域 CO_2 浓度甚至超过2000PPM，可能会导致人员胸闷、头痛等不适症状。

万达广场室内步行街 CO_2 浓度偏高的原因为新风机停开，仅依靠广场进口处自然通风补充新风，造成新风不足，CO_2 浓度偏高。

万达影城 CO_2 浓度较高，是由于万达影城组合式空调箱水阀失效。当影城温度偏低时，运行人员只能依靠减少空调送风量维持影城温度。而减少空调送风量的结果即降低了换气次数，致使室内空气流动性不足，同时也减少了新风补给，最终导致 CO_2 浓度较高。

三、室内照度诊断分析

万达广场室内步行街走廊照度测试结果如图6所示。室内照度白天均能满足300lx的要求，而晚上则均达不到要求。

根据室内步行街走廊灯具布置状况如图7所示。

由照度模拟结果可见，在目前的灯具布置下，室内步行街走廊照度不能满足300lx的要求。实际测试的照度还需要考虑现场装饰物遮挡、灯具光源本身的衰减等因素，相比模拟值要更低。故室内步行街走廊晚上相比其他万达广场比较暗是由于原先的照明设计不能满足现在的照度要求。

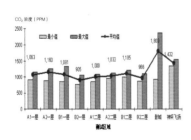

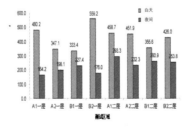

图 5　室内 CO_2 浓度测试结果　　　　图 6　室内照度测试结果　　　　图 7　室内灯具布置图

四、小结

室内温湿度冷热不均，主要是由于餐饮厨房排风无补风、空调末端水管流量无法自动调节以及空调水管主管旁通设计有误等原因造成。

室内感觉闷，CO_2浓度高是由于新风补给不足造成。

室内步行街走廊感觉暗，是由于照明灯具布置本身就无法满足照度要求，再加上现场装饰物遮挡，灯具光源本身的衰减等因素，导致照度不足。

室内舒适度的改善需要餐饮厨房增加补风、空调水管路改造、空调末端水路电动阀自动控制、保证新风供给以及更换照明灯具，增加照度。

第二节　用能诊断分析

一、建筑能源审计

通过能源审计，确定建筑能耗的主体，明确节能的方向。

宁波鄞州万达广场购物中心2009年能源费用如表1所示，其中91.5%的能源费用为电力费用，供暖蒸汽与自来水费用分别占1.3%与7.1%，天然气费用在能源费用中比例很小。

购物中心地上部分单位面积电耗为241kW·h/m²，地下部分单位面积电耗为10kW·h/m²，电力分项统计如图8所示，主要用电单位为照明插座与暖通空调，以及次主力店。

表1　宁波鄞州万达广场能源费用表

分项	用电总计(kW·h/T/Nm³)	费用总计(元)	物业自费用(元)	物业代收费(元)
水	270,831	1,188,583	561,488	627,095
电	15,501,318	15,365,013	4,356,561	11,008,452
燃气	6,318	21,481	21,481	
蒸汽	945	223,012	223,012	
总计		16,798,089	5,162,542	11,635,547

二、建筑负荷模拟

依靠建筑负荷模拟分析，确定建筑负荷构成，从而寻求合理降低建筑负荷的可行性。

从图9、图10可看出，夏季建筑负荷主要构成为照明、采光顶和窗户、人员、室内设备（主要为空调末端风机）、新风，分别占25.8%、21.9%、10.1%、13.0%、11.5%；而冬季建筑负荷主要构成为新风与屋顶，分别占51.8%、20.5%。

通过建筑负荷构成，可看出新风的合理降低，将同时降低建筑冬夏季负荷，从而达到节能的目的。在现场调研时发现，无视舒适度要求，简单关掉新风机，如此节能的办法是错误的。建议安装CO_2浓度计作为降低新风的依据。

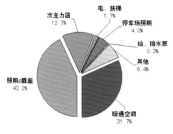

图8 电力分项统计

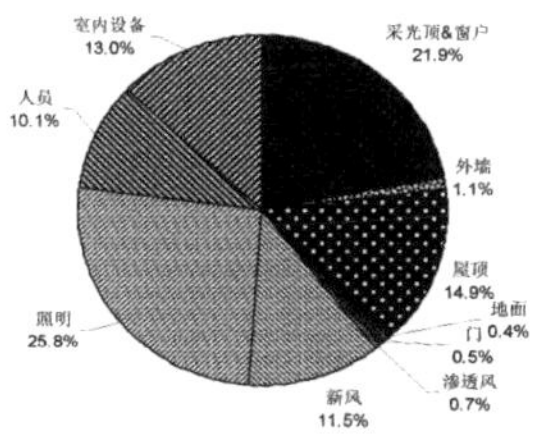

图9 夏季建筑负荷主要构成

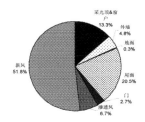

图10 冬季建筑负荷主要构成

三、机电设备测试与分析

机电设备测试涵盖了冷机、水泵、冷却塔等冷机房设备，与空调机组、吊顶风柜、新风机等空调末端机组。通过设备性能测试，主要存在下列问题：

（1）冷机中螺杆机效率不高，蒸发器趋近温度偏高；

（2）水泵满载效率偏低，非常低效运行；

（3）吊顶风柜风量不足，大部分风机仅达到额定风量的50%。

冷机效率测试时间段在9月26日～10月15日，外界温度在19℃～26℃，冷机运行在部分负荷，且冷冻水出水与冷却水出水皆不在设计温度，测试结果如表2所示。从测试结果上看，螺杆机优于设计工况条件下，效率明显低于额定COP5.258，螺杆机蒸发器和冷凝器趋近温度都高达2℃，可看出螺杆机效率较差，需要重点保养。

表2 冷机效率测试结果

	额定参数			实测参数						冷机读数	
	功率(kW)	冷量(kW)	COP	负载	功率(kW)	冷量(kW)	冷冻水出水温度(℃)	冷却水出水温度(℃)	COP	蒸发器趋近冷温度(℃)	冷凝器趋近温度(℃)
3#离心机	778	4572	5.877	58.60%	390	2217	9	31.2	5.685	0.8	0.6
	778	4572	5.877	40.50%	258	1502	8.8	31.2	5.822	0.6	0.5
1#螺杆机	264	1388	5.258	80.80%	188	873	8	32.2	4.642	2.2	3.3
	264	1388	5.258	89.00%	235	1184	8.6	31.4	5.041	2	2.8

现场调研发现，冷机空调水水处理采用人工化学加药处理，空调水水质无法实时监测，药剂浓度先高后低，对系统的腐蚀、结垢及微生物粘泥问题不容易有效控制，从而会影响到冷机蒸发器与冷凝器换热效率，趋近温度增加。

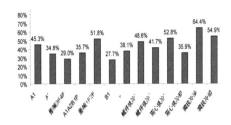

图11 水泵效率测试结果

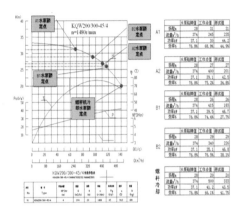

图12 水泵运行工况分析

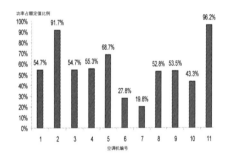

图13 吊顶空调机风量测试结果

图14 吊顶风柜风管断裂照片

通过测试数据计算，水泵效率如图11所示，理想的水泵的运行效率应在80%以上，而测试水泵满载效率基本在30%～50%之间，最大效率64.4%，最小效率只有27.7%，运行非常低效。

以现场最多的水泵KQW200/300-45/4为例（图12），共有5个区域采用该型号水泵。对比水泵运行曲线参数与现场实测参数不难得出结论，水泵实际运行工况严重偏离运行曲线，导致效率低下。

根据吊顶风柜风量测试数据，可看出绝大部分吊顶风柜风量未达到额定风量。设定空调机风量满足率=空调机实测风量/空调机额定风量，如图13所示，仅两台吊顶空调机达到额定值，大部分吊顶空调机测试风量仅达到额定风量的50%，最低的空调箱仅达到额定值的19.8%。

现场调研发现，许多吊顶空调机安装不符合要求，诸如风管连接漏风甚至断裂（图14），送风口风管与散流器不匹配等工程遗留问题，影响了吊顶空调机的送风风量。

四、智能化控制系统运行分析

智能化控制系统包括楼宇控制系统与冷机房群控系统，可实现机电设备自动化运行，同时有效的自动化控制也是实现节能控制的前提。

而本项目智能化系统运行并不理想，主要问题整理如下：

（一）空调控制系统瘫痪

现场抽检测试，抽检15个控制器（共90个）50%控制器失电，造成通信中断；26个空调箱，风机启停控制有效，水阀控制70%有效，新风阀50%有效，100%的水阀保持全开不做调节，100%新风阀保持半开，不调节。

控制器失电是由于商铺装修等改造导致控制

器供电回路中断，未恢复；水阀失效有三种情况：一种为水阀控制器失电（占10%）；一种为水阀控制线接线错误；一种为阀门卡死（占5%）；新风阀失效是由于阀门卡死；阀门不调节，是由于未编写控制逻辑。

（二）控制界面不友好，使用不便；通信速度迟滞严重

控制界面不友好，是控制平台开发不够，没有按照实际使用需求来开发控制界面；通信慢则是由于服务器配置过低，单个串口通信线路过长。

（三）冷热源控制问题

冷源采用了模糊控制系统，模糊控制系统仅对水泵进行控制，但不对冷机进行控制；模糊控制系统中，许多传感器已存在较大误差；模糊控制部分控制逻辑值得商榷：比如夏天高负荷下冷机冷却水泵仍然变频运行甚或一次冷冻水泵变频运行。

热源控制未纳入模糊控制系统。

（四）其他问题

此外，智能化系统还存在无点位图、无接线图、未完成调试验收、部分控制元件现场布置与图纸不符等问题。

照明控制单元仅10%左右的点为真实控制点，其他为假点，无现场控制设备，并且未完成单点调试。

五、小结

通过能源审计，确定建筑主要能耗为用电能耗，节电为主要节能方向。

根据建筑负荷模拟，新风负荷是建筑负荷中比重较大，且节能控制较为容易实现的方式。

通过机电设备测试结果，螺杆机效率偏低，需要加强保养并且需要时时监测空调水质，预防蒸发器、冷凝器结垢。低效水泵已偏离运行曲线，需要更换。吊顶风柜风量不足需要解决风管连接中出现的工程遗留问题。

现场调研发现，购物中心智能化系统已基本失效，且缺失许多控制功能，更新智能化系统可能需要更换控制器。

第三节　节能优化方向

通过室内舒适度诊断分析与建筑用能诊断分析，本项目合理节能运行的优化方向主要有：

（1）安装能源分项远程计量系统

通过安装能源分项远程计量系统，可定期制定能源审计报告，让管理人员与运行人员时时了解建筑用能状况，并且可以与其他万达广场横向比较，相互学习节能降耗的经验。

（2）冷机房管路设备综合改造

更改冷机房目前管路设计，解决管路旁通设计错误问题，替换低效水泵。并且空调水加药系统更改为自动加药系统。时时监测空调水质。

（3）餐饮厨房增加补风

有条件的餐饮厨房直接从屋顶引入补风，没条件的餐饮厨房则增加公共区域补风，杜绝由门口直接吸风现象。

（4）智能化系统更新

a.恢复空调末端电动阀自动调节功能，改善水平衡。

b.恢复照明分区控制功能。

c.改善智能化系统人机界面、通信速度。

d.增加冷机房群控系统，并将热源控制纳入该系统。

e.增加室内舒适度监测传感器，实时监测舒适度参数，并定期出具报告。

（5）公共照明照度改善

通过更换灯具，提高室内步行街走廊照度。

北京石景山万达广场购物中心节能诊断

万达商业规划研究院　范珑　尹富庚

清华城市规划设计研究院　肖伟

本文的研究范围为北京石景山万达广场（图1）的商业步行街（以下简称"步行街"）、万千百货及地下车库。商业步行街部分包含室内步行街以及国美电器、运动100、大玩家、大歌星KTV、万达国际影城等主力店，面积约为4.95万m²。万千百货总建筑面积2.8万m²。地下车库、设备用房及其他建筑面积5.6万m²。

石景山万达广场节能改造项目期望通过运行数据现场实测，结合能耗模拟软件DeST模拟分析的方法来研究石景山万达广场的能耗，对各类用电设备特别是空调系统的运行状况、控制策略等进行节能诊断与分析；根据节能诊断结果，提出各系统的节能优化方案。对拟应用的节能技术进行审核评估、效果量化计算和投入回报分析；在此基础上完成节能改造初步设计，指

图1　北京石景山万达广场

导完善节能改造施工图设计和节能改造工程的实施；在节能改造后，进行数据采集及阶段性运行分析，完成节能改造总体效果的评估。本文仅介绍节能诊断部分内容。

第一节 节能诊断分析

一、能耗审计与拆分

根据2009年购物中心步行街物业的各支路电表抄数记录以及万千百货全年总电耗、专柜用电量，以及空调设备台账，可以得到步行街及万千百货2009年分项电耗统计，详见表1、表2。

表1 步行街全年建筑总电耗分项数据

	暖通空调	照明插座	电梯	给排水消防水动力	停车场	其他	总计
电耗（万kW·h）	333	811.6	21.3	47.1	38.3	31.7	1283
单位建筑面积电耗 [kW·h/(m²·a)]	66.6	162.3	4.3	9.4	7.4	6.3	256.6

表2 万千百货全年建筑总电耗分项数据

	暖通空调	商铺专柜	公区照明及其他	总计
电耗（万kW·h）	213	213.5	231.1	657.6
单位建筑面积电耗 [kW·h/(m²·a)]	76.1	76.3	79.5	234.9

步行街全年建筑总电耗1283万kW·h，单位面积耗电量为256.6kW·h，而万千百货2009年度全年总电耗为657.645万kW·h，其单位面积年电耗同步行街的值相近，为234.9kW·h/m²，根据高档商场的能耗水平，万达广场耗电指标处于中低水平。

步行街照明插座、暖通空调占了建筑总电耗的前两位，分别为162.3kW·h/m²和66.6kW·h/m²，占据了全年总电耗的63%和26%。在照明插座电耗里面，其中大部分是商铺（各主力店及步行街商业）照明插座电耗，占所有电耗的46%，剩余的公区照明插座电耗占所有电耗的17%。万千百货空调能耗占32%，与同类建筑相比，均处于中低水平。

根据暖通电耗拆分发现：末端风机电耗、冷机电耗占了暖通空调电耗的前两位，其次是冷却泵、二次泵的电耗，风机电耗占的比例偏高。同时根据逐月拆分结果显示：风机电耗在最热月（7月~8月）与过渡季（4月~5月）基本相同。经调研发现末端风机不变频，推测这是导致风机电耗比例偏高的原因。

二、空调水系统性能测试与分析

（一）冷水机组

步行街和万千百货的冷机COP较高，经分析主要原因为：冷机的实际蒸发温度高于额定值，实际冷凝温度低于额定值，冷机理想卡诺循环效率ICOP较高。

而根据对冷凝器和蒸发器的趋近温度的测试发现，步行街1#、2#冷机由于清洗不够及时，冷凝器和蒸发器的趋近温差偏大。万千百货1#冷机由于使用频率高于2#冷机，两器的趋近温差要大于2#冷机，但万千百货冷机两器的换热温差整体要小于步行街冷机。

（二）冷却塔

现场调研表明步行街和万千百货的冷却塔散热情况十分不理想，主要有以下几个问题：

（1）冷却塔进排风口遭到不同程度的阻挡，导致进排风不畅，冷却塔散热能力下降。

（2）水旁通：流经不工作冷塔的冷却水没有得到强制散热，温度较高，当它与流经工作冷塔的经过散热的冷却水混合后，会提升冷却水总回水的温度，增加冷机的能耗。

（3）风旁通：使流过冷却塔填料的有效风量减小，冷却塔效率降低。

（三）水系统

本建筑步行街冷冻水输送系数(WTFchw)为15，远低于国家标准中规定的30。这意味着，冷冻水泵消耗的电能是标准的两倍。经过现场测试检查及分析，主要有以下几个原因：

（1）步行街二次泵冷冻水部分管道及组件阻力过大，增加水泵能耗。

（2）非运行冷机的冷冻水阀经常处于开启状态，使工作冷机的流量减小，同时导致实际供水温度要低于冷机出水温度，为了满足末端负荷需求，需要加大流量，增加水泵能耗。

表3　步行街各立管流量、温差及末端形式

负责区域	支路流量（m³/h）	供回温差（℃）	末端形式
海底捞、汉拿山	87	5	空调箱
步行街风幕	16	3.2	空调箱
运动100、国美、红黄蓝	81	5	空调箱
步行街	250	3.2	空调箱+风机盘管
影院办公区	58	6	空调箱+风机盘管
大玩家、KTV	125	4.2	空调箱+风机盘管
总计	617	4.2	—

（3）各区域负荷与供水量不匹配。从表3的实测结果可以看出，各支路均存在温差偏大或偏小的现象，伴随着流量不足或过多，这样会导致室内偏热或偏冷。

（4）末端盘管水阀控制没有实现，水量不控，水力失调，冷冻水需求量大，二次泵泵耗高。这也是冷冻水输送系数低的主要原因之一。

三、空调风系统性能测试与分析

根据统计，步行街的空调机组分为新风机组和带回风的空调机组，共计45台（不包括步行街的吊顶式空调机组）。

经过实测，空调机组的送风温度较高，送回风平均温差较小，约为5℃。同时，空调机组的新风比普遍偏高，以大玩家为例，经过分析，新风比约45%，新风负荷在空调负荷中占较大比例。

四、步行街风平衡

表4是室内步行街主要通道总风量、餐饮商户排风量以及步行街空调系统送风量现场实测结果汇总，我们发现由于步行街餐饮商户厨房排风量较大，但基本都没有设置相应的补风系统，步行街自身的风平衡难以维持，需要由各个通道引入风量补充，容易造成室外新风的侵入，给空调系统带来额外的新风负荷，同时降低室内步行街的舒适度。

表4　步行街风量汇总

来源	风量（m³/h）
主要通道（除出入口）	186500
餐饮商户排风	−194500
空调系统送风	142100
总计	134100

五、自控系统

经过对2008年1月31日版的施工图以及自控系统现场实施情况的审核，发现自控系统的现状非常不理想，自控系统基本没有实现运营功能，主要原因有：

（1）步行街、万千百货自控系统并未全部实施到位，且未进行调试运行。

（2）现场已实施部分，存在控制器数量不足，电动阀门功能不满足设计要求，传感器大量缺失、损坏、网络布线混乱、传输能力不足等诸多问题。

由于上述原因，控制系统处于瘫痪状态，所有设备均由工人师傅实现启停和负荷加卸载，造成了不必要的能耗，且使用品质低下。

第二节　小节及节能优化方向

一、小节

经过上述能源审计以及节能诊断分析，确定了建筑的主要能耗为电能，且照明和空调电耗约占90%，同时节能的主要方向集中在空调电耗。

本项目存在的主要问题有：

(1)冷却塔存在进排风不畅、水旁通及风旁通等问题，散热效果不理想。

(2)空调末端水量无控制，各支路供回水温差不均衡，管道及部分构件阻力大，非运行冷机水路旁通等问题导致冷冻水及冷却水系统输送能耗高。

(3)空调机组送回风平均温差小，送风量大，送风机能耗高。

(4)空调机组新风阀不可控，新风比高达45%，新风空调负荷大。

(5)步行街餐饮商铺没有设置补风系统，步行街自身的风平衡难以维持，容易造成室外新风的侵入，空调品质差，且带来额外的新风空调负荷。

(6)自控系统实施不到位，已实施部分也不满足控制功能要求，自控系统处于瘫痪状态，目前人工运营管理。

二、节能优化方向

根据节能诊断分析发现的主要问题，本项目的节能优化方向主要从改善冷却塔散热效果、降低空调水系统及风系统的输送能耗、维持室内步行街风平衡以及完善自控系统等几个方面考虑。

4 能源管理平台
在北京石景山万达广场的应用

万达商管北京区域公司　陈向东

2009年集团以北京石景山万达广场为试点，建立了万达广场分项计量与能源管理平台系统，并于同年投入使用。在该系统的支持和配合下，工程部通过对能耗数据的统计分析，合理地调整运行策略、发现并纠正管理漏洞，使广场设备运行管理与能耗管理取得显著进步，现就石景山万达广场能源管理平台的使用情况做简要汇报。

第一节　北京石景山万达广场简介

北京石景山万达广场位于北京石景山CRD中心区，广场总占地为6.9万m²，建筑面积约30万m²，包括酒店、购物中心（大商业）、写字楼、住宅等，其中商业面积约为10万m²，主要业态涵盖超市、百货、餐饮、娱乐、影城等。

第二节　北京石景山万达广场能源管理平台简介

一、能源管理平台建设历程

石景山能源管理平台（大商业）于2009年12月开工，2010年1月完工，历时2个月。

二、能源管理平台结构图

能源管理平台将大商业供配电系统进行分类、分级，系统分为暖通空调、动力用电、公共用电、商户用电四个管理类别，每个类别又根据管控需要分为若干子级别（图1），使管理区域内所有供电系统都在平台管理范围内，消除能耗管理盲区，同时可以按供电系统分类统计。

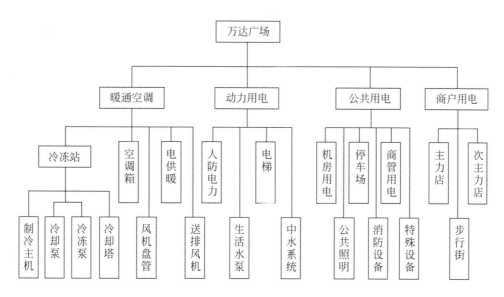

图 1   万达广场大商业供配电系统分类

第三节   北京石景山万达广场能源管理平台功能简介

平台具有节能管理、辅助管理、经营辅助、指导设计、信息集成、社会价值等几大功能。下面通过实际案例就部分功能进行阐述，说明平台在工程设备运行管理及能耗管理中的作用。

一、节能管理作用

能源管理平台本身不是节能产品，而是通过数据的统计分析，提供运行策略验证，纠正管理漏洞，从而实现节能效果。

北京石景山万达广场中央空调系统过渡季运行策略节能分析：

2011年过渡季，北京石景山万达广场的管理人员采用加大新风量、增加机械通风，减少制冷主机开启时间等运行措施作为过渡季节能运行策略，事后通过能源管理平台分析，减少了冷机的开启，加大空调箱和送排风机的使用，通过加强广场与室外进行循环换气的方式，而不是单纯通过开启制冷主机的方式带走营业区产生的热量。虽然增加了相应送排风机及空调箱的电耗（图3、图4），但是降低了冷冻站的耗电量（图5），取得了较好的节能效果（图2）。确定在过渡季采用此种运行策略可以降低空调系统总能耗。

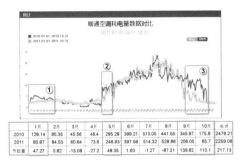

	1月	2月	3月	4月	5月	6月	7月	8月	9月	10月	总计
2010	128.14	85.35	45.56	46.4	295.28	399.21	513.05	441.55	345.87	175.8	2476.21
2011	80.87	84.53	60.64	73.6	246.93	397.58	514.32	528.86	206.05	65.7	2259.08
节能量	47.27	0.82	-15.08	-27.2	48.35	1.63	-1.27	-87.31	139.82	110.1	217.13

图 2　空调系统年度总耗电量 2011 年较 2010 年大幅降低

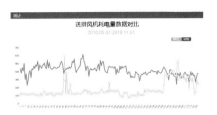

图 3　送排风机能耗 2011 年较 2010 年有所增加

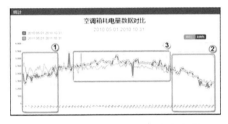

图 4　空调箱能耗 2011 年较 2010 年有所增加

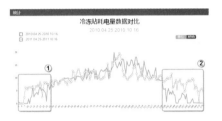

图 5　冷冻站设备能耗 2011 年较 2010 年有所降低

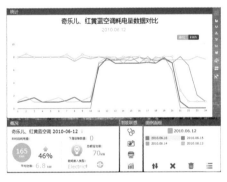

图 6　北京石景山万达广场主力店奇乐儿、红黄蓝区域空调箱的耗电曲线

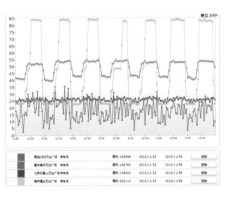

图 7　四家万达广场停车场耗电曲线

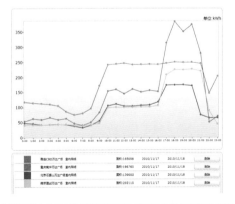

图 8　能源管理中央平台监测到四家万达广场室内步行街耗电曲线

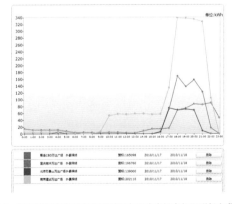

图 9　能源管理中央平台监测到四家万达广场夜间照明耗电曲线

二、管理辅助作用

管理节能主要是通过寻找并消除能耗管理漏洞，调整或改变运行参数、关闭或减小无关用能单元，及时发现并消除会造成效率骤降的故障设备，在不增加投资的情况下实现节能的一种管理手段。以下是管理辅助的四个案例：

案例一：及时纠正主力店设备运行管理漏洞

图6是北京石景山万达广场主力店奇乐儿、红黄蓝区域空调箱的耗电曲线，可以发现，该店铺空调箱在6月12日、13日没有体现出营业时间与非营业时间的变化，出现昼夜不关机的现象，属于运行错误，北京石景山万达广场工程部根据平台提示，及时告知客户根据营业需要运行该空调设备，避免能源浪费。

能源管理系统还可以利用中央平台做同类广场间的横向比较，从而发现同类广场间的差异，通过差异分析，及时调整和纠正问题，实现管理节能。

案例二：及时发现停车场照明运行能耗差异

图7是能源管理中央平台监测到的4家万达广场停车场耗电曲线。

通过上图可以看出：

南京建邺万达广场、重庆南坪万达广场两家广场停车场用电管理清晰，有明显营业与非营业时段能耗变化，说明已根据营业时间调整停车场照明，既保证营业期照度需求，又体现节能管控；北京石景山万达广场、青岛CBD万达广场两家广场没有按照营业需求调整停车场照明，存在能耗管控漏洞。

北京石景山万达广场及时调整停车场照明供电回路及时间控制，消除管理漏洞。

案例三：及时发现室内步行街照明运行标准差异

从图8可以看出：南京建邺万达广场、北京石景山万达广场、青岛CBD万达广场室内步行街照明都是三段式的——夜间闭店期照明、白天营业期辅助照明、夜间营业期照明，说明白天充分利用了自然采光，晚上也有很好的关断；而重庆南坪万达广场只有两段，且夜间非营业期电耗偏高，说明上午10点左右已达照明最大负荷运行，白天和夜间照明采用相同模式。当地广场已根据当地天气等因素分析、调整。

案例四：及时发现不同广场夜景照明的能耗差异

从图9可以看出，南京建邺万达广场室外照明设计上与其他万达广场差异较大，商管公司可将此情况反馈给规划院，找到能耗明显高于同类广场的原因，请规划院在设计新万达广场时予以论证、调整，优化设计阶段的方案设计。

三、安全辅助管理作用

能源管理平台监控供电系统的运行安全状态，及时发现线路故障并报警，是广场用电安全的一种有效监测手段。

平台软件可以发现供电系统过压、过流等用电安全隐患，消除管理死角。软件可以处理并记录报警历史信息，提高故障的可追溯性。与漏电火灾报警同步使用可最大程度上降低用电隐患，确保用电安全。

四、能源管理平台对未来设计的支持作用

指导配电系统容量的设计平台可以统计分析设计配电容量与实际累计峰值用电量之间的差距，分析设计配电容量的合理性，既可以给未来设计中更合理配置冗余容量提供参考，又能对筹备期广场的房产条件提供谈判依据。从而，节省配电设备投资，减少后期配电设备运行空耗。

图10、图11为北京石景山万达广场两家商户——大歌星KTV（图10）、巴贝拉（图11）的峰值功率数据分析。通过上图可以看出：

（1）北京石景山万达广场大歌星KTV全年用电功率峰值与设计容量比较匹配。

（2）北京石景山万达广场巴贝拉意式西餐厅用电功率峰值与设计容量相差很大。

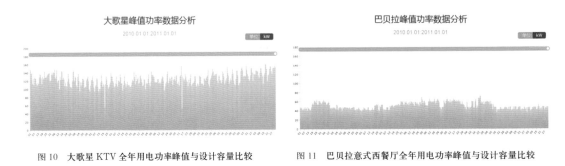

图 10　大歌星 KTV 全年用电功率峰值与设计容量比较　　　图 11　巴贝拉意式西餐厅全年用电功率峰值与设计容量比较

第四节　结束语

通过上述应用实例可以看出，分项计量与能源管理系统通过对供电系统的梳理，可使广场供电系统实现实时管控和监测，提供历史数据和实时数据，通过直观图形、曲线的比对，为运行管理提供、验证有效的节能策略，及时发现管理漏洞、设备工况异常等问题，同时还可通过同类广场的类比，不断提升管理水平，对大型商业能源管理有着重要的作用。

5

合肥万达威斯汀酒店
创建绿色饭店案例分析

合肥万达威斯汀酒店　杨金铸　张文淼

合肥万达威斯汀酒店自开业以来，坚持以可持续发展为经营理念，以顾客的绿色消费为中心，强调消费者利益、酒店利益与环保利益的有机统一，坚持清洁出品，倡导绿色消费，力争为消费者提供健康、安全的产品，并引导公众的节约和环保意识。在省市旅游局的大力指导和帮助下，酒店在提高员工对"绿色饭店"认识的同时，加强对客人绿色消费的宣传，并开展了一系列节能降耗、保护环境的绿色活动。现总结如下：

第一节　营造绿色氛围，培养绿色理念

一、建立了"创绿小组"和"可持续发展委员会"

创建绿色饭店，首先要从管理开始，建立一个良好的管理团队是促进全酒店节能降耗、保护环境的重要保证。"创绿小组"以酒店副总经理为中心，成员为酒店EXCOM和可持续发展委员会的成员；而"可持续发展委员会"是一个由工程总监牵头，各部门经理为成员的管理团队，主要负责"创绿活动"各种具体的内外事务。

图1　绿色饭店标识

二、开展创绿活动

（一）对客宣传

为了营造"创绿"气氛，酒店在公共场所制作了"请勿吸烟"等标牌和活动显示标志。同

时，在酒店前台客人登记入住时，要求员工介绍酒店的无烟客房等相关内容。

（二）内部宣传

定期在员工宣传栏中张贴各种绿色饭店相关信息；在员工餐厅摆放"意见箱"以收集员工对创建绿色饭店的各种意见和建议；把每月5日定为"低碳出行"的无车日；开展员工知识竞赛，将低碳环保、绿色饭店等内容作为竞赛知识的一部分；每月新员工入职培训，工程部向员工介绍酒店能源，号召全体员工主动为酒店的环保工作添砖加瓦，从节约一滴水、一度电、一升气做起，努力打造绿色环保型酒店。

三、加强监督工作

（一）能耗监测

工程部每日对能耗进行监测，在工作例会上与大家分享。

（二）巡检

每日夜间对各区域进行巡查，发现浪费能源现象进行拍照，之后对有关部门进行通报，要求其整改并加强自检。

（三）例会

每月"可持续发展委员会"的成员进行一次例会，相互交流创绿工作中遇到的问题，信息共享的基础上共同解决问题，保证酒店绿色环保工作的持续有效开展。

第二节　控制成本，降低能耗

根据"创绿"所提倡的减量化、再使用、再循环原则，我们采取了一系列的措施，尽量用较少的投入，产生最大的效益。

一、客房部

客房部的消耗品较多，我们采取了一系列措施：

（1）如果客人在酒店住宿超过一晚，我们建议客人可以将牙刷、肥皂等物品重复。

（2）引导客人对布草的清洗频率从一日一换改为一客一换，减少用水量和清洁剂的使用，并能减少排污量。

（3）客用品使用环保包装。

（4）洗衣袋使用无纺布材料，可以循环利用。

（5）客房内不提供一次性杯子。

（6）客人未用完的肥皂、洗发水等可用于洗衣房。

（7）每月进行盘点，控制用量，减少损耗。

这些措施被应用在工作中，酒店2012年的客用消耗品、洗涤剂、用纸量等消耗品用量比去年同期都有所下降。

二、餐饮部

（一）餐厅配套设施

酒店各大餐厅不使用一次性筷子、筷套、一次性（湿）毛巾，使用可降解的打包盒。餐厅同时为客人提供打包和存酒服务，避免浪费。

（二）健康饮食

酒店倡导绿色消费、健康饮食，可提供30种以上绿色食品。健康从源头抓起，在采购环节，保证购买的肉食品是检疫合格的，蔬菜为无公害的，饮用水符合标准。

（三）监督检查

每日各餐厅、厨房下班前进行自检，关闭灯光、灶台煤气、水龙头，遇到"跑冒滴漏"现象，及时报告工程部以便维修。

三、工程部

工程部管理着酒店所有的机房、大型设备，是"创绿"活动的主要工作之一。

1.制定制度、专项检查：工程部制定了节能降耗的规章制度，并监督各个部门的实行情况，对部门随意浪费能源现象进行相应的处罚。"可持续发展委员会"成员也是监督能耗使用的检查员，在每月例会上对浪费严重的部门进行通报，并监督其整改。

图2　"创绿"活动措施

2.节能设施、设备的使用酒店在后区将走廊及办公室的灯具换成了节能灯具；对重要的用电设备详细设定了开关时间及次数，避免无效运转；酒店使用的马桶为节水马桶，水龙头为感应龙头，节约用水；酒店的供热依靠的是锅炉，锅炉使用的是天然气，减少大气污染；加强管道保温工作的检查，避免浪费；设定了夏季空调和冬季供暖的上限和下限温度，节约天然气和电力。

四、其他部门

酒店每个部门都有"最佳操作流程"，如尽量使用办公软件、邮件，复印纸双面使用等，减少纸的使用量；严格控制酒店内部用车；进行电池回收，对电池进行统一处理，减少环境污染；积极参加酒店组织的各类"创绿"活动。

第三节　深入社区，扩大影响，带动全员

创建"绿色饭店"看似是一个酒店的事情，但是低碳环保却是一个城市、一个国家乃至全人类的大事。

合肥万达威斯汀不仅要在酒店内部引导客人绿色消费、健康生活，而且将这种理念带给社区、带动城市。在这个想法的基础上，酒店在2011年和2012年连续参加了"地球一小时"活动，通过行动将环保低碳的理念传递给身边的每一个人。

图3　"地球一小时"活动

酒店的每个员工不仅是"创绿活动"的一分子，也是宣传环保的宣传员，所以，酒店在2012年6月举办了"地球公民"的活动，向员工深入介绍了保护环境的重要性和迫切性，希望员工能从身边做起、从小事做起，加入到酒店"创绿"和环保的公益事业中来。

第四节　展望

合肥万达威斯汀酒店在创建绿色饭店的活动中做了不少的工作，也取得了一定的成绩，但我们今后的路还很长。酒店今后会加强对新能源的利用，比如太阳能、风能；在节能灯具方面，我们会逐步将部分区域的灯具换成节能型灯具，如LED等。在环保宣传方面，在完成定期的宣传活动的同时，不定期的会进行一些有关环保方面的活动，不断地提高员工的环保意识；同时积极参与并组织一些环保活动，与地方政府合作，带动周边、扩大影响，带来更大的经济及社会效应。在监督检查方面，不断细化监督检查机制并将工作落到实处，各部门有专人负责

能源管理等。

人类已进入了环保时代，"绿色生活、低碳环保"不是一个人、一个酒店、一个城市、一个国家的事情，而是我们每个人的事。创建绿色饭店是可持续发展的需要，是满足日益增多的绿色消费需要的必由之路。绿色饭店不仅是在数量上减少消耗、避免浪费，更重要的是要向我们传递着一个理念。创建绿色饭店的投入是暂时的，而回报却是长远的，我们将带着这样的环保理念，不断地向前走，迈向一个新台阶。

合肥万达威斯汀酒店自2012年6月组建可持续发展委员会，一直为酒店评定"绿色旅游饭店"而努力，在各部门的协调和努力下，已顺利通过合肥市旅游局的评定，并将申报材料提交到了安徽省旅游局。现将申报的流程及相关信息总结如下。

一、参评资格

全国范围内，正式开业一年以上的旅游饭店。

二、评定程序

（1）饭店向所在城市或行政区域旅游星级饭店评定机构提交评定申报报告及相关表格。

（2）饭店所在城市或行政区域旅游星级饭店评定机构向省级旅游星级饭店评定机构推荐申报饭店，或根据授权对申报饭店进行评定，并将有关评定检查情况上报省级旅游星级饭店评定机构备案。

（3）省级旅游星级饭店评定机构对申报饭店进行评定。

（4）评定后，达到标准要求的予以通过并公告，同时上报全国旅游星级饭店评定机构备案，并由全国旅游星级饭店评定机构颁发证书及绿色旅游饭店标志牌。未达到标准要求的，不予通过。

三、所需资料

（一）硬件方面

（1）绿色设计

（a）环境：酒店周围的环境需要保证生物多样性，有不破坏植被、水系及生态的设计；
（b）建筑：考虑自然采光、隔热、减少噪声、使用环保装饰材料；（c）新能源：使用太阳能、生物能、风能、地热等其他再生能源的新技术；（d）其他：有节能新技术的设计，如有中水系统、雨水收集系统、节水型设施设备、减少污染排放的设计等等；（e）绿色设计。

（2）设施设备

（a）供配电系统：变压器负载率＞30%，功率因素＞0.9；（b）供热：要求集中供热，锅炉的炉壁温度、过剩空气系数、排烟温度等符合国家相关标准；（c）中央空调：使用节能型或智能型冷水机组，采用变流量调节技术，冷热媒水有相应记录，空气处理机采用变风量调节技术；（d）绿色照明：灯具50%以上使用节能光源，采用节能型照明控制系统及智能照明，无光污染，对未采用节能设备的照明灯具制定置换计划；（e）节水措施：在客区和后勤区使用有效的节水措施，如冷凝水回收，使用节水器，废水回收等等。

（3）污染控制

厨房油烟排放符合国家标准，噪声符合使用区域标准，固体废弃物统一分类处理，污水排放符合国家及地方标准，使用环保型设备及用品，室内及室外绿化达到相关要求。

（二）软件方面

（1）节能管理

（a）建立能耗设备分类台账和计量仪表台账。（b）每天、每月有能耗比较、分析、建议报告。（c）各部门有能耗定额、考核制度和奖惩办法。

（2）绿色产品和服务

a.客房——设有无烟客房楼层或无烟小楼；客房楼层有新风系统并有记录；客房内有空气清洁、清新设备，有绿植，隔声效果良好；有降低客房物资消耗措施；有绿色服务规范、程序。

b.餐饮——使用可降解的餐具，并提供打包和存酒服务；积极提供绿色食品或有机食品，并有相关菜单介绍和食品站台；注意食品安全。

c.其他——降低用纸量，采用办公自动化系统；控制清洁剂、消毒液等化学用品的用量。

（3）社会效益

（a）开展创建绿色饭店的活动，并得到相关报道；（b）有鼓励客人绿色消费的措施，保证客人对酒店环境的满意度达到80%以上；（c）有政府节能、环保方面的特殊奖励；（d）建立"创绿"管理机构和网络，并定期检查；（e）在公共场所和部门有宣传"创绿"的展示；（f）举办绿色和环保方面的活动并有相关记录；（g）可建立管理体系并有相关记录。

四、相关材料封面

图4 相关材料封面

6 持续节能的动力

——浅谈"合同能源管理"在企业内部的应用

万达商业规划研究院　王绍合　范珑

持有物业的运营节能是长期持续的工作，必须有内在的激励机制，才能适应企业持续发展的需要，探寻一种企业内在的运营节能激励机制也是值得研讨的课题。

问题1："如果2010年的能源预算是300万，运营管理很好，年底核算后为280万，那么，2011年的预算就是280万。"这是目前大多数自持物业企业选择的运营管理模式，请问作为运营管理者会有节能的动力吗？

——作为运营管理者，被动的节能的同时，又害怕预算过低。

问题2：同样是300万的能源费用，年底核算后降低为280万，就一定好吗？

——可能该开的灯没开，可能室内温度过高，可能已经失去了舒适的购物环境。

因此，需要在运营管理的品质（购物环境的温度、亮度等）与能源消耗之间找到平衡点，也需要在两者之间建立监督和制衡机制。

由此，我们想到了把"合同能源管理"引入企业内部：可以通过实现参与各方共同分享节能成果，形成持续节能的内在动力；通过相互监督，保证商业运营的环境品质。

合同能源管理EPC（Energy Performance Contracting）是一种新型的市场化节能机制。其实质就是用减少的能源费用来支付节能项目的全部投入。这种管理方式使用未来的管理收益进行节能改造、为设备升级；或者节能服务公司以承诺节能项目的节能效益、或承包整体能源费用的方式为客户提供节能服务。能源管理合同在实施节能项目的用户与节能服务公司之间签订，它有助于推动节能项目的实施。依照具体的业务方式，可以分为分享型合同能源管理业务、承诺型合同能源管理业务、能源费用托管型合同能源管理业务。

服务公司ESC（Energy Services Company），又称能源管理公司，是一种基于合同能源管理机制运作的、以赢利为目的的专业化公司。ESC与用户签订服务合同，向客户提供能源审计、可行性研究、项目设计、项目融资、设备和材料采购、工程施工、人员培训、节能量监测、改造系统的运行、维护和管理等服务，并通过与用户分享项目实施后产生的节能效益、或承诺节能项目的节能效益、或承包整体能源费用的方式为用户提供服务并获得利润。能源管理合同在用户与服务公司之间签订，有助于推动项目节能措施的实施。

如何在万达广场的运营节能中引入适合的合同能源管理模式呢？

我们可以畅想在企业内部建立能源服务公司，对能源进行托管，同时，接受商业经营管理部门的监督，让服务公司获得独立自主的经验权，让他们分享到节能的部分收益……

国家相关鼓励政策。为加快推行合同能源管理，促进节能服务产业发展，2010年国家相继颁布了《合同能源管理技术通则》（GB/T 24915—2010）、《关于加快推行合同能源管理促进节能服务产业发展意见的通知》（国办发[2010]25号）和《合同能源管理项目财政奖励资金管理暂行办法》（财建[2010]249号）。中央财政在2010年安排了20亿元，用于支持节能服务公司采取合同能源管理方式在工业、建筑、交通等领域以及公共机构实行节能改造。国家发展改革委、财政部、人民银行、税务总局也联合发布了《关于加快推行合同能源管理促进节能服务产业发展的意见》，从实行税收优惠、加大资金支持力度、完善会计制度、提供融资服务等方面积极支持合同能源管理节能产业的发展，一系列针对于合同能源管理的扶持和优惠措施表明，合同能源管理将成为未来我国节能领域的重要推广途径。有数据显示，截止到2009年，全国节能服务公司已有500多家，共实施节能项目4000多个，总投资280亿元，完成总产值580多亿，形成年节能能力1350万t标准煤，节能服务产业从业人员达到11.3万人。可以预见，在政策推动及低碳时代即将来临的大背景下，我国节能服务产业将进入高速发展的新阶段。根据到2020年我国单位GDP二氧化碳排放比2005年下降40%至45%的约束性指标测算，未来十年间，我国综合节能投资规模将达到3000亿元。

持续节能的基石
——良好运转的 BA 系统

万达商业规划研究院　王绍合　范珑

什么是BA系统呢？就是楼宇自动控制系统。由多个子系统，如空调控制系统、门禁控制系统等等组成，为什么说BA系统是节能的基石呢？请看下面的问题：

问题1：晚上10点，购物中心停业后，需要把所有的照明都关上，从决定关灯开始，到最后一盏灯关完，大概需要40分钟，那么，这40分钟的能耗就是浪费。

问题2：假如晚上10点停业，是否9点就可以把空调设备关闭呢？

问题3：空调系统能否根据客流变化自动调整空调设备的开启数量呢？

问题4：管理人员的不规范操作，或错误判断的操作，或误操作能否避免呢？

要想解决好上述问题，最简单的方法就是建立起完善的楼宇自控(Building Automation，BA)系统（图1）。其实每个万达广场都设计有BA系统，它的主要作用是节能、降低运行成本、延长设备寿命、提高机电系统的可靠性和舒适性、规范运行管理等，其主要功能是完成对空调、给水排水、供电、照明和电梯系统的监视和控制。

采用了BA系统后，对于设备的管理可以根据预先编排的时间程序对电力、照明、空调等设备进行最优化的节能控制。如根据营业时间程序来控制照明系统的自动开启，根据空调冷负荷量，调整冷冻机及相关水泵的运行状况，实现最优化控制等。通过BA系统管理的设备，可以完全依照设备的性能来进行控制，不会出现误动作导致设备损坏，也不会出现因长时间超负荷运转使设备损伤的现象，保障设备能在最优状态长期稳定运行。BA系统可以提高管理系统的可靠性，不会出现由于人工管理的主观判断失误而降低建筑的使用品质或造成机电设备损坏。

BA系统本身可以依据管理惯例对设备进行自动控制，它具有自动分析人员管理指令的能力，使得一些不规范的管理规范化。

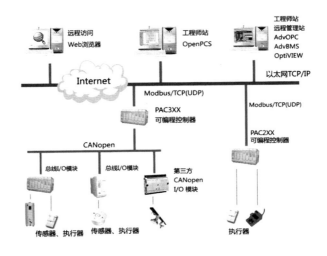

图1　BA系统示意图

在对已建成的多个万达广场购物中心BA系统的实施、运行情况调查时发现：只有个别项目的BA系统能够达到要求，较多的项目在开业当年不能同时建成BA系统；而在BA系统安装、调试完成后还会出现功能不全或使用不方便的问题。

出现这种情况的原因，主要有以下几个方面：

（1）BA系统的作用未得到充分重视，在施工进度上没有有效的控制；

（2）受施工条件的制约，BA系统的安装调试必须在其他工程完工后才能进行，无法实现与其他系统同步完成；

（3）对BA系统调试工作构成影响的干扰因素较多、现场调试工作又相对复杂，需要的时间较长；

（4）BA系统的设计上存在缺陷，即使通过较长时间调试完成后，运行管理人员仍觉得使用不方便；

（5）运行管理人员对BA系统的工作原理、系统构成及操作方法了解不深入，不能灵活掌握，一旦出现问题更不懂得维护。

在万达广场中，如果BA系统不能正常运行将会导致：

（1）机电系统难以正常运行

原来设计的机电系统只有在BA系统的监视、控制下才能更好地发挥作用，如空调系统的自动控制可以根据使用要求自动调节温度、水量、风机、水泵及冷冻设备的运行，BA系统自控功能的缺失，使得运行管理人员不得不按照自己的感觉开启、关闭空调设备，极有可能降低万达广场的舒适性，造成购物品质降低。

（2）投资得不到有效利用

每个新建项目BA系统的投资约为800多万元，包含了控制器、传感器、自控阀门和变频器等，采购的产品多为国际优质品牌，如西门子、霍尼韦尔和江森等，这些产品、设备如不能尽早投入使用，又得不到正常维护，一段时间后很容易出现仪器仪表失灵、功能失效等问题，要想重新开通非常困难。

（3）难以进一步提高运行管理水平

尽管我们对运行管理提出了很高的要求，但是在保证使用品质的前提下实现节能，不是单靠人工控制就能够完成的。在对已开业项目的运行情况调查时发现，有些运行管理做法不够科学、合理，既费了钱又没有达到使用效果，因此运行管理需要BA系统的指导才能提高水平。

完善的BA系统是万达广场提高品质的关键，也是节能运营的基石。相信，随着集团节能工作的深入，将会有越来越多的人积极关注、认真使用和努力完善BA系统，到那时BA系统将与能源管理系统一起在集团的节能工作中发挥重要作用。

8 持续节能的必由之路
——能源可视化监控

万达商业规划研究院　范珑　尹富庚

在商业项目的设计及运营管理中会有以下类似的问题：

问题1：肯德基的技术条件中，需要电量300kW/m²，合理吗？很想知道其每年的峰值用电量？

问题2：购物中心停业后，该关的风机是否都关了？

问题3：某回路设计电量为50kW，管理人员希望其负荷达到45kW的时候采取措施，如果能自动提醒该多好，用电更安全了！

问题4：我在集团，很想知道本周哪个场子设备管理的好？哪个场子的温度太高了……

这些问题的答案都在运营能耗数据里，但数据本身不会告诉我们答案，它是作为能耗分析、统计、诊断的基础，从而寻找问题的答案。目前我们采用的人工抄表及手工记录的数据采集方式远远满足不了这种分系统高密度的数据量，庞大能耗数据的维护、储存、查阅以及分析也不是人工可以解决的。这时，一种新的节能运营管理工具——能源管理平台应运而生。

很可喜的是万达商管公司已经完成了4个项目的能源管理平台的试点工作，在探索的道路上迈出了坚实的一步。目前集团正在研究其推广工作，梦想正在成为现实。

能源管理平台的建立，是统一运营管理标准、提高运营管理水平、提升万达运营品质的基础，可以实现能源管理的可视化，使能源管理走向科学化、精细化。

下面对能源管理平台进行简要的技术性介绍：能源管理平台是一种利用智能化计量技术、

现代通信技术、建筑模拟技术等多种现代信息技术，综合集成而成的计算机实时管理辅助工具系统。它由各计量装置、数据采集器和能耗数据管理软件系统组成。该系统将建筑物内或者建筑群内的变配电、照明、电梯、空调、供热、给水排水、燃气等能源使用情况，实施集中监视、管理与控制，是实现建筑能耗在线监测和动态分析功能的硬件系统和软件系统的统称。

第一节　能源管理平台的特点

与BA系统、配电监控等现有运营管理系统相比，能源管理平台的主要特点如下。

（一）清晰明确的分项计量

使用一整套分项计量系统及计算机辅助工具来协助工程人员和物业管理人员对各用能单元系统能耗进行计量，使计量对象清晰明确。

（二）统一的分项模型描述

统一某种大型公共建筑能耗数据标准模型，实现对大型公共建筑各种复杂用能系统的统一刻画。这种能耗数据模型是分层次的，以实现各个建筑各种用能系统在不同层次上的可比性。

（三）实时数据采集

为了分析各用能系统的运行规律，变化趋势进而找到管理节能或改造节能的手段，能源管理平台能耗数据的实时采集频率应不低于十分钟每次。

（四）长期数据储存、维护以及管理

能源管理平台常常要分析比较几个月甚至几年的能耗数据变化，长期数据的存储、维护以及管理在系统中就尤为重要。而为了确保长期数据的储存、维护和管理工作顺利进行，能源管理平台的数据修复、补漏、断点续传等功能具有十分重要的意义。

（五）能源利用角度的数据分析

能源管理平台的用户界面多以数据分析及数据挖掘为主。因此，更多的是通过柱状图、曲线图、对比图、饼图、堆积图等数据图表，通过分析日、周、月、年不同时间步长的能耗变化趋势，分析比较各用能单元的能耗差别，研究挖掘各设备子系统的能耗比例等。

第二节　能源管理平台的主要功能

（一）提高物业配电管理水平

根据每个支路的实时功率数据管理各个商业广场的负荷选配和商户用电管理，全面提高物业的管理水平和工作效率。

（二）为未来新建综合体提供数据依据

对不同区域不同工作状态的建筑设备能耗数据进行横向对比，发掘能耗差别的原因，并为即将开建新项目提供强有力的数据支持。

（三）评价新节能技术效果

提供准确的设备能耗数据和不同时间段的能耗分析图，非常直观看出新技术节能效力大小，为管理层和设计单位提供新建筑设计依据。

（四）各个分支机构用电负荷分配定量管理

能对大负荷商业连锁进行全年的能耗统计，统一管理新建项目的负荷分配标准，控制连锁商业供电母线负荷申请过大的现象，减少不必要的负荷浪费及电网初投资。

（五）发现既有建筑体的能耗漏洞

从不同角度对实时数据进行多方面对比分析，发现建筑内的不合理用能，提供加强运营管理措施，减少不合理运营能耗。

（六）为节能改造提供客观依据

通过对实时数据的深度挖掘和横向纵向对比，发现能耗问题，并通过各种测试提出最优化改造方案。

（七）系统化集团能耗集中统一管理，提高管理效率

集团化能源管理系统，以最少的人力，对全国的万达广场购物中心进行集中监测和管理，进行全方位的对比，了解每个建筑的实时运行状态，及时发现问题，及时改造问题，减少能耗浪费。

第三节　能源管理平台的分层架构

能源管理平台一般采用分层架构，主要由数据中心、数据采集器、计量仪表三个层次组成，整个系统的特点是分散采集，集中管理。

一、数据中心

能源管理软件负责接收能耗数据采集器上报的数据，并对数据进行分类处理、存储，节能监测软件为物业、商管部门提供能源管理平台，提供各种能耗数据查询、能耗数据分析统计及节能技术效果评测功能；能源管理软件分为两个层级即集团级及各分公司级，实现分级管控，集团级侧重于宏观调控与精细化管理，各分公司侧重于日常管理与精细化管理。

二、数据采集器

采用符合国家建筑能耗监测导则要求的专用低功耗嵌入式能耗数据采集设备，通过现场总线连接各种智能计量仪表，支持多种主流通信协议，并主动对仪表进行数据采集，定时或按需将数据上传到各级能源管理数据中心。能耗数据采集器安装于商业楼宇建筑内，负责整栋楼宇、某个区域或某类能源的能耗数据采集；同时在连接网络时从数据中心下载节能控制策略到

本地，进行实时智能能效优化控制。

三、计量仪表与计量装置

包含各种具备数据远传功能的计量仪表或执行装置（如单相电能表、三相电能表、多功能电力仪表、水表、燃气表、热(冷)量表等），负责各类能源的实时用量计量，为能耗数据采集终端提供原始能耗数据，执行远程控制指令。

综上所述，能源管理平台的建立，是统一运营管理标准、提高运营管理水平、提升万达运营品质的基础，可以实现能源管理的可视化，使能源管理走向科学化，精细化。"善用其效，尽享其能"，合理的能源管理平台一定可以助力万达在绿色节能的道路上越走越远。

大型商业建筑能源管理系统的发展与应用

万达商业规划研究院　范珑　杨成德

第一节　背景与概述

随着社会各界对节能工作的日益重视以及相应能源计量与管理法规的制定，由政府引导的城市级大型公建能耗管理平台陆续在一些城市分批次实施，一些大中型企业也开始搭建自己企业内部的能源管理系统，市场上雨后春笋般出现了一批建筑能源管理系统。万达集团目前已经在四个项目中试点建设基于用电分项计量的能源管理系统，取得了非常好的效果。

根据各种建筑能源管理系统的功能特点，目前国内基于用电分项计量的建筑能源管理系统可分为三种基本类型：第一种为能耗计量监测系统，第二种为能源节能监管系统，第三种为能源管控优化系统。各类型系统的发展与应用，主要与节能诊断水平、经济发展阶段等有关。各系统特点比较如表1所示，各系统的体系结构及功能特点简要介绍如下。

表1　各类系统特点比较

系统类型	系统基础	采用方法	执行手段	系统目标
能耗计量监测	能耗分项计量	统计比较	报表展示	分类分项能耗清晰
能源节能监管	能耗分项计量	节能诊断	人工操作	管理节能最大化
能源管控优化	分项计量+BA系统	诊断优化	自动控制	系统综合优化

第二节　能耗计量监测系统

能耗计量监测系统，是指通过对大型公共建筑安装分类和分项能耗计量装置，实时采集能耗数据，实现建筑能耗的在线监测、动态展示及基本分析功能的软件系统和硬件系统的统称。软件主要包括数据采集软件、数据监测与展示软件等。硬件设备主要包括数据采集仪表、采集网关、服务器等。

该系统结构主要由前端数据采集、中间数据传输、后台数据处理和终端数据展示四部分构成。其首先通过在现场安装的采集设备实时采集各能耗设备的能耗数据，然后通过有线或无线的方式将数据传送至网关。网关根据数据中心命令采集或主动定时采集，对能耗数据进行解析、处理、变换、存储、打包和标识后将数据传输到数据中心服务器。数据处理中心接收并存储其监测建筑的能耗数据，并对其进行处理、分析、展示和发布。相关人员通过数据监测展示软件，就能在线查看建筑实时能耗和历史数据等。图1为基于无线方式的能耗监测系统示意图。

能耗的分项计量监测，主要包括公共建筑的六大类能耗：电、水、气、热量、冷量和其他等。由于在大型商业建筑中电能的使用占了相当大的部分，因而把电耗的计量监测又分为四大项：空调用电、照明用电、动力用电和特殊用电。建筑用电分项计量拆分示意图如图2所示。通过对这四大项能耗的分项计量与监测，切实把握各主要用能设备系统的能耗，为进一步的用能对比分析、节能诊断等提供基础数据支撑。

能耗计量监测系统的功能特点是：以能耗分项计量为基础，以统计比较为方法，以报表展示为手段，以分项能耗统计查询清晰为目标，其也可能包括能耗同比、环比以及排序等基本分

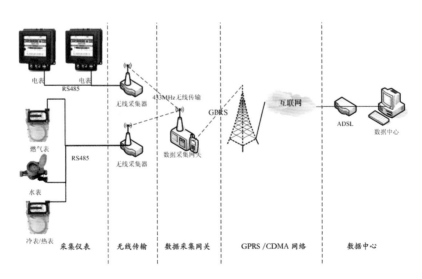

图1　建筑能耗计量监测系统示意图

析功能。由于该系统本质上是一个计量监测展示系统，侧重于能耗的分项计量监测与统计，能耗分析停留在基本的能耗对比、能耗单点对标等，尚不能对系统能耗高低产生的原因及降低能耗的方法提供诊断结论及改进建议。目前我国绝大多数号称的建筑能源管理系统，均属于这一类型，包括市场上应用的作为政府统计公示用的城市大型公建能耗管理系统。这类系统的主要功能一般包括：能耗统计、能耗监测查询、能耗同比环比、数据报表、用能定额管理、能耗公示等。

根据清华大学建筑节能研究中心的数据，这类系统的初投资为大型公建年运行能耗费用的2%～3%，系统的运行管理费用非常低，甚至不到大型公建年运行能耗费用的万分之一。但由于该系统侧重于能耗的分项计量监测与统计，没能给系统运维人员提供直接的节能运行管理建议，如运维人员管理水平不高，则较难产生节能效益，或说是否节能及节能大小主要取决于运维人员自身对数据挖掘的专业技能水平以及对该系统的正确运用。

第三节　能源节能监管系统

能源节能监管系统，相对能耗计量监测系统，两者在体系结构、硬件投入等可无差别，主要的差别在于：能耗计量监测系统，通过能耗对比、单点对标等，可统计能耗结果而无法分析给出导致能耗结果的原因，无法给出降低能耗的方法，或说至多知道系统有问题，但不知道问题在哪以及如何解决该问题。而能源节能监管系统，是以能耗计量监测系统为基础，对所采集的数据进行深度的挖掘与分析，对能源系统运行给出节能诊断与运行报警建议，因而，其不仅知道系统有无问题，还知道问题在哪以及如何解决，从而可指导运维人员对系统进行节能管理，实现系统低成本、无成本的节能管理改进。

该类系统的功能特点是：以能耗分项计量为基础，通过科学的系统诊断模型对各子能源系统能耗主要影响因素进行诊断分析，得出降低运行能耗的运行策略，指导运营人员进行人工操作，从而实现管理节能。该系统除了能耗计量监测系统常规的查询报表、同比环比等功能外，还具有如下节能诊断功能和作用：

（一）运行诊断

自动对新风利用、制冷站各设备台数控制、待机能耗报警、设备忘关报警、冷冻机出水温度设定等运行管理项进行节能诊断与报警，并给出运行改进建议。

（二）能效诊断

对冷站、冷机、水泵、冷却塔、空调箱等不同层级系统或设备能效进行在线节能诊断与报警，并给出排查建议。

（三）能耗诊断

自动对各分项能耗出现的异常情况、能耗定额情况进行报警，并结合运行诊断给出排查建议。

（四）故障报警

对传感器、采集器、电表及网络等故障进行报警。

（五）节能评估

包括对系统管理节能、技术节能的节能潜力评估，利用IPMVP对系统改造前后实际节能量的评价等。

（六）能源审计

对能源系统的运行、能效、能耗、设备管理等进行综合审计，并在线生成审计报表。

（七）数据校核

对采集数据进行在线校核、诊断报警、修复处理等。

（八）信息运维

对系统设备运维流程、计划任务等进行信息化作业管理。

这类系统的初投资与能耗计量监测系统相同，但由于其可进行在线节能诊断与运行管理报警，通过管理人员的行为节能，可真正给系统运行带来直接的管理节能效益。

第四节　能源管控优化系统

能源管控优化系统，即将基于用电分项计量的能源节能监管系统与楼宇自控（Building Automation，BA）系统结合起来。通过对所采集的能耗及运行数据进行深度的挖掘与分析，对能源系统的运行进行节能诊断、检验与报警，从而指导运维人员对BA系统控制参数进行调整，甚至直接将系统运行优化的控制参数通过数据接口传递给BA系统，指导BA系统的自动优化运行，从而最大限度地发挥能源管理平台的技术节能潜力。

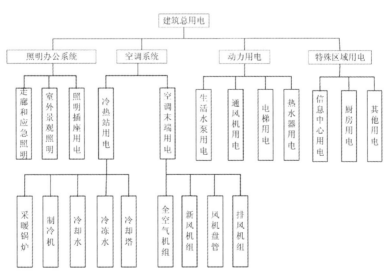

图2　建筑用电分项计量拆分示意图

该类系统体系结构如图3所示。系统由现场设备层（狭义的现场设备层+设备控制层）、集中监控层与信息管理层组成。现场设备层由布置在现场的测量仪表、执行机构、远程I/O、PLC/DDC控制系统和控制网络组成，它主要实现各能源分系统设备的分散控制，并向集中监控层提供集中监视和远程操作的数据接口。集中管控层采集能源系统的实时数据，实现系统的能源管控功能。能源管理层向运维人员提供能源信息管理、数据比较分析、节能诊断、系统改进建议等功能。

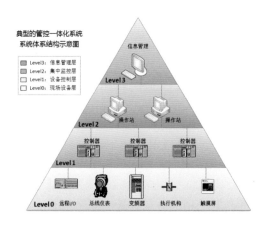

图3　能源管控优化系统结构示意图

该类系统的功能特点是：以能耗分项计量为基础，以节能诊断与优化为方法，以自动控制为手段，以系统综合优化为目标。目前我国这类系统的实际应用非常少，但以目前的技术水平完全有可能实现，不存在难以攻克的技术障碍。据科研机构估算，这类能源管控一体的节能优化系统，在基于管理节能的基础上，通过系统节能优化运行，可再降低系统运行能耗的15%～30%。

第五节　系统应用展望

随着我国建筑节能工作的日益紧迫，建筑能源管理系统，特别是能源节能监管系统、能源管控优化系统将得到日益广泛的发展与应用。万达商业地产作为一家履行绿色经营理念的企业，重视节约资源与保护环境，着力在建筑物的全寿命周期内最大限度地减少对自然环境的改变和破坏。在万达集团最新的技术标准中已明确规定，今后新建的万达广场项目均设置基于用电分项计量的能源管理系统。搭建各广场及集团能源节能监管系统，最大挖掘管理节能潜力；同时预留与将来BA控制系统的接口，在有条件的广场率先实现并在集团层面最终实现能源管控一体的节能优化，是企业实现绿色经营的有力手段和保障。

10 | 万达集团分项计量与
能源管理平台系统应用分析

万达商管公司总部　崔福贵　田礼讯

　　万达集团自2009年在北京石景山万达广场进行首次试点以来，至今已完成包括南京建邺万达广场、青岛CBD万达广场、重庆南坪万达广场在内的四个广场的分项计量与能源管理平台系统（下文简称"系统"）的建设与试点工作。在该系统的支持和配合下，四个试点广场的节能工作取得显著进展，物业管理水平取得了一定程度的加强。各广场工程部一线人员将该系统提供的大量能耗数据信息和分析诊断结果与设备系统的日常维护运行管理有机地结合起来。摸索出一整套设备节能运行的模式和方法。2011年2月至今，四个广场通过提高运行管理水平、优化控制策略、简单节能改造等无成本或者低成本手段已累计实现节能量逾146.24万kW·h，与去年同期能耗相比，所涉及的设备系统节能幅度超过15%。

　　分项计量与能源管理平台系统，是一种基于实时能耗数据的全周期节能管理工具。它通过实时数据采集、计算处理和图形图表显示，使物业管理人员准确了解自身管理设备系统的运行状况和能耗水平；通过数据挖掘和诊断分析明确其运行中存在的问题和改进方法，帮助一线操作人员通过减少无关用能单元、消除因设备作息变化而造成的管理漏洞、排查因设备故障而造成的能耗突增、调节各设备系统的供需匹配等无成本或低成本手段实现日常运行管理节能。

　　同时，翔实的能耗数据和准确的节能诊断可以为节能改造的投资决策提供必要的数据支撑，管理者可以通过该系统发现建筑中设备系统的最薄弱环节，进行有针对性的节能改造措施，改造完成后还可以通过它验证和核算改造效果（图1）。下文我们将通过一些的实际案例，向大家介绍该系统的在四个万达广场的节能管理工作中起到的作用（表1）。

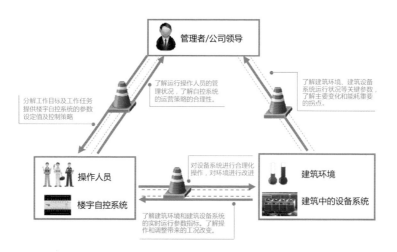

图 1 分项计量与能源管理系统与使用者的关系图谱

表 1 四试点万达广场节能措施及效果汇总

	暖通空调系统	步行街公共照明	停车场照明	电梯	其他设备系统
北京石景山万达广场	通过改进供暖季风机盘管的开启策略,实现节能10.9万kW·h,耗电量同比下降44%。冷冻站经过调整运行策略,节约能源21.25万kW·h,耗电量同比下降18.87%		加强灯光区域管控,实现节能11.4万kW·h,耗电量同比下降20.8%		关闭不必要人防系统中的耗能设备,实现节能3.8万kW·h,耗电量同比下降40%;校正中水系统压差传感器实现节能2.584万kW·h,耗电量同比下降21.11%
南京建邺万达广场	通过数据分析和实时监控,优化冷热源控制策略,实现节能44.4万kW·h,耗电量同比减少18.58%,机组循环及冷却装置能耗同比下降13.66%,实现节能97431kW·h		进行了节能灯具的改造并加强了管控,实现节能11.7万kW·h,耗电量同比减少28.36%	加强电梯的运行管理,两个月实现节能1.2万kW·h,耗电量同比减少25.75%	
青岛CBD万达广场	优化运行策略,跟随天气变化调节运行参数,实现节能15.4万kW·h,耗电量同比下降14.37%	利用自然采光和通过控制改造,10个月实现节能5.26万kW·h,耗电量同比下降8.36%	进行了节能灯具的改造,7个月实现节能2.9万kW·h,耗电量同比减少30.4%		
重庆南坪万达广场			加强灯光区域管控,实现年均节能3.3万kW·h,耗电量同比下降15.8%	加强电梯夜间管理,实现年均节能约2.1万kW·h,耗电量同比减少61%	

案例一　北京石景山万达广场暖通空调系统通过调整运行策略

图2为北京石景山万达广场2010年1～10月与2011年1～10月暖通空调系统耗电量逐日对比曲线。从下图中所附表单我们可以发现，2011年前10个月的耗电量与去年同期相比下降了8.77%，达21.713万kW·h。

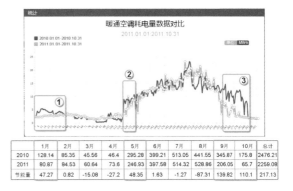

	1月	2月	3月	4月	5月	6月	7月	8月	9月	10月	总计
2010	128.14	85.35	45.56	46.4	295.28	399.21	513.05	441.55	345.87	175.8	2476.21
2011	80.87	84.53	60.64	73.6	246.93	397.58	514.32	528.86	206.05	65.7	2259.08
节能量	47.27	0.82	-15.08	-27.2	48.35	1.63	-1.27	-87.31	139.82	110.1	217.13

图2　暖通空调2010年、2011年1～10月耗电量对比

表2　供冷季中央空调和送排风机等主要设备耗电量对比

供冷季制冷主机耗电量							
	5月	6月	7月	8月	9月	10月	总计
2010年(MW·h)	150.01	220.29	291.11	243.05	262.64	59.07	1126.17
2011年(MW·h)	96.10	193.08	267.72	280.55	74.38	1.78	913.61
节能量(MW·h)	53.91	27.21	23.39	-37.50	88.26	57.29	212.56
供冷季空调箱耗电量							
	5月	6月	7月	8月	9月	10月	总计
2010年(MW·h)	56.98	72.83	85.44	83.49	71.45	50.38	420.57
2011年(MW·h)	70.58	71.99	75.39	76.16	66.18	51.51	411.81
节能量(MW·h)	-13.60	0.84	10.05	7.33	5.27	-1.13	8.76
送排风机耗电量							
	5月	6月	7月	8月	9月	10月	总计
2010年(MW·h)	3.70	4.76	4.37	3.86	5.22	9.93	31.84
2011年(MW·h)	13.46	13.63	14.23	12.63	11.56	10.82	76.33
节能量(MW·h)	-9.76	-8.87	-9.86	-8.77	-6.34	-0.89	-44.49
供冷季制冷主机与空调箱耗电量变化相比							
	5月	6月	7月	8月	9月	10月	总计
制冷主机(MW·h)	53.91	27.21	23.39	37.50	88.26	57.29	212.56
空调箱(MW·h)	13.60	0.84	10.05	7.33	5.27	1.13	8.76
送排风机(MW·h)	9.76	8.87	9.86	8.77	6.34	0.89	44.49
节能量(MW·h)	30.55	19.18	23.58	38.94	87.19	55.27	176.83

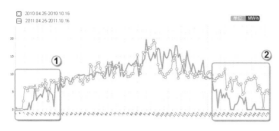

图3　冷冻站耗电量2010年、2011年供冷季数据对比

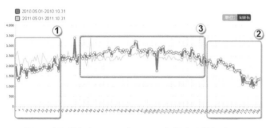

图4　空调箱耗电量2010年、2011年供冷季数据对比

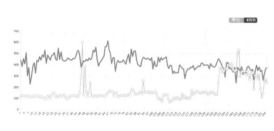

图5　送排风机2010年、2011年供冷季数据对比

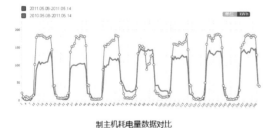

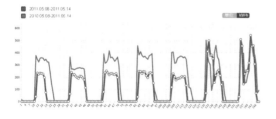

图6　空调箱、制冷主机2010年、2011年过渡季典型周数据对比

其中主要的节能量的实现发生在1月、5月、9月、10月这四个月份（已在图1中用绿框标出）通过分项计量与能源管理系统的分析和诊断，北京石景山万达广场的工程部的一线管理人员调整了暖通空调系统过渡季的运行策略（图2绿框2、3），加强了供暖季卖场内区风机盘管的非营业时段管理，取得了良好的节能效果（图2绿框1）。

在过渡季，广场的管理人员根据能源管理系统提供的数据分析，改进了控制策略，减少了冷机的开启，加大空调箱和送排风机的使用。主要通过广场与室外进行循环换气的方式，而不是通过人工制冷降温的方式带走营业室室内产生的高热量。虽然牺牲了一部分送排风机及空调箱的电耗，但是降低了冷冻站的耗电量，取得了较好的节能效果。

从表2我们可以看出，虽然空调箱和送排风机在过渡季耗电量有一定程度的增长或者没有下降，但是冷冻站的耗电量有较大幅度的降低。

从图3、图4我们可以发现，虽然通过加强非工作时段关闭管理和调整开机台数策略，在主要供冷季（3号区域）2011年空调箱耗电量与去年同期相比耗电量有一定幅度的下降约为22.65MW·h，但是在过渡季（1号、2号区域）空调箱耗电量却有一定幅度的增长，而同期冷冻机的耗电量（1号、2号区域）却实现了较大幅度的降低。

同时，从图5我们可以看出，由于经营业务的需要，送排风机2011年能耗（深绿色线）与2010年（浅绿色线）同期相比有较大幅度的增长。但是，在过渡季增加送排风机的使用，可以有效增加与室外的空气循环，进而排除内场热量，而不用通过制冷来实现。

比较2010年、2011年过渡季典型周的耗电量（图6）我们可以发现，2011年空调箱典型周（紫色曲线）与2010年（红色曲线）相比工作功率明显增加，由100kW增加到180kW，但是制冷主机的耗电量却在这两个时段表现出明显的变化，其工作功率峰值由2010年的400kW下降到2011年的230kW，同时其开机时间也有一定程度的减少。

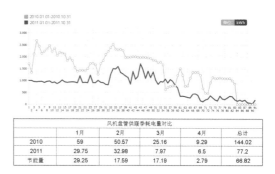

风机盘管供暖季耗电量对比					
	1月	2月	3月	4月	总计
2010	59	50.57	25.16	9.29	144.02
2011	29.75	32.98	7.97	6.5	77.2
节能量	29.25	17.59	17.19	2.79	66.82

图7　风机盘管2010年、2011年供冷季数据对比

综上所述，根据能源管理系统提供的数据分析，广场的管理人员调整了过渡季中央空调系统的控制策略，减少了制冷主机的开启，加大空调箱和送排风机的使用，主要通过广场与室外进行循环换气的方式，而不是通过人工制冷降温的方式带走室内产生的高热量。虽然送排风机及空调箱的耗电量有所增加，但是降低了冷冻站的耗电量，取得了较好的节能效果。

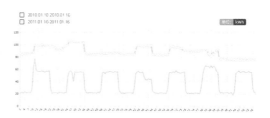

图8　风机盘管2010年、2011年供冷季典型周对比

同时通过能源管理系统，广场的管理人员发现在2010年供冷季内场风机盘管存在大量非营业时段开启的问题。2011年通过加强对该部分设备的管理，取得了显著的节能效果，2011年1月至4月实现节能6.68万kW·h，耗电量同比下降46.39%（图7）。而整个供暖季实现节能10.9万kW·h，耗电量同比下降44%。

从图8比较风机盘管两个典型周的耗电曲线，我们也可以发现，2010年供冷季典型周（点线图）风机盘管始终处于高位运行状态。2011年通过加强管理和调控，我们已经可以从2011年供冷季典型周曲线（线图）中看到较大变化。

案例二　南京建邺万达广场冷热源系统通过准确供需匹配优化

从图9我们可以发现，2011年2月8日气温与2010年同期相比，供暖季及过渡季气温没有明显下降，但是供冷季温度却明显升高。在如此不利的气候情况下，南京建邺万达广场暖通空调系统却依然取得了44.4万kW·h的节能量，同比下降18.59%的好成绩。这得益于广场一线的运行管理人员，通过分项计量与能源管理系统分析诊断数据对广场冷热源系统跟踪气温及负荷变化进行精准调节，时刻保持供需匹配，最大限度地避免"过冷/过热"，实现了能耗的显著下降。

图9　南京建邺万达广场 2010 年、2011 年 2 月 8 月
最高气温对比（绿线为 2010 年，蓝线为 2011 年）

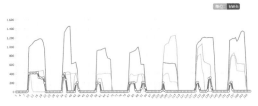

图 10　南京建邺万达广场 2010 年、2011 年制热主机典型周
耗电量对比

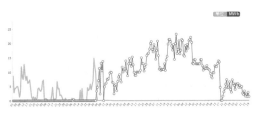

图 11　南京建邺万达广场 2010 年、2011 年供冷／
供热能耗对比

从图 10 我们可以发现，2010 年典型周中制热主机一直处在较高位运行状态，其开启台数及参数设定变化较小。而 2011 年制热主机典型周耗电量曲线（绿色、红色、浅蓝色）则出现较大幅度波动，说明其控制策略响应温度波动进行调节，因此虽然两年供暖季温度相似，但制热主机 2011 年耗电量较 2010 年减少了近一半。

从图 11 看出，2011 年过渡季供冷／供热同时存在的现象得到了明显改善。在过渡季内场热、外场冷的时段，广场大多通过加大内场送排风、利用水系统循环调节等方式替代原有的冷热主机交替开启的方式，实现了一定的节能效果。

案例三：青岛 CBD 万达广场利用自然采光

通过分项计量与能源管理系统的诊断分析，青岛 CBD 万达广场工程部的管理人员发现步行街公共照明有较大的可优化和调整的空间，于是调整了步行街遮阳帘的控制方法，在冬季和过渡季尽可能打开遮阳帘，使用自然采光照明，这样既减少了人工照明的电耗，又可以在冬季利用太阳能为步行街提供部分热能，实现更好的舒适性；而在夏季则关闭遮阳帘，使用人工照明，避免太阳辐射增大冷机的负荷。

此外，广场对步行街照明的控制系统进行了改造，将原有的用于分区控制 24 个时间控制开关调整为两个时间控制总开关，在各区域增加光感传感器，通过传感器感应照度延时开启各区域照明。

从表 3 我们可以看出，2011 年能耗的显著下降主要通过在供暖季降低热泵机组的使用能耗和在过渡季减少了冷热抵消这两方面来实现。图 12 为青岛 CBD 万达广场步行街公共照明两个典型周耗电量实时监控对比曲线，从图中我们可以发现红色曲线无论是开启的时间、下午和晚间开启的最高幅度以及非工作时间关闭的情况与绿色曲线相比均有很大的改善，上述无成本或低成本的节能措施对于步行街公共照明的能耗降低是行之有效的。

表3　冷／热源 2010 年、2011 年耗电量对比

| | 热泵与供冷系统耗电量对比（kW·h） | | | | | | | |
	2月	3月	4月	5月	6月	7月	8月	总计
2010年热泵机组	276577.5	115692.3	60800	75592.84	41964.38	2567.87	502.53	573697.4
2010年供冷系统	385.46	499.15	1447.1	93167.37	234206.5	389982.4	474726.5	1194414
2011年热泵机组	140000	65400	60800	25300	0	0	0	291500
2011年供冷系统	1246	1331	1244	138000	259000	373000	359000	1132821

表4　步行街公共照明耗电量 2010 年～ 2011 年逐月对比

	1月	2月	3月	4月	5月	6月	7月	8月	9月	10月	总计
2010年（kW·h）	65868	75870	89712	59676	48966	47148	60612	59790	65490	56424	629556
2011年（kW·h）	62400	63800	70400	58800	50200	50300	52300	55700	58400	54600	576900
节能量（kW·h）	3468	12070	19312	876	−1234	−3152	8312	4090	7090	1824	52656

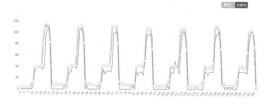

图12　步行街公共照明三耗电量 2011 年典型周对比

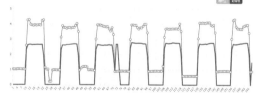

图13　商业扶梯 3 典型周耗电量对比

案例四　重庆南坪万达广场减少非工作时段商业电梯运行

　　分项计量与能源管理系统可以准确发现运行管理中的漏洞和问题，如在重庆南坪万达广场，管理人员通过系统发现商业扶梯经常出现非营业时段未正常关闭的情况。利用实时监控和报警功能，管理人员逐步规范和加强了商业扶梯的运行管理，取得了良好的节能效果，如商业扶梯3,5个半月获得了3692kW·h的节能量，耗电量同比减少36.8%（表5）。

表5　商业扶梯3耗电量2011前5个月与后5个月对比

日期	能耗(kW·h)	日期	能耗(kW·h)	节能量(kW·h)
12.1~12.15	1375	5.16~5.31	749	626
12.16~12.31	1504	6.1~6.15	612	892
1.1~1.15	1251	6.16~6.30	557	694
1.16~1.31	972	7.1~7.15	543	429
2.1~2.15	811	7.16~7.31	552	259
2.16~2.28	756	8.1~8.15	526	230
3.1~3.15	932	8.16~8.31	579	353
3.16~3.31	853	9.1~9.15	553	300
4.1~4.15	564	9.16~9.30	547	17
4.16~4.30	342	10.1~10.15	541	−199
5.1~5.15	6.73	10.16~10.31	582	91
小计	10033	小计	6341	3692

从图13我们可以看出，2011年后五个月典型周（蓝色）与2011年前五个月典型周（粉色）相比，非工作时段开启的问题得到了明显的改善。

分项计量与能源管理系统对于物业的设备系统运行维护管理具有较大作用，从上文的图表分析，我们可以直观地体会到这一点。通过比较相同设备不同时间的能耗曲线，分析其变化趋势和特征，可以快速地帮助我们了解各项节能措施的有效性和节能效果，数据积累的时间越长，越有助于我们发现问题，总结经验。在该系统的支持下，万达集团将通过加强节能管理和高性价比的节能改造，更好地提升万达广场的物业管理水平，取得更大的节能收益。

11

购物中心合同能源管理方式节能的探索

万达商管公司总部　田礼讯

第一节　合同能源管理概念

合同能源管理（Energy Performance Contracting，EPC）是近年逐渐发展起来的市场化节能合作方式，是用能企业和单位以对比往期减少的能源费用来支付节能项目供应商全部成本的节能减排合作方式。这种节能减排合作方式为用能企业和单位用未来的节能收益作为设备技术升级改造的资金来源，最大限度降低目前的运行成本；或者节能服务公司以承诺节能项目的节能效益、承包整体能源费用的方式为用能企业和单位提供节能服务。

合同能源管理（EPC），在国内通常被称为EMC，实际上EMC是"能源管理公司"的简称，也可称为EMCo（Energy Management Company），是一种基于合同能源管理机制运作的、以赢利为目的的专业化公司。国外一般简写为ESCo（Energy Service Company），中文名为节能服务公司。

EMC公司与愿意进行节能改造的客户签订节能服务合同，向客户提供能源审计、可行性研究、项目设计、设备和材料采购、工程施工、人员培训、节能量监测、改造系统的运行、维护和管理等服务，并通过与客户分享项目实施后产生的节能效益、承诺节能项目的节能效益、承包整体能源费用等方式为客户提供节能服务，并获得利润，滚动发展。

EMC公司服务的客户不需要承担节能实施的资金、技术及风险，且可以更快地降低能源成本，获得实施节能后带来的收益，还可以获取EMC公司提供的设备，具有以下三个典型的特点：

一是能耗企业不用资金投入即可完成节能技术改造,所谓"零投入";

二是EMC承担技术风险和经济风险,能耗企业支付给EMC的款项全部来自能源节约所带来的项目效益,用户"零风险";

三是合同结束后,节能设备和后续全部节能效益归能耗企业,因此EMC模式有助于推动节能项目的实施。

第二节　合同能源管理模式需要具备的条件

EMC项目的关键是什么? 是产品的品质。如果产品本身的品质出现问题,将会产生非常严重的后果,直接造成整个项目的失败并产生比较恶劣的影响。EMC对于能耗企业而言是"零投入",成本压力都在于EMC公司,在项目实施过程中,EMC公司除了要收回成本以外,必然要产生经济效益,也就是说投资需要有回报,产生利润。所以对于EMC公司而言,项目分享节能效益时间越长越好,传统EMC项目一般分享期为6~10年。

效益分享周期的长短最关键就是取决于设备的使用寿命,和利益体的效益分配当然也有一定关系。假如LED灯具的使用寿命只有5年,而EMC项目合同签了8年,项目到了第5年还没结束,但很多灯具却失效了,按照合同规定,EMC公司必须更换灯具,因此材料成本、施工成本、维护成本都成倍增加,那么EMC公司就会损失惨重,企业形象也受到影响。

EMC项目另外一个关键条件是,项目的目标单位用能基数要匹配,且有高效能替代设施设备的出现(表1)。以国内目前主流的购物中心为例,15万m²的建筑面积,年耗电高达2千万~3千万kW·h,其中,暖通能耗占比约40%,合800万~1200万kW·h,照明能耗占比约30%,合600万~900万kW·h。很显然购物中心暖通和照明两大系统具有EMC实施的广阔空间。

EMC模式的所有经济效益都是来自于节约的能耗,显而易见,项目的绝对节能量是确保相关利益分配的基础。

表1　LED灯具与普通灯具能耗对比

以商场普通节能筒灯为例(按8寸筒灯核算,在达到同等照明效果,每年365天工作):传统筒灯(内装2盏18W节能灯)	LED8寸一体化筒灯	每支可节电功率	亮灯时间	平均商业电费	年节电
38W(含变压器功率)	15W	23W	12小时／天	1元/kW·h	101 kW·h

第三节　大型连锁购物中心引入合同能源管理方式节能迫切性分析

大型连锁购物中心在运营中，能耗支出占总运营成本的30%～50%，近年来，随着人力成本和能源成本的持续攀升，购物中心的经营压力逐年上升，除了采取多种经营等方式努力增加经营收入外，就是合理压缩能耗支出，同时，合理压缩能耗也符合国家和世界节能减排、可持续发展的大环境要求。

同时，由于大型连锁购物中心在全国同时布局，绝对数量较多，同时直接投资进行技术升级和设备改造，投入太大，购物中心自身难以承受，于是迫切需要引入第三方进行投资的EMC模式，实现共赢。

第四节　大型连锁购物中心 EMC 商业合作模式探讨

一、以 LED 绿色照明为例，针对 LED 照明的特点，前期投入比较大，因此考虑 EMC 模式改造

（1）照明灯具的产权在项目运营期内归供应商所有，合同期后归购物中心所有；

（2）项目改造实施由供应商来完成；

（3）供应商和购物中心对节省的电费按比例分成；

（4）项目运行期内由供应商免费维护，运行期过后供应商提供有偿维护。

二、LED 绿色照明合同能源管理的投入与收益分析

按业内的最优做法，EMC模式的合同签订年限为5年，前三年收益分成比例为供应商占70%，购物中心占30%；后两年收益全归购物中心。在购物中心每年600万～900万kW·h的能耗中，以50%适合EMC改造计算；EMC模式下，供应商承担项目所有的投资成本，其中包括设备的生产、运输、安装、维护等主要环节，每年节省运行电费360万～540万元，前三年，供应商每年所获得的能源节省收益为252万～378万元，购物中心前三年每年所获得的能源节省收益为108万～162万元，后两年则获得全部节能收益；此外，由于供应商负责5年的维护，购物中心一并节省了每年30万～40万元的灯具损耗成本和更换灯具的人力成本。

三、购物中心 EMC 合同能源管理模式实施难点分析

购物中心EMC合同能源管理模式可以实现供求双方的完美共赢，但该模式在实施过程中存在一些不可避免的问题：由于购物中心运营的特点和四季气候的变化，灯具每天的使用时间很难绝对一致，造成节约能源审核计量工作复杂烦琐，合同细节比较复杂，项目前期及运营中花费精力比较多。

为此，我们经过与EMC供应商长期共同探索，进行EMC商务合作模式的改进：在项目实施前根据不同种类灯具在购物中心使用的时间规律，共同确定一个比实际使用时间稍短、双方均可接受的时间段长度；项目实施前后，实测灯具更换前后的功率差值，然后根据以上数据，依次计算核定本项目每月、每年的节能量，并按此基准分享效益，以上问题也就迎刃而解。从而，购物中心EMC合同能源管理模式节能具备了推广复制、普及的可能，节能减排"不再难"！

第五节 沈阳铁西万达广场、沈阳太原街万达广场大商业 LED 绿色照明改造试点实施案例

在万达集团节能小组、万达商业规划研究院、成本部等部门共同支持下，2012年，商管总部在沈阳铁西万达广场、沈阳太原街万达广场进行大商业LED绿色照明改造试点，经对室内步行街各功能区域、各种类型的照明灯具每天的运行时间、节能潜力综合评估，我们选取了日使用时间超过8h的2×13W、2×18W、2×26W的普通节能筒灯、36W的日光灯管作为试点改造对象，分别更换成1×9W、1×12W、1×15W和13W的LED灯管，覆盖全部应急照明、室内步行街一、二层的普通照明和卫生间照明等，经单点测试，节电率约65%。

从表2、表3可以看出，改造前铁西万达广场、太原街万达广场普通灯具日耗电量分别为2231kW·h和2288kW·h；对比目前应用广泛的普通节能灯具，改造后LED灯具具有直流无频闪、照度一致性好、显色指数高等诸多的优点，改造后室内步行街的照明品质明显上了一个台阶（图1、图2）。

经过两个月的测试运行，铁西万达广场、太原街万达广场改造目标区域日均绝对节电分别达到1175kW·h和1323kW·h，绝对节电率分别达到了52.64%和57.82%；考虑到实施改造时间为9月，正好处于秋冬换季时间，改造完成后的测试运行期日照时间较夏季短，以及商场在此期间夜间施工增加的照明等带来的使用时间的延长，实际的节电量还要更多，与单点测试数据吻合。

图1 LED灯具

图2 工程验收

表 2　沈阳铁西万达广场 LED 灯具改造明细

序号	替换灯具	改前功率（W）	改后功率（W）	日运行时间（h）	更换数量（盏）	改造前日耗电量（kW·h）
1	12W（替换 2×18W）	36	12	24	621	536.54
		36	12	12	1637	707.18
		36	12	4	721	103.82
2	9W（替换 2×13W）	26	9	12	392	122.30
3	15W（替换 2×26W）	52	15	24	24	29.95
		52	15	4	48	9.98
4	13W（替换 41W 传统灯管）	41	13	24	415	408.36
		41	13	12	635	312.42
		41	13	0.3	50	0.62
5	合计				4543	2231

表 3　沈阳太原街万达广场 LED 灯具改造明细

序号	替换灯具	改前功率（W）	改后功率（W）	日运行时间（h）	更换数量（盏）	改造前日耗电量（kW·h）
1	12W（替换 2×18W）	36	12	24	520	449.28
		36	12	12	3025	1306.80
2	3W（替换 8W）	8	3	12	559	53.66
3	15W（替换 2×26W）	52	15	24	175	218.40
		52	15	12	416	259.58
4	合计				4695	2288

第六节　小结

通过本次LED绿色照明试点改造的实践，我们发现，由于灯具运行功率是非常稳定的，改造前后的功率节约率也就非常稳定，试点改造圆满成功，建议有序推广。

同时，我们也看到最终计量的绝对节电量与计算节电量是有偏差的，主要是因为运营中对比样本的变化，如运营时间的变动、夜间施工照明、多种经营用电混搭、冬季日照时间减少等，故之后的计量中建议进行抽样加表计量，保证改造前后运行条件一致。

改造前对拟改造灯具的使用时间核定尤为重要，务必选择使用时间较长的灯具类型作为合同能源管理的改造对象，以保证节能量的实现。在建设了能源管理平台的广场实施改造，节能量的核算将更加准确和简单可靠，企业的节能足迹也能在能源管理平台中生动再现！

12 建筑能源信息管理系统与集团化节能管理

万达商管公司总部　赵立东　田礼讯

目前，节能减排已成为我国基本国策，建筑节能是全国节能减排大战略的重要组成部分。这其中，建筑能源管理系统建设是实现集团化节能管理的基础，也是行之有效的节能手段。建筑节能，一切以数据为基础，准确合理的能耗管理系统不仅是集团化节能管理中发现问题的依据，也是检验节能效果的标准。

第一节　建筑能源信息管理系统的作用和意义

一、建筑能源管理系统对于建筑节能工作的必要性

大型商业建筑节能的目标是在保证服务品质的基础上降低实际运行过程中的能源消耗。要实现这一目标，需要有准确翔实的能源数据作为能耗分析、统计、诊断的基础。建筑节能，一切以数据为基础，这不仅是发现问题的依据，也是检验节能改造效果的标准。"No Measurement，No Management"。没有对实际用能数据真实全面的掌握，就无法科学有据地找到建筑节能的工作方向，进而无法开展"以用能数据为导向的建筑节能"。

大型商业建筑功能复杂，用能设备系统繁多。不同用能途径对应着不同用能系统，不同的用能系统又由不同的运行管理主体负责。如果仅针对一座建筑物的总能耗进行计量，就难以掌握建筑内各用能系统的实际用能状况，也就不能真正有效地管理和指导具体的节能工作。只有根据用能系统的性质和所归属的管理运行方，对各用能子系统的用能情况进行分项计量，才能了解各用能子系统的真实能耗状况。同时，为了观察各个设备子系统的运行规律和某些典型工

况下的运行效率，每周甚至每天一个能耗数据，已经无法满足后期分析及诊断的要求，更大密度的数据采集势在必行。基于上述两点原因，人工抄表加手工记录等相对原始的数据采集方式已不能满足这种多分项高密度数据采集的要求。此外，庞大的能耗数据还需要一系列的维护、储存和查阅工具来进行辅助管理。能对建筑内各用能子系统进行详细分项、分系统计量，并通过相应能耗模型对数据进行统计分析的建筑能耗管理系统应运而生，将成为衡量建筑用能是否合理的"尺子"，推动建筑节能的"工具"。

二、基于建筑能源管理系统的商业建筑节能管理

基于建筑能源管理系统进行"以能耗数据为导向"的建筑节能管理工作，将使商业建筑节能运行管理从简单粗放的定性管理转为科学细致的定量管理，将建筑节能工作引入一个定量化、科学化地发展阶段。我们将商业建筑节能管理工作分为日常运行管理调节和关键设备系统节能改造两种类型。下文对这两种类型的工作进行分别阐述（图1）。

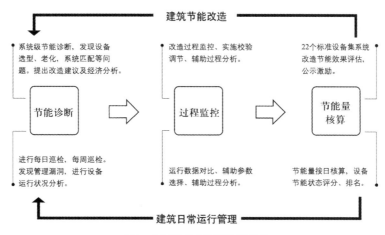

图1 商业建筑节能管理的两种类型

（一）日常运行管理调节

日常运行管理调节也就是我们常说的"管理节能"，主要是通过寻找并消除能耗漏洞或管理漏洞、调整或改变运行参数、关闭或减小无关用能单元，在不增加投资的情况下实现节能的一种管理手段。日常运行管理调节发挥作用的周期往往以日或者周计，单次工作的节能效果并不十分显著（与节能改造相比），需要日积月累不懈努力才能产生显著效果。建筑能源管理系统在日常运行管理调节中可以起到至关重要的作用。

首先，通过监测各个设备子系统的能耗变化趋势，管理人员可以轻易地发现能耗突增或非工作时间用电等异常用电现象；通过比较几个相关用能单元的用能比例，管理人员可以找到需要调整运行参数的系统匹配不当设备。在能耗数据的支撑下，管理人员不仅能监测诊断公共照明、电开水器等通过肉眼观察就能发现问题的设备系统，更可以实现对空调系统、送排风机、

动力系统等比较复杂或是无法观察到的用能单元的快速诊断，并找到改进调节的方向。管理节能是否能真正持续发挥作用，很大程度上取决于发现并诊断问题是否快速简便。例如为了检查一个风机是否在非工作时间关闭而巡检20个楼层，显然不能成为一种管理节能诊断的常态。建筑能源管理系统很大程度上简化了日常管理节能诊断的工作，降低了发现问题的成本。

其次，对于一些需要通过调节参数以期达到设备系统匹配目的的管理节能手段，在调节过程中对能耗变化的监测也是非常必要的。例如空调系统中各子系统之间存在一定的关联关系，我们使其协调匹配运行的能耗策略往往会随着环境、时间以及系统本身老化程度的变化而动态变化，即不同的工况条件下有着不同的最优化运行策略。因此，需要一套能源管理系统监测分析管理人员对设定参数的改变或工况的调整是否使系统更加匹配。反映设备系统运行状态参数的BAS系统和反映设备能耗的建筑能源管理系统可以配合管理人员进行上述工作。

最后，如上文所述，与节能改造相比，管理节能的作用周期较短，单次工作节能效果不明显，需要通过持续地关注、调节来获取显著收益。因此，调动一线运行管理人员的主动性、积极性往往成为决定成败的关键因素。使用建筑能源管理系统内置的节能量核算子系统，通过对节能量的累计与核算，运行管理人员可以清楚地看到节能量随着调节管理的增加而增加，从而有效激励运行管理人员对节能工作的热情。此外，基于真实能耗数据核算的节能量，还可以成为集团领导考核一线运行管理人员的重要指标。

（二）关键设备系统节能改造

关键设备系统的节能改造，是目前商业建筑主流的节能手段。为响应国家号召，降低运营成本，许多大型商业建筑每年投入几十万甚至上百万的改造费用。但是对于节能改造方案的选择，管理决策人员往往从现有的技术列表中筛选或根据成功经验移植，即选择先进的（或者最新的）节能改造技术，或选择已经在其他项目中获得成功经验的节能改造产品。但是由于缺少实际能耗数据的支撑，列表中所谓的先进技术或成功经验往往与实际情况脱节，难以用最优化的方式获得相应的节能效益。

设备系统节能改造的目的，有的是为了解决因早期设计缺陷而造成的系统选型或者比配不当的问题；有的是为了更换某些因老化而造成性能下降的关键部件；有的是因为出现了当初没有的对性能有显著提升的新产品技术；还有的是通过增加自控设备提高某个设备系统的管理调节水平。节能改造的出发点应该根据建筑物的实际问题"对症下药"，选择性价比最高的改造方法和手段。这里的性价比不是指本身性价比高的产品或技术，而是指对某个特定建筑的实际情况投资小见效大的方案路线。

在节能改造前期，建筑能源信息管理系统的主要作用除了记录改造前能耗数据用于对比评价改造结果以外，更重要的是通过分析数据、诊断发现阻碍设备系统提高效率的主要问题，计算节能潜力（即预期收益），再寻找能解决该问题的技术方案和产品，比较收入、产出关系，设定改造系统性能及节能量目标。

在节能改造过程中，通过建筑能源信息管理系统观察接受改造的设备系统实际能耗水平及使用效率，考核该系统与能源消耗相关的实际运行性能是否确实达到设计要求，是否能够落实。调试过程中通过观测其运行曲线及能耗趋势，优化设定参数及控制策略，最后达到与设计相符合的运行工况水平。

正式投入使用后，通过建筑能源信息管理系统节能改造效果进行客观的科学的评价。评测节能改造工作是否达到设计时计算的节能潜力要求，通过计算和比较改造前后该系统的能耗数据核算此项工作的节能量，最终促进节能改造工作良性发展。

使用建筑能源信息管理系统管理支撑节能改造工作的全过程，就是要以实际的子系统能源消耗数据贯穿始终，以数据分析提出目标开始，以数据对比落实成果收尾，让整个改造过程可预测、可控制、可计算。

第二节　集团级能源信息管理中心与集团化节能管理

建立集团级建筑能源管理中心，也就是建立集团内部各个建筑运行能耗数据的采集、汇总、比较分析平台，其作用除了上文提到的指导并辅助各单体商业建筑进行全过程节能管理以外，还将使集团内部的各建筑从彼此隔绝的独立管理，转变为在一个相关群体内的相互对照、彼此促进的集团化管理；从分散的经验型管理，发展成规范化、可复制的科学管理。

一、集中管理多个建筑能耗数据的实用价值

对于一座建筑物某一单一用能子系统，唯一可以参照和比对的就是这个系统以前的用能数据。但这样的比较仅能了解单个建筑自身的变化，缺少获得其能耗相对水平的数据支持。根据调查对于大型商业建筑，同样功能类型建筑内同一用能子系统，不同建筑间的单位面积能耗可能有几倍甚至十余倍的差别。那些高能耗建筑的管理者，通过了解自己管理的用能子系统与其他同类建筑同类系统的差异，可以知道各自可能的节能潜力，对改善管理、降低能耗有非常实际的作用。尤其是对于像万达广场这样业态相同、营业特点相似的集团化连锁性企业，这样内部的比较参考性更强，价值更高。集团内部同类建筑、同类子系统的历史数据，还可以为新建项目的设计提供必要的参考和指导，设计部门可以通过这些经验数据，进行全面的系统模拟分析，预测各用能单元的实际全年用电量，从而校核各个设计参数。

"数据的准确，决定了决策的准确"。通过采集和汇总集团内各商业建筑的分项能耗数据，集团的管理者可以集中专家和专业技术人员力量持续地对其进行深入分析和对比，寻找其共性问题，及时向一线运行管理人员发出各种提示和提供节能指导。集团主管部门通过全面了解各建筑各子系统的实际用能情况，可以最大限度地获得与之相关的决策依据，制定能源战略，进而开展全集团范围内的节能管理工作，例如节能评定、用能定额管理等等。

二、建筑运行能耗指标体系

建筑运行能耗指标体系，也就是系统地提出建筑中各设备子系统运行能耗的参考建议值，它好像一把"标尺"，可以让管理者不仅知道各设备子系统的能耗"是"多少，还能知道它们"应该是"多少，帮助运行管理人员客观评价各设备子系统的运行能耗水平。

建立运行能耗指标体系有很多方法，最简单地就是统计一个建筑内各设备子系统多年的历史数据，求得历史平均值，靠这种"自己跟自己比"的方法，来指导今后的运行管理工作。据调查，该方法也是目前众多商业建筑评价用能管理水平广泛采用的手段，但是，由于受历史数据不足、气候差异、系统老化、设备系统差异等诸多因素影响，该方法获得的指标值并不能客观评价系统的真实水平。比如，某个设备系统本身性能差效率低，但多年运行能耗稳定，使用这种与历史值比较的方法就不能发现问题。为屏蔽设备系统、气候差异等问题，我国政府通过统计大量的同类建筑历史能耗数据，建立的地区级能耗指标体系，就更加客观和科学。比如北京市新建大型公建用能参考指标（表1），给出根据北京市公共建筑实际运行能耗调查结果得到的"建筑直接用能"参考上限，也就是在目前技术水平下，在满足建筑使用的各项功能与服务标准的前提下，应该能够实现的用能上限。以上两种方法都是通过历史数据统计，获得静态的标准值数据。表2给出的分项能耗指标可以评价各分项能耗的高低，当被评估建筑的实际分项能耗指标超过上述限值时，即判断该指标超标。

表1　北京市大型公建用能参考指标

	单位	政府办公楼	商务办公楼	宾馆	商场
暖通空调系统耗电量指标	kW·h/(m²·a)	26	41	59	120
照明系统耗电量指标	kW·h/(m²·a)	15	24	18	70
室内设备耗电量指标	kW·h/(m²·a)	22	35	15	10
电梯系统耗电量指标	kW·h/(m²·a)	33	—	31	5
给排水系统耗电量指标	kW·h/(m²·a)	11	—	60	2
总耗电量指标	kW·h/(m²·a)	78	1241	34	240
供暖耗热量指标	GJ/(m²·a)	0.25	0.25	0.40	2

如果建成集团级建筑能源管理中心平台，可以根据集团内建筑的分项能耗数据，建立适用于集团建筑特点的动态能耗指标体系。该体系可以每周或每月统计一次数据，得到当周或当月的动态能耗指标，方便快速地评价一线管理人员日常的运行管理水平。特别像万达广场这样具有连锁性质且业态较为一致的商业建筑群，运用特定的动态能耗指标体系进行管理尤为重要。表3中列举了由万达集团和清华大学共同开发的万达广场动态能耗指标体系。

在该体系中按月统计各耗能指标单元的能耗，然后除以其对应的面积得到建筑耗能指标。假设所有建筑的能耗指标都是服从正态分布的，根据每个单元能耗指标求统计平均差和标准差，再

表2 北京地区大型公共建筑各分项能耗定额

建筑功能	用电参考指标（不包括采暖）	其中采暖能耗
政府办公建筑	72kW·h/(m²·a)	250MJ/(m²·a)
商务办公建筑	105kW·h/(m²·a)	250MJ/(m²·a)
宾馆	141kW·h/(m²·a)	400MJ/(m²·a)
大型商场	210kW·h/(m²·a)	200MJ/(m²·a)
小型商场	140kW·h/(m²·a)	300MJ/(m²·a)

表3 万达广场动态能耗指标体系

公司名称		指标	北京	青岛	重庆	南京
万达广场用电指标〔kW·h/(m²·月)〕		12.53	13.8	7.3	8.6	10.6
万达广场电梯用电指标〔kW·h/(m²·月)〕		0.51	0.341	0.243	0.609	0.224
万达广场主力店能耗指标〔kW·h/(m²·月)〕		15.07	17.4	7.5	9.4	11.1
万达广场主力店能耗指标〔kW·h/(m²·月)〕		67.41	68.1	52.6	62.9	63.4
万达广场步行街商户能耗指标〔kW·h/(m²·月)〕		21.14	20.4	15.7	20.7	19.7
空调能耗考核指标	暖通空调用电指标〔kW·h/(m²·月)〕	3.59	1.226	0.83	0.64	4.822
	步行街公共空调末端用电指标〔kW·h/(m²·月)〕	—	—	—	—	—
	供暖能耗〔GJ/(m²·月)〕	—	—	—	—	—
商管用房耗电考核指标〔kW·h/(m²·月)〕		11.56	6.3	12.8	9.2	8.6
停车场能耗考核指标〔kW·h/(m²·月)〕		0.66	0.465	0.335	0.549	0.732
步行街公共能耗考核指标	照明用电〔kW·h/(m²·月)〕	8.75	4.6	7.3	9.8	3.538
	室内步行街用电指标〔kW·h/(m²·月)〕	13.04	7.7	9.5	15.1	4.7

（统计时间段：2010年12月份）

按照公式将两者相加，得到万达广场该用能单元的能耗指标。由上表可见，指标体系根据万达集团建筑业态划分用能单元，对集团内部同种类型业态的建筑有很强的适用性。此外，总用电指标、总暖通空调用电指标、电梯用电指标等公共建筑中普遍存在的用能单元，该指标体系的数据也具备一定的对比价值。整个指标体系每月动态计算生成，可以屏蔽季节差异等因素。未来也会考虑加入客流量、气候带等因素调整参数，以期获得最客观的能耗评价标准。

三、以实际运行能耗指标为导向的大型商业建筑节能全过程管理

由于商业建筑节能涉及建筑从规划、设计、设备采购安装、运行调试到运行管理等各个环节，因此针对不同阶段有不同的标准评审机制以及管理措施。

在建筑初步设计及规划阶段，最重要的节能措施应该是如何将建筑设计及室内设计理念与节

能技术理念恰当地结合和落实；针对商业建筑的地域性、建筑造型设计、商业用途、使用方式等的不同找到真正切实有效的节能技术与之相匹配。避免盲目地选择"多、大、新"的技术，忽略个体差异性而造成的节能措施反而费能的问题出现。同时，在详细设计阶段、施工验收阶段、调试运行阶段以及运行管理阶段，也相应出台了多项节能标准及评价体系等。然而，近年来出现很多各个阶段标准与措施相互脱节甚至相互矛盾的情况，造成如下问题：前一阶段满足各项标准，而在下一阶段却不再符合；某一阶段遇到问题在本阶段很难解决时是否将上一阶段通过验收的设计推倒重来；在建筑通过验收以后，实际运行中出现大量问题，能耗过大，导致新建不久的建筑又要进行节能改造等等。建筑节能的效果与整个建筑设计、建造到运行管理全过程都有着密切关系，每一个环节都密不可分，每一个环节的失误都会造成最终建筑用能的浪费。

对于规划—设计—设备采购安装—运行调试—运行管理这个全过程而言，建筑节能全过程管理就是从统一的节能目标出发，针对不同环节的特殊性，得到每个环节的具体目标和条件，使每个环节既不重复也不矛盾，相互衔接通畅，从而达到节能目的。下面分别讨论每个阶段的节能管理工作：

（一）规划阶段

此阶段的主体是开发商和规划主管部门。规划部门从交通、市容、环境、功能等方面考察项目，提出限高、容积率、绿化率等限制指标，在节能考核方面，提出相应的建筑用能指标，该指标是根据建筑的规模和功能确定的全年用能上限，这一数值将成为建筑建设以及今后运行管理时的用能依据，这一数值将在规划阶段规避建筑高耗能的外观（玻璃幕墙）及容积率设计。因为商用建筑用能以用电为主，其他能源如燃气、燃油、城市热网用热量等均可折合成等效电统一核算，具体折算方式如表4所示。

怎样科学公平地确定这一用能指标，是这一个措施能否实行和落实的关键所在。对于集团化管理而言，如何确定集团下同类商用建筑的规划用能指标，也是这一管理的关键所在。因此，通过分项计量得到实际运行能耗的"建筑直接用能"参考上限，也就是在目前技术水平下能够满足建筑使用功能和服务水平前提下的实际用能上限。此处"建筑直接用能"包括采暖、通风、空调、电梯等设备和生活热水能耗，不包括数据中心等特殊功能设备用电。

（二）初步设计阶段

此阶段的主体是开发商或业主与设计主管部门。开发商通过方案招标方式或其他方式，确定建筑方案和能源相关系统的初步形式，并且确定主要责任方。本阶段与节能管理关系最大的部分就是方案评审过程。方案评审过程就应该包括对设计方案的运行能耗论证报告评审，也就是说明为什么所提的方案可以使实际运行能耗控制在上一个阶段中确定的建筑用能指标限制以内。

（三）详细设计阶段

此阶段的主体是各相关设计部门。在这个阶段将完成全套的工程设计文件，同时应当做全面的系统模拟分析，预测各个用能分项的实际全年用电量，校核如同窗墙热阻、空调系统冷

表4 能源等效电折算表

能源种类	计量单位	单位热量	单位等效电
电力	kW·h	3600kJ/kW·h	1kW·h
燃气	m³	38970kJ/m³	7.133kW·h/m³
柴油	kg	42696kJ/kg	7.816kW·h/kg
饱和蒸汽(0.4Mpa)	kg	2600kJ/kg	0.8954kW·h/kg
热水(95℃/70℃)	MJ	1000kJ	0.064kW·h/MJ
热水(50℃/40℃)	MJ	1000kJ	0.039kW·h/MJ

水循环量、水系统压降等各个设计参数,使得各项设计参数相互配合能够满足总的建筑用能指标。在此基础上,应当确定每个用能分项的全年能耗量,例如空调、照明、设备等;同时还能确定对系统各项详细指标的需求和定量要求,例如系统COP、冷机COP、水系统和风系统的输送系数等,这样可以进一步为下阶段的设备采购和预定打下基础。

(四)主要设备与部件的采购

采购过程中,在满足订购设备的用途和功能前提下,应当根据详细设计阶段的设备性能参数检查所订购的产品是否满足节能要求,落实设备性能的各项详细指标。

(五)验收与调试

此阶段的主体为开发商或业主与建造施工方。对于验收和调试过程,需要对设备的效率与系统的能源转换效率进行测定、校核和验收。如果每个子系统的能源效率能够落实,达到详细设计阶段的要求,那么整体的用能指标就能够达成。另外随着基于模拟分析的系统方法逐渐完善,验收与调试过程中可以通过实测几个典型工况点的系统性能与模拟相应工况的性能进行比对,从而完整科学地给出能耗指标的满足情况。

(六)节能运行管理

在通过以上各个环节的验证后,一般情况下,建筑投入正常使用后的能耗能控制在预定指标内。科学管理实现节能,关键是对各个分项用能进行分项监测和实时分析。可以根据详细设计阶段的模拟分析结果,给出各个分项日用能的参照值。根据不同子系统特征,考虑外温、湿度、建筑使用率等因素得到当天的各个分项用能限值,对比分项计量数据,及时发现当日问题,并改善运行管理策略及修复设备问题,从而使全年能耗控制在预定指标内。

以上给出的全过程管理体系,主要是以约束建筑用能量为总体目标。在建筑从设计建设到投入使用的各个阶段,将节能目标分解为各个阶段的具体任务和指标,这样就实现了定量化的节能管理体系。其中仍有许多内容和方法需要进一步研究探讨,包括指标的形式、获取方法、参考数值等等。这些需要在工程案例中不断摸索完善,最终形成标准化的可推广的全过程管理方法。

万达集团 | 建筑节能丛书

第 四 篇
技 术 研 究

1

2012 年万达集团节能技术突破

万达商业规划研究院　范珑

第一节　绿色建筑标识从设计扩展到运营

继2010年广州白云等3个万达广场获得绿色建筑设计标识之后，2011年和2012年开业的万达广场全部获得了绿色建筑设计标识，2012年还有10个酒店项目和12个住宅项目也取得绿色建筑设计标识，万达集团开发的项目正朝着全面获得绿色建筑设计标识的方向发展，各种业态的设计技术标准已经全面符合国家绿色建筑评价标准的要求。更令人振奋的是，2012年还有10个万达购物中心取得了绿色建筑运行标

图1　绿色建筑运行标识

识，这是万达集团商业项目第一次获此荣誉，也是中国的商业项目首批获得绿色建筑运行标识。10个项目的获评，标志着万达集团绿色低碳常态化工作有了大幅提升，标志着万达集团商业项目绿色节能首次由设计建造扩展到运营管理，标志着万达商业管理公司的管理水平达到了国际先进水平，同时也标志着中国商业建筑进入绿色运营时代，实现了中国绿色商业建筑零的突破！

如果说绿色建筑设计标识注重的是设计成果，那么绿色建筑运营标识则是检验施工环节对设计图纸的落实、施工过程的环保措施以及运营环节中节能环保措施的执行情况。相比绿色建

筑设计标识，绿色建筑运行标识的获得更难，要求建筑运行一年以上，并现场核查合格才能授予，所以绿色建筑运营标识是对建筑绿色水平的真实检验，获得绿色建筑运行标识的建筑才能称得上真正的绿色建筑。首批获得绿色建筑运行标识的福州金融街、武汉菱角湖、广州白云三个万达广场，每年可节电1443万kW·h，减排二氧化碳0.89万t、二氧化硫55.34t、氮氧化物15.87t，节能减排效果十分显著。

第二节 强调 BA 系统作用探索集成管理

万达广场的主要能耗来自机电系统，降低能耗的关键在于运行管理，BA（Building Automation，楼宇自控）系统就是实现节能管理的有效手段。在强调BA系统建设的同时，万达集团结合企业运营管理的需要，在整合弱电系统的基础上，联合专业的研发团队，提出"一键式"集中管理的控制模式（图2）。

"一键式"集中管理是通过建立集中控制平台，将暖通空调、给排水、变配电监视、火灾报警、视频监控、防盗报警、门禁管理、电子巡更、公共照明、夜景照明、电梯监视、客流统计、停车管理、信息发布、背景音乐、能耗计量等16项智能设备系统的控制管理集成在一个管理界面上，在降低人工成本、保证运行品质的基础上实现降低运行能耗的目标。

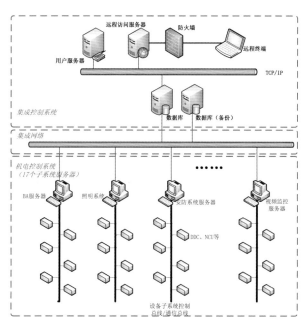

图2 BA 系统模式图

"一键式"集中控制系统的整体架构如图3所示，在原有BA系统等多个弱电子系统基础上增加了具有Web功能的集成化监视平台、监控服务器和协议转换网关完成数据交换，从而实现通过"一键式"集中控制系统对各个子系统的监控。"一键式"集中控制系统把各种子系统集成为一个"有机"的统一系统，其接口界面标准化、规范化，完成各子系统的信息交换和通信协议转换，实现五个方面的功能集成：所有子系统信息的集成和综合管理，对所有子系统的集中监视和控制，全局事件的管理，流程自动化管理。最终实现集中监视控制与综合管理的功能。

在系统运行过程中，管理人员可以通过用户服务器提供的管理程序和界面，通过操纵模式按键，改变系统的运行模式。"一键式"系统将模式转变命令发送给各个子系统控制。子系统服务器预先存有各种运行模式的自动执行程序，从而实现各种模式下各个子系统的自动运行。此外，用户服务器安装有集成优化控制管理程序，可以综合各个子系统的运行现状，给出更优化的运行方案，自动修改运行模式或设备运行状态，并发送给子系统服务器执行。

"一键式"系统最主要的管理任务如下：

（一）集中的管理

全面掌握建筑内所有机电系统的实时状态和故障报警。

（二）数据的共享

通过集成系统将原本各自独立运行的系统联通，实现不同系统之间的信息共享和协同工作，例如：客流统计系统发现商场内客流量出现较大变化时，可以主动调整空调系统的运行。

（三）能耗分析

通过能源管理系统收集的各类设备的用电情况，对照计划用能指标，及时优化设备运行状况。

"一键式"集中控制系统更多突出的是管理方面的功能，即全面实现优化控制和管理，节能降耗、高效、舒适、环境安全的目的。"一键式"集中控制系统还是一个强大的开发平台可以建立相对固定又比较复杂的应用系统，将来可与企业资源计划系统（Enterprise Resource Planning，ERP）集成的应用系统，完成管理控制一体化工作。

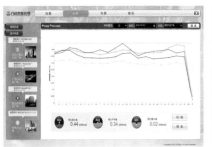

图3　管理平台对各店管理操作界面

第三节　推广用能监测实现降耗目标

2012年，万达集团已用电分项计量为基础建立起能源管理平台，新增21台服务器终端和364余台采集终端，利用集团现有网络和9669块网络采集仪表，实现对956万 m² 商业面积的能耗进行统计和数据传输。

按照万达集团2012版建造标准和商业管理的需要，变电室各低压出线回路上已经安装了数字式计量表。能源管理平台建设过程中充分利用现有表具，评估仪表的适用性，保证数据采集的可靠性，更换不符合要求的仪表。对重点用能设施如：制冷机房冷冻、冷却水循环泵等设备增加测量仪表。对现场各配电支路进行细致分析，纠正不准确的支路命名，对部分主要用能支路进行能耗拆分，确保检测数据符合万达集团既定的能耗监测参考模型。

建成后的能源管理平台可根据集团总部确立的能耗定额指标管理体系，各广场进行能耗跟踪，并应用能耗分析管理工具，对重点用能环节进行过程追溯和对比分析，以确保针对每个广场能源管理既有宏观全局又有重点微观局部，行使的节能管理手段科学有效。针对冷冻站、空调末端、步行街照明、停车场、室外照明、电梯等重点用能分项进行全年度多广场对比分析，同时从时间纵向维度和各广场间横向维度比较其差异，分析其差异产生的原因，为节能管理和节能改造指明方向。根据广场每日捕捉到的运行功率峰值、冷机开机策略及负载率，对该广场的变压器容量设计、冷机装机组合设计进行分析，并为今后新建广场的机电及暖通空调的设计提供建议和参考；将能耗定额指标与各广场绩效考核相结合，节能运行管理水平纳入一线管理人员考评体系；结合定额与对标，实现总部对各广场节能工作在统一评价标准下的管理及考核。在总部建立了"万达商业管理能源管理多屏展示平台"同时监测所以在线万达广场的实时能耗及指标情况，可同时对各地万达广场进行能耗考核和节能成果展示。

在各广场部署的节能管理诊断系统及配电实时监控系统，可以快速发现异常时段用电、能耗突增等运行管理问题及功率因数过低、三项不平衡等配电系统问题，同时，还可对配电支路的电流、电压、功率进行实时监测，对过流、欠压、功率超限等用电事故快速报警并准确响应，增强了各广场物业的安全运行水平。各广场还部署了多种商业租户能源管理工具，可对各租户的功率峰值、能耗水平等方面进行实时的监测与管理，还在部分广场将商户预付费系统并入了能源管理系统中，实现了商户能源管理的集成。

经过能源管理平台的数据统计，万达集团2012年已开业项目的实际能耗平均降幅超过3%，达到了《万达集团节能工作规划纲要（2011-2015年）》规定的节能目标。

21 如何利用中央空调控制 PM2.5

万达商业规划研究院　范珑

　　PM2.5是指大气中直径≤2.5μm的颗粒物，也称为可入肺颗粒物，每立方米空气中PM2.5的含量越高，说明空气污染越严重。在城市中PM2.5的主要来源于火力发电、工业生产中化石燃料燃烧和汽车尾气。由于PM2.5粒径小，含有大量的有毒、有害物质，在大气中的停留时间长、扩散距离远，所以对人体健康的影响更大。医学专家认为，由细颗粒物造成的灰霾天气对人体健康的危害甚至要比沙尘暴更大，这是由于粒径10μm以上的颗粒物，会被挡在人的鼻子外面；粒径在2.5μm～10μm之间的颗粒物，能够进入上呼吸道，但其中部分可通过痰液等排出体外，其余的也会被鼻腔内部的绒毛阻挡；而粒径在2.5μm以下的细颗粒物，直径相当于人类头发的1/10大小，不易被阻挡，被吸入人体后会直接进入支气管，引发多种疾病。研究结果表明，PM2.5的浓度越高，呼吸系统病症的发生率也越高。有资料显示，2006～2010年，北京、上海、广州、西安和沈阳5个城市的PM2.5年平均浓度都在55μg/m³以上，而欧美发达国家的PM2.5年平均浓度普遍低于15μm/m³。

　　图1显示的是2001～2006年全球PM2.5平均浓度，图中表示PM2.5浓度最高的红色出现在北非、东亚和中国，我国华北、华东和华中地区PM2.5的浓度接近80μm/m³。

　　有关PM2.5浓度的标准，最早是由美国在1997年提出的，到2010年年底，一些发达国家已将PM2.5浓度限值纳入标准并进行强制性限制。2005年，世界卫生组织在两次修订《欧洲空气质量准则》的基础上，发布了适用于全球的《空气质量准则》，规定了颗粒物、臭氧、二氧化氮和二氧化硫的指导值，并在指导值的基础上提出了逐步达到指导值的过渡期阶段目标值。对于颗粒物指导值，世界卫生组织给出了过渡期3个阶段的目标，PM2.5浓度的3个阶段年平均目标值分别规定为35μg/m³、25μg/m³和15μg/m³，24小时平均目标值分别规定为75μg/m³、50μg/m³和25μg/m³。2012年2月，国家环保部和国家质量监督检疫检验总局联合发布《环境空气质量标准》（GB 3095-2012），将于2016年全面实施。新标准中增设了PM2.5浓度限值，如居住区、商业交通居民混合区等地的年平均浓度限值和24h平均浓度限值分别定为35μg/m³和75μg/m³，限值与世界卫生组织过渡期第1阶段目标值相同。

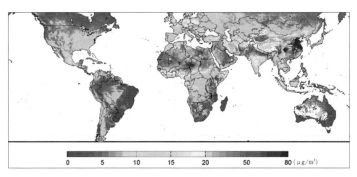

图1　2011～2006年全球PM2.5含量平均值统计图

中央空调是现代化建筑中不可缺少的系统，可以为使用者提供健康、舒适的室内环境。一般民用建筑的舒适性空调只对室内温、湿度和新风量控制，而对空气洁净度要求不是太高，所以空调设备中安装的大多是普通初效或袋式中效过滤器。中央空调设有专门的新风系统从室外采集空气，并按照人体健康的卫生要求，单位时间内向室内输送一定的新风。随着人们对大气环境污染的重视，空调系统的过滤效果受到了更多的关注。

中央空调系统是通过过滤的方式来去除空气中的污染物，而空气过滤的原理主要是拦截和捕捉。空气中的尘粒通过无规则运动、随气流惯性运动或受电场力的作用而移动，当运动中的尘粒撞到障碍物时，尘粒与障碍物之间的形成的作用力使其被捕捉。空调系统的空气过滤器多采用较细的纤维材料制作，杂乱交织的纤维形成无数道屏障，而纤维间的空隙允许气流通过，过滤器既能有效地拦截尘粒，又不会对气流形成过大的阻力。

过滤器效率是指过滤后捕捉到的尘粒量与过滤前空气中的总尘粒量之比，过滤效率越高表示过滤后的空气越干净。空气中直径大于0.5μg的尘粒主要做惯性运动，尘粒直径越大，惯性力越强，撞击障碍物的可能性越大，因此过滤效率也越高。与PM10相比较，PM2.5尘粒的直径较小，采用普通的过滤方式较难去除。

静电过滤是一种较新型的过滤方式。空气通过高压静电场后，尘粒带正电荷，然后被集尘板捕捉。如图2所示，静电空气过滤器前一般设有预过滤，然后是能产生离子的静电场，最后是收集段。静电过滤与传统过滤方式相比，具有空气阻力小、使用寿命长等特点。另外，高压静电场产生的等离子体还有杀灭细菌、病毒及尘螨等微生物的作用。由于静电过滤具有上述优点，一些高档写字楼纷纷在现有的空调系统中都增设静电过滤器，以改善室内空气质量。

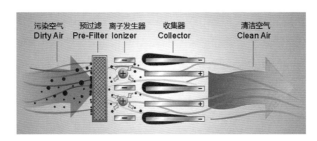

图2　中央空调系统通过过滤的方式来去除空气中的污染物

如前文所述，过滤器的效率决定着过滤后的空气质量。受产品规格、技术水平和现场安装条件等因素的限制，在空调系统中设置的静电过滤器对PM2.5的过滤效率一般在70%左右，也就是说，大气环境中的PM2.5仍有30%会进入室内。例如当室外日均PM2.5浓度达到200μg/m³时，室内相应值也会在60μg/m³左右。虽然吸烟和打印机会产生少量PM2.5，但室内空气质量的优劣主要取决于室外环境。

保障室内环境是节能、减排工作关注的重点之一，也是绿色建筑体现以人为主的方面。为了改善室内环境，为员工提供良好的办公空间，为顾客提供舒适的休息场所，万达集团斥资数百万，对北京CBD万达广场B座办公楼和索菲特酒店的空调系统进行了针对PM2.5污染物的改造，改造工程已于2012年10月初完成，经国内权威机构检测，改造效果达到预期效果，PM2.5去除率为90%。

3 | 国内外绿色建筑评价体系比较分析

万达商业规划研究院　张震

绿色建筑的评估认证，目前最流行的就是美国LEED和中国绿色建筑标识认证。谁才是真正适用中国的呢？

第一节　美国绿色建筑认证（LEED）

一、LEED 概述

LEED（Leadership In Energy And Environmental Design，绿色能源与环境设计先锋奖），是绿色建筑评级体系，涵盖节能、节水、节地、节材、空气品质等人类发展和环境健康五个关键领域和创新理念，是建筑可持续发展的黄金标准，涉及建筑师、设计师、工程师、能源经理、设备管理、开发商、产品供应商、体系集成商等关键行业。

宗旨：在设计中有效地减少环境和住户的负面影响。

目的：规范一个完整、准确的绿色建筑概念，防止建筑的滥绿色化。

LEED由美国绿色建筑协会建立并于2003年开始推行，在美国部分州和一些国家已被列为法定强制标准。

二、LEED 认证简介

LEED是国际公认的第三方绿色建筑评级体系（图1），融入绿色建筑或生态社区的设计元素和倡导可持续战略，旨在提高建筑性能，减少施工浪费，并改善环境质量，促进建筑、环境、人三者之间的和谐发展，由美国绿色建筑协会（United States Green Building Council, USGBC）创建，是全球绿色建筑定义之一，是规划、设计、施工和运行维护的基准。LEED绿色建筑体系自1998年发布以来，项目已遍及美国50个州和30多个国家，超过48628个注册项目（截至2012年8月12号）。

三、LEED 认证授权审核机构

由美国绿色建筑协会建立并推行的《绿色建筑评估体系》（Leadership in Energy & Environmental Design Building Rating System），国际上简称LEEDTM，是目前在世界各国的各类建筑环保评估、绿色建筑评估以及建筑可持续性评估标准中被认为是最完善、最有影响力的评估标准。美国USGBC作为非营利第三方机构所有的认证审核业务由全球知名的独立第三方机构完成。

四、LEED 的作用

LEED针对的是愿意领先于市场、相对较早地采用绿色建筑技术应用的项目群体。LEED认证作为一个权威的第三方评估和认证结果，对于提高这些绿色建筑在当地市场的声誉，以及取得优质的物业估值非常有帮助。尽管那些极端热衷绿色建筑应用创新的先行者并非LEED评估标准的目标群体，但是在LEED当中仍然提供了一个机制来鼓励使用创新的绿色建筑技术。这些创新的技术为LEED未来鼓励采用的措施提供了参考。随着LEED不断地把绿色建筑应用推入主流建筑市场，要取得LEED认证的建筑物的性能水平要求也将相应提升，以满足LEED所针对的市场群体——绿色建筑技术的早期应用者。

LEED评估体系除了宣传绿色建筑各种潜在好处，更重要的是告诉消费者：购买绿色建筑将更加物有所值，能获得相对于其他产品更高的投资回报。消费者的购买决策使得绿色建筑的实际价值得以提升，从而与其他产品区别开来，这样就构成了良性循环，从而推动市场转型。

对环保和可持续发展的投资总是一个明智而且获利的投资方向，企业可以选择购买绿色建筑，从而表现出企业对员工的关怀和社会责任。绿色建筑也将为企业带来节约营运成本、提高工作效率、降低因病缺勤率等裨益。

五、LEED 评估认证的分类

（1）LEED—NC

New construction and major renovation project 新建设和重大改建项目

（2）LEED—EB

Existing buildings 建筑营运管理评估

（3）LEED—CI

Commercial interiors project 商业室内装修评估

(4) LEED—CS

Core and shell project 建筑核心结构及外围护类评估

(5) LEED—H

Homes 住宅评估

(6) LEED—ND

LEED for Neighborhooddevelopment 社区邻里开发评估

(7) LEED Application Guides

Retail(currentlyinpilot)，MultipleBuildings/Campuses，Schools，Healthcare，Laboratories，Lodging 零售(现正拟定中)、建筑群/园区、学校、医疗卫生、实验室、住宿。

六、LEED 评估体系

LEEDTM评估体系由五大方面、若干指标构成其技术框架，主要从可持续建筑场址、水资源利用、建筑节能与大气、资源与材料、室内空气质量和创新与设计等几个方面对建筑进行综合考察，评判其对环境的影响，并根据每个方面的指标进行打分，将通过评估的建筑分为铂金级、金级、银级和认证级别（图2），以反映建筑的绿色水平。总得分为110分，分四个认证等级：

认证级：40～49；

银级：50～59；

金级：60～79；

铂金级：80以上。

七、LEED 认证实施程序

第二节　中国绿色建筑标识认证

一、"绿色建筑评价标识"分类

绿色建筑评价标识分为"绿色建筑设计评价标识"和"绿色建筑运行评价标识"（图3）。

"绿色建筑设计评价标识"主要针对处于规划、设计阶段和施工阶段的住宅建筑和公共建筑，"绿色建筑运行评价标识"主要针对已竣工并投入使用的住宅建筑和公共建筑，并按照不同的标准分为一星级、二星级、三星级三个等级。按照我国《绿色建筑评价标准》(GB/T 50378—2006)的规定，按满足一般项和优选项的程度，绿色建筑认证划分为三个等级：以住宅建筑为例，18项一般项达标可获得一星级标识；24项一般项、3项优选项达标可获得二星级标识；30项一般项、5

项优选项达标可获得三星级标识。

二、"绿色建筑评价"指标体系

《绿色建筑评价标准》(GB/T 50378—2006)适用于评价住宅建筑和办公建筑、商场、宾馆等公共建筑，其评价指标体系包括以下六大指标：节地与室外环境、节能与能源利用、节水与水资源利用、节材与材料资源利用、室内环境质量、运营管理。

各大指标中的具体指标分为控制项、一般项和优选项三类。其中，控制项为评为绿色建筑的必备条款；优选项主要指实现难度较大、指标要求较高的项目。

第三节 美国 LEED 认证和中国绿色建筑认证比较分析

一、两种指标体系的区别

两国的标准都分了六大类指标，前五类指标内容基本接近，只是第六类不同，LEED TM 评估体系中为创新与设计，中国绿色建筑评价指标体系中为运营管理，这也是两个国家经济发展的差异表现出标准侧重点的不同。

在节能系统运营管理中，LEED TM评估体系是打分法，而中国绿色建筑评价指标体系则侧重于项目达到和满足的要求项数。公共建筑绿色建筑评价指标体系从分项比例和权重不同进行排列：(1) 节能与能源利用23%；(2) 节材材料资源利用19%；(3) 运营管理16%；(4) 节水与水资源利用14%、室内环境质量14%、节地与室外环境14%。LEED权重排列为：(1) 能源与大气25%；(2) 室内环境品质22%；(3) 可持续发展场地选址20%；(4) 材料与资源19%；(5) 水源利用率7%和创新与设计7%。从以上权重排列中，我们可以看到绿色建筑评价标准与LEED标准的不同之处，显然在中国技术权威、专家和官员的思维里，节约能源比环保和老百姓健康要更重要一些。

二、申请条件的区别

从中国绿色建筑评价标识申请条件来看，申请评价标识的住宅建筑和公共建筑应当通过工程质量验收并投入使用1年以上，未发生重大安全事故，无拖欠工资和工程款，符合国家基本建设程序和管理规定以及相关的技术标准规范。

绿色建筑评价标识申报资料包括 (1) 节能与能源利用：①建筑节能设计文件(含节能计算书、图纸、说明书)；②集中采暖与空调系统竣工图和设计说明书；③可再生能源的设计文件及图纸；④节能工程施工验收报告。(2) 室内环境质量：①室内空气质量、声光热环境测试报告、新风量测试报告；②外围护结构结点构造图和热工计算书。(3) 运营管理：①物业管理公司有关节约资源、保护环境的管理文件；②智能化系统验收报告；③ISO14001环境管理体系认证证书。《绿色建筑评价标准》(GB/T 50378-2006)中3.1.4条规定：申请评价方应按本标

图 1　LEED 认证标识　　　　图 2　LEED 铂金级认证标识　　　　图 3　绿色建筑认证标识

准的有关要求，对规划、设计与施工阶段进行过程控制，并提交相关文档。这里表述了建筑全寿命周期中的过程控制，而对其建筑的评价则是其投入使用1年后进行。

美国LEED申请程序的侧重点很明确要求在建筑全寿命初期就要提出申请，并在全过程中进行跟踪和沟通了解，直到一些必要的测定和运行调试，在这期间是一个连续的跟踪和调整过程。这一点应值得关注，而且LEED推出的2009年新版本，比原有版本标准有了较大变化，增加并重新科学地分配得分点也同样值得关注(从原有69分值变为110分值)。

在执行和实践《绿色建筑评价标准》过程中，4.3.12条、5.3.12条的执行较为困难。两条中都提到非传统水源利用率的问题，对商业、住宅、公建等不同建筑类型提出非传统水源利用率不低于25%、30%、40%的要求。由于中水——再生水的利用对一个单体建筑来讲是很难完成的，而目前中国的技术设备水平相对滞后，加之资金投入的合理性，使这两个条款在设计执行中成为难点。一个建筑作为一个单体进行申报时，很难达到再生水使用率的要求。相反，LEED标准在这方面的要求则相对宽松。

三、两种评价体系对中国的适用性

同为国内市场上现行的主流绿色建筑评价体系，美国LEED认证与中国绿色建筑认证，谁才能成为中国绿色建筑的真正标签？

目前在中国大陆，超过99%的高品质绿色建筑都是由美国LEED进行认证的，中国已经成为全球第二大LEED认证国，仅次于美国，而中国的绿色建筑认证则"因为相关立法的缺位和可操作性缺乏，尚未广泛推行"。近年来我国房地产市场掀起了一股LEED认证热潮，并对2006年开始实施的本土化标准——绿色建筑评价标准的推广形成冲击。而与此同时，许多业内专家却对LEED认证标准本身及其商业化过强产生了质疑。数据显示，目前中国注册申请LEED认证的项目已逾300个，实际获得认证的项目共71个。从首个非示范项目招商地产泰格公寓到被誉为"世界建筑奇迹"的当代MOMA，从万科大梅沙总部到2007年竣工的"京城第一高楼"国贸三期，LEED的影响力涵盖了众多知名建筑与房地产企业认证。

尽管备受质疑，LEED房地产企业认证成功的市场化运作却已是不争的事实。而自2006年开始正式实施的本土化《绿色建筑评价标准》，仍在审慎中前行，2007年建设部颁布了《绿色建筑评价标识管理办法》及《绿色建筑评价技术细则》，真正意义上填补了我国绿色建筑评价的历史空白。依据这套评价标准，达标建筑将分别获得一星级、二星级、三星级的绿色建筑评价标识。

★★★ 万达学院　　　　　★★ 广州白云万达广场　　　　　★ 常州新北万达广场

图4 绿色建筑设计标识

与LEED着眼于美国5%的先锋建筑不同，绿色建筑评价标准致力于绿色建筑的普及应用。因此，为了提高可操作性，激发企业积极性，一星级标准门槛很低，只要项目严格按照国家强制性标准实施，注重合理性，便可达到。

与LEED最终认证相比，绿色建筑评价标准操作性应该更强，但与目前普遍了解的LEED预认证相比，我们的认证难度较大。一方面，在条目评定的基础上，还要由专家组进行合理性分析；另一方面，认证程序包含规划设计与实际运行两个阶段，只有实际运行满一年且各项数据达标，才能正式通过认证。正因如此，绿色建筑评价标准的市场优势不如LEED认证。2008年以来，依托各级主管部门的示范推广，全国仅有60个项目获得了绿色建筑评价标识认证（包括57个绿色建筑设计评价标识认证和3个绿色建筑评价标识认证）。

绿色建筑本质上就是气候适应性建筑，精髓在于"因地制宜"，一个大洋彼岸的非官方标准，能否通用于我国量大面广的建设项目，究竟谁更适合中国的绿色建筑? 这是不少企业面临的两难选择：一面是尽管费用昂贵但普遍认为操作简单、附加值明显的"国际标准"，一面是虽然花费不大但却必须实打实干、还要推后"成果"享受的"本土化标准"，谁才是中国绿色建筑标签?

基于这一考量，不少业内人士认为，LEED认证是基于美国本土气候、地理、土地等条件，相比之下，绿色建筑评价标准更适合中国国情。而居住习惯的不同，也可能使"洋标签"变得有些"画蛇添足"：为了保证恒温恒湿，整个庞大建筑终年门窗紧闭，即使是在春秋两季气候宜人的时节，这并不符合中国老百姓开窗通风的居住习惯，更重要的是，与我国其他普通住宅相比，其能耗之大、浪费之巨，可想而知。中国的绿色建筑标准的相关问题还需要依据中国的实际情况本土化解决。

国内房地产业绿色建筑技术浅析

万达商业规划研究院　李永振

前言

　　现行的《绿色建筑评价标准》（GB/T　50378-2006）是2006年6月开始颁布实施的国家标准，是我国开展绿色建筑实践和评价工作的主要依据之一，随后又陆续颁布了《绿色建筑评价技术细则》、《绿色建筑评价技术细则补充说明》等文件，它们一起成为推动我国绿色建筑发展的有力抓手。据统计，截至2011年年底，我国有350多个项目取得绿色建筑评价标识，其中包含万达集团的16个商业地产项目和8个住宅项目。但在评价实践中，上述标准也暴露了很多问题和不足之处，不能适应绿色建筑发展的需要。近期，绿色建筑节能行业已经、正在或将要编制或颁布一批新的规范、标准，万达集团应对此保持关注、加强了解并及时研究对策。下文将就与万达业务相关的行业动向或政策做一些介绍。

第一节　与绿色建筑相关的评价标准制定情况

一批直接服务于绿色建筑的国家标准和行业标准相继发布实施或立项编制，包括：

一、《绿色建筑评价标准》（GB/T 50378-201X，修订中）

修订的主要内容包括：

（1）将标准适用范围扩展至各类民用建筑，并明确区分设计阶段评价和运行阶段评价；

（2）绿色建筑评价指标体系在节地与室外环境、节能与能源利用、节水与水资源利用、节材与材料资源利用、室内环境质量和运营管理（运行管理）六类指标的基础上，增加"施工管理"；

（3）采用评分的方法，并以总得分率确定评价等级。相应地，将旧版标准中的一般项改为评分项，并增设创新项，鼓励绿色建筑的技术创新和提高，为所有评分项和创新项条文分配评价分值；

（4）明确对于单体多功能综合性建筑的评价方式与等级确定方法。

据了解，根据修订后新的得分率评价方法，有关机构做了对比测试，发现要取得相同星级评价标识难度加大了。

二、其他相关评价标准

对于公共建筑，由于使用功能上的不同，建筑类型多且设计和运行差异大，全部采用《绿色建筑评价标准》进行评价的难度大，不能充分体现建筑特点。针对不同的建筑类型，有关部门组织编制了一系列的评价标准，如表1中的《绿色商店建筑评价标准》和《绿色办公建筑评价标准》适用于万达开发的建筑类型。万达商业规划研究院还作为唯一受邀的房地产企业，参加了《绿色商店建筑评价标准》的编制研讨会，范珑总工程师结合万达购物中心的设计、运营特点提出的针对性建议受到编制组的重视。

第二节　与绿色建筑评价相关的地方标准制定

自2006年国家标准《绿色建筑评价标准》（GB/T 50378–2006）实施以来，已有北京、上海、天津、广东、江苏等20多个省市区结合当地实际，出台了更有针对性的地方评价标准或

表1　绿色建筑评价相关标准

序号	标准名称	状态	类别
1	《绿色建筑评价标准》绿色建筑相关评价标准（GB/T 50378–201X）	征求意见稿	国家标准
2	《建筑工程绿色施工评价标准》（GB/T 50640–2010）	已实施	国家标准
3	《绿色工业建筑评价标准》	已报批	国家标准
4	《绿色办公建筑评价标准》	送审	国家标准
5	《绿色商店建筑评价标准》	在编	国家标准
6	《绿色医院建筑评价标准》	在编	国家标准
7	《建筑工程绿色施工规范》	征求意见稿	国家标准
8	《绿色超高层建筑评价技术细则》	已实施	
9	《绿色校园评价标准》	在编	协会标准
10	《绿色建筑检测标准》	在编	协会标准

技术细则，体现了绿色建筑因地制宜的特点。有的评价方法在国家标准的基础上，增设了创新项、采用评分制、调整评价等级，有的对国家标准部分条文进行补充、细化或扩展适用范围。不少做法走在了国家标准的前面，为国家标准修订起到了参考作用。

万达的地产项目遍布全国各地，且大部分参评一星级绿色建筑，少数参评二星级绿色建筑，均由项目所在地组织评审、颁发证书，评审依据主要是"地方评价标准"，因此各项目需要注意结合当地要求进行设计、建造、运营。

第三节　与绿色建筑相关的设计标准制定情况

一、行业标准《民用建筑绿色设计规范》（JGJ/T 229）

该标准于2010于2011年10月开始实施，规范注重绿色设计的策划，并单设一个章节。

规范强调：由设计院负责控制绿色建筑技术应用的策划与实施过程，设计单位应该在方案设计阶段进行绿色建筑技术应用策划，针对项目特点初步确定应用绿色建筑技术的内容和达标的等级；在初步设计阶段完成策划的设计内容，应用计算机模拟分析技术优化设计（模拟分析可由咨询单位完成），并根据工程概算情况确定是否调整策划的达标等级。施工图阶段根据初步设计确认或调整的达标等级完成施工图设计。

由咨询单位协助完善并办理绿色建筑评价相关事宜，避免出现由于咨询单位介入工程设计较晚，引起大量的设计变更，对设计质量和工程造价产生不利影响。

二、北京地方标准《绿色建筑设计标准》（DB11/T 825-2011）

《绿色建筑设计标准》（DB11/T 825-2011）作为推荐性标准，于2011年12月1日开始实施。可以预见，随着"绿色建筑评价标准"的细化完善，随着"绿色建筑设计规范"的实施推广，施工图设计方将可能逐步替代咨询单位在绿色建筑设计实施中的主体角色。作为开发商，万达集团也应该有意识地推动、培养设计供方逐渐进入这个角色。

第四节　国家相关政策的引导扶持

2012年4月，财政部联合住房和城乡建设部发文"财建[2012]167号"《关于加快推动我国绿色建筑发展的实施意见》，文中对绿色建筑有如下激励内容：

建立高星级绿色建筑财政政策激励机制，引导更高水平绿色建筑建设。

按照绿色建筑星级的不同，实施有区别的财政支持政策，以单体建筑奖励为主，支持二星级以上的高星级绿色建筑发展，提高绿色建筑质量水平。

对高星级绿色建筑给予财政奖励。对经过审核、备案及公示程序，且满足相关标准要求的二星级及以上的绿色建筑给予奖励。2012年奖励标准为：二星级绿色建筑45元/㎡（建筑面积，下同），三星级绿色建筑80元/㎡。奖励标准将根据技术进步、成本变化等情况进行调整。

根据上述实施意见，各地将会逐步推出实施细则，但需要一段时间。

第五节　绿色建筑节能相关的地方政策举例

一、《北京市太阳能热水系统城镇建筑应用管理办法》

2012年出台的《北京市太阳能热水系统城镇建筑应用管理办法》规定，从2012年3月1日起，北京市行政区域内新建城镇居住建筑，宾馆、酒店、学校、医院、浴池、游泳馆等有生活热水需求并满足安装条件的新建城镇公共建筑，应当配备生活热水系统，并应优先采用工业余热、废热作为生活热水热源。不具备采用工业余热、废热的建筑，应当安装太阳能热水系统，并实行与建筑主体同步规划设计、同步施工安装、同步验收交用。鼓励具备条件的既有建筑通过改造安装使用太阳能热水系统。

这意味着，万达在北京通州区的项目，无论是"追梦城"，还是住宅区、酒店区，因为有生活热水需求，且没有工业余热、废热可利用，都必须安装使用太阳能热水系统。使得《绿色建筑评价标准》（GB/T 50378-2006）中的第5.2.18条关于可再生能源利用的优选项变成了控制项，且不需计算在成本增量中。

二、《新建建设工程雨水控制与利用技术要点（暂行）》

2012年8月22日北京市规划委员会发布《新建建设工程雨水控制与利用技术要点（暂行）》，要求新建建设工程硬化面积达10000㎡以上（含）的项目，必须按照每万㎡硬化面积配建不小于500m³的雨水调蓄设施。整个调蓄池得在12h之内排出雨水，出水管管径还不能超过市政管道能力。

此外，新建小区绿地中至少要有50%建成可滞水的下凹式绿地。公共建筑周边绿地与小区绿地、广场绿地，应采用下凹式绿地，小区内的路面应高于绿地5~10cm，当路面设立道牙时，应采取将雨水引入绿地的措施。公共停车场、人行道、步行街、自行车道和建设工程的外部庭院，透水铺装率不能小于70%。

所有新建建设工程包括改扩建工程均应进行雨水控制与利用工程规划和设计。雨水控制与利用工程必须与主体建设工程同时规划设计、同时施工、同时投入使用。雨水控制与利用工程的规划设计，以建设工程硬化后不增加建设区域内雨水径流量和外排水总量为标准。

和《北京市太阳能热水系统城镇建筑应用管理办法》一样，《新建建设工程雨水控制与利用技术要点（暂行）》使得《绿色建筑评价标准》（GB/T 50378-2006）中的第5.3.6条、第5.3.7条关于雨水储蓄和非传统水源利用的一般项成为了控制项，甚至有助于满足第5.3.12

条关于非传统水源利用率的优选项，且不需计算在成本增量中。

第六节　结语

面对更多新的标准及相关政策变化，为顺应新的绿色建筑发展态势，万达集团也应积极研究、采取新举措，继续沿着"绿色、低碳"之路快步前进。

（1）着手研究《绿色建筑评价标准》的修订版，梳理新条文，熟悉新的评分办法，确保新开业项目仍能至少获得一星级绿色建筑设计标识；

（2）关注《绿色商店建筑评价标准》的编制，及时和《绿色建筑评价标准》进行比较，分析万达项目参评两个标准的利弊；

（3）根据高星级绿色建筑财政激励政策，以几个典型地区的万达项目为例，参照"地方标准"特殊要求，采用因地制宜的技术措施，对项目申报二星级、三星级绿色建筑设计标识做经济分析；

（4）组织长期合作的绿色建筑咨询公司共同探讨以上内容。

5 万达广场绿色技术应用

万达商业规划研究院　康军　范珑　郝宁克

根据国家有关绿色建筑节能方面的规定及万达集团集团领导有关节能工作的指示，结合万达集团在商业综合体多年建设的实际经验和研究，为打造最适合万达集团购物中心的生态节能技术体系，万达商业规划研究院从建筑外围护结构、设备专业系统设计、建筑节水与水资源利用等多方面进行了绿色建筑设计方案优化，并将有关技术措施明确到设计任务书及节能工作要求中（图1），现将有关适用于万达广场的绿色技术进行简要小结，以利今后节能工作的开展。

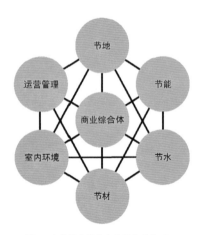

图1　商业综合体生态节能技术体系

第一节　室外环境设计

万达广场在设计与建设过程中，采用多种技术手段，综合考虑建筑物对周边风、光、热、声、水环境及场地内外动植物等环境因素的影响，力争达到节能与艺术效果的统一、协调，营造绿色宜人的室外环境（图2）。

具体技术手段包括：日照分析、室外风环境分析、幕墙光污染控制措施、景观照明、绿化植物、公共交通、合理开发利用地下空间。

日照分析：
利用模拟软件分析万达广场周边日照条件，不影响周边居住建筑日照采光

室外风环境分析：
采用CFD（Computational Fluid Dynamics，计算流体动力学）软件模拟不同风速工况下室外风环境，避免出现局部风速过于放大的不舒适状况

绿化植物：
合理采用屋顶绿化、垂直绿化等方式

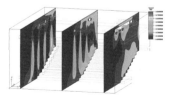

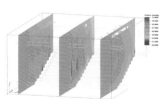

景观照明：
景观照明可调投射角度，防眩目，无直射光射入空中，对周边项目无光污染干扰

公共交通：
充分考虑到人车分流设计，提倡绿色出行，建筑出入口处附近设公交站点

绿化植物：
选择适宜当地气候和土壤条件的几十种植物，采用包含乔灌草在内的复层绿化

图2 室外环境设计节能技术措施

第二节 室内环境设计

在万达广场的设计中，优先采用被动式措施，充分利用天然采光、自然通风等手段，通过计算机模拟分析手段，结合采暖、空调、照明系统的合理应用，指导项目设计工作，为顾客营造舒适环境。

具体包括4个方面：室内热舒适环境（图3、图4）室内声环境室内光环境（图5、图6）室内空气品质。

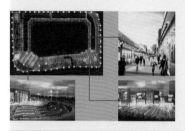

图3 采用计算流体动力学CFD软件模拟室内步行街空气流场和温度场

图4 采用计算流体动力学CFD软件模拟IMAX影厅空气流场和温度场，保证热舒适度满足要求

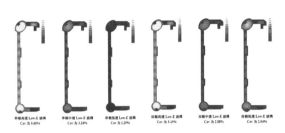

图5 利用生态建筑设计软件 Ecotect 分析天窗材质对室内采光的影响

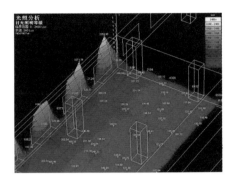

图6 人工、自然光照明计算数据三维图表输出

第三节 建筑围护结构节能

建筑能耗的一项重要影响因素是建筑的全年累计冷热负荷，它与两个因素有关，一为该建筑内人员、设备、灯光等内热情况，二为该建筑围护结构得热或散热情况。因此做好建筑围护结构节能工作是建筑节能的一项必要措施。建筑围护结构须重点关注保温、隔热、通风、采光四大要素，不同气候地区的项目关注重点并不完全相同，万达集团通过对各地项目的深入研究，制定出相应的技术措施。

（1）保温性能：在严寒及寒冷地区，围护结构应有较好的保温性能，避免内部热能损耗较大。

（2）隔热性能：在夏热冬冷及夏热冬暖地区的建筑隔热性能对室内舒适度以及空调系统的能耗影响较大，需要重点做好建筑的隔热性能优化。

（3）通风性能：对于长期需要空调供冷的区域，在室外气候条件允许的情况下，应尽可能考虑利用自然通风带走室内热量，在提高舒适度的同时节省空调系统能耗，因此围护结构上有效的开启扇对建筑节能起着很大作用。

（4）采光性能：万达广场的步行街采光顶应根据气候特征兼顾采光性能和热工性能，使建筑可充分利用天然采光，降低照明能耗，同时达到提高舒适度的效果（图7）。

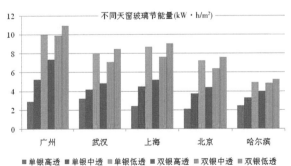

图7 天窗玻璃对室内步行街冷负荷影响统计图

第四节 机电系统节能

空调系统和照明系统能耗是万达广场的用电大户，占整个建筑用电能耗的90%，是节能工作的重点。根据万达集团技术标准，在机电系统方面采取以下节能技术措施：

一、空调系统

（1）步行街采光顶设置可开启窗，便于利用自然通风或机械旁流通风（图8、图9）；

（2）采用高能效比空调设备，冷热源采用智能化集中控制；

（3）利用消防水池进行蓄冷，采用智能负荷预测方式控制蓄冷池及冷水机组的运行（图10）；

（4）空调水采用大温差供冷方式；

（5）实现风机、水泵变频控制（图11）；

（6）空调机组增加二氧化碳控制系统；

（7）全空气系统过渡季节应满足70%新风比运行要求；

（8）利用排风对新风进行预冷（预热）处理，降低新风负荷；

（9）冬季（过渡季）根据情况设计免费冷源供冷。

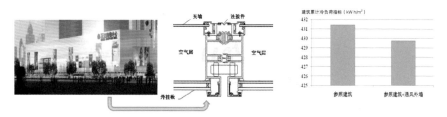

图8 南方地区适宜采用通风外幕墙

利用广告牌设置通风外墙，即在广告牌与外墙主体之间留出约250mm宽的通风空隙，并保持通风空隙上下贯通并与室外大气相连通。利用自然通风带走太阳辐射热及广告灯箱散热，可提高外墙隔热性能30%

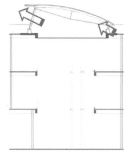

图9 步行街采光顶旁流通风示意图

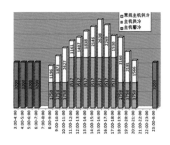

图10 采用智能负荷预测方式控制蓄冷水池及冷水机组运行

二、给排水系统

（1）在条件适宜低区采用太阳能热水系统（图12）；

（2）利用市政管网压力（P>2.0MPa），低区由市政管网直供，高区有变频泵组供水。

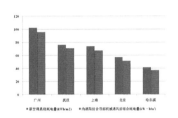
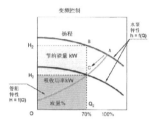
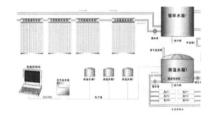

图 11　变频控制的节能效果　　　　　　　　　　图 12　太阳能热水系统

三、照明系统

（1）减少配电线路的损耗；

（2）合理选择照度；

（3）选择高效的光源和灯具；

（4）应用智能照明控制系统（图13）。

图 13　公共空间照明管理

四、设置分项计量措施

五、水蓄冷系统的优点

使用水蓄冷系统具有以下优点：

（1）缓解用电高峰时电网的压力，响应国家"削峰填谷"的电力政策；

（2）减少制冷主机的装机容量和功率，减少相应的空调和电力设备投资；

（3）分时电价的地区可以大大降低减少运营费用。

六、太阳能热水系统

某万达广场项目使用太阳能热水系统，年节约能源310000MJ。按太阳能热水系统使用寿命为15年计，二氧化碳减排量为291t。

七、商业公共空间照明分区管理

通过对商业空间照明实行分区管理（表1）全年照明能耗降低30%以上。

表1　各分区补偿照明表

分区	1号区域	2号区域	3号区域	4号区域
一次补偿照度	560Lux	740Lux	310Lux	400Lux
二次补偿照度	280Lux	370Lux	200Lux	200Lux

注：1.各分区低于1次补偿照度时开启筒灯（13W节能灯）
　　2.各分区低于2次补偿照度时开启灯盘（双盏日光灯80W）

八、分项计量系统、能源管理平台

通过数据采集和管理平台对能源管理模型的实现，将物业运行管理由国内常见的流程指令粗放式管理升级为国际领先的数字化精细管理。

九、节水与水资源利用

（1）选用节水器具：选用《当前国家鼓励发展的节水设备（产品）目录》中公布的设备、器材和器具和，绿化灌溉采用高效节水灌溉方式。

（2）雨水收集与利用：屋面雨水收集到雨水回用池，作为绿化和道路浇洒用水，雨水收集与利用流程图及水量平衡计算见图14。

（3）中水处理与回用

中水处理流程

优质杂排水→园区废水管收集→提篮格栅→原水调节池→厌氧池→MBR生物膜反应器
→中水贮水池→供水水泵→绿化喷灌、道路浇洒、便器用水、景观用水

（4）用水分项计量

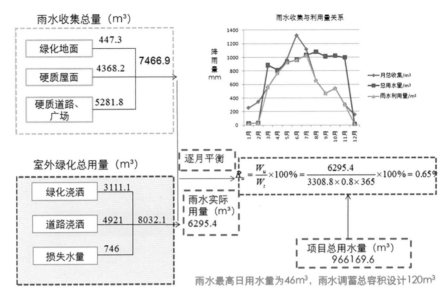

图 14　雨水收集与利用

第五节　数字信息仿真模拟技术（BIM）应用

通过数字信息仿真模拟技术（Building Information Modeling，BIM）建筑物所具有的真实信息，对设计过程进行实时控制，减少建设过程中建筑、结构、机电专业的错漏碰缺，并达到节材的目的，在宜昌项目的实践（图15），起到了很好的效果，并在武汉秀场项目及武汉电影主题公园项目上进行推广。

图 15　宜昌万达广场项目地下室机房管线综合模型

第六节　小　结

通过以上节能技术的应用，万达广场的绿色设计已达到国内同业领先水平，随着今后节能技术的不断提升和发展，万达商业规划研究院还要进行不断地总结和完善，以使万达广场的节能水平不断进步，更加贴近万达广场的实际，在为社会做出表率和贡献的同时，有效降低我们的建设和运营成本。

6 万达购物中心节能应用

万达商管公司总部　孙多斌

第一节　概　述

万达商业地产经历了单店、组合店、城市综合体三代。单店一般都位于城市中心，占地面积大概在1万m²左右，地下1层，地上4～5层，建筑面积在4万～5万m²；组合店由地上几栋独立楼组成，地下室连在一起，这是一个纯商业性质的组合店，业态包括百货、数码、娱乐楼；2006年，万达广场发展到第三代店，我们称之为城市综合体，体量大，建筑面积在几十万至上百万m²，业态包括购物中心（广场）、酒店、写字楼、住宅、地下停车场、休闲广场等。

万达购物中心建筑特点是体量大、营业时间长且各业态营业时间不一、室内商业照明功率密度大。万达购物中心的核心是室内步行街，步行街公共区域屋面全部采用玻璃采光顶，这决定了整个购物中心内区常年有供冷需求，室内空调负荷大；步行街中餐饮店铺比重较大，大量的排油烟使得很难实现风平衡，无组织进风导致新风负荷很大。万达购物中心的建筑特征及业态布局（图1）决定了整个商业建筑能量消耗大，因此节能就成为降低经营成本的重要手段之一。

图1　万达购物中心的建筑特征及业态布局

第二节　万达购物中心能耗构成

一、购物中心能耗特点

根据开业万达广场能耗统计,万达广场平均年能耗在200kW·h/m²,低于同类建筑平均值(图2),其中空调能耗占整个商业建筑能耗的40%~60%,照明能耗占整个建筑能耗30%~40%(图3),个别项目甚至更高,从能耗组成上看,降低空调及照明能耗是我们的工作重点。

二、购物中心空调能耗构成

图4是某万达广场空调系统各部分能耗组成,可以看出,冷水机组能耗占了32%,其他输送能耗占了68%。整个输送能耗在整个空调系统能耗占比非常大。主要原因有二方面:一是设计方面,设计值偏大,经过调查统计,冷冻水泵扬程的设计值比实际值基本上大出20%~30%,甚至更多;二是运行管理方面,由于整个空调系统非常复杂,水泵变频器及BA控制系统等硬件设备不完善及现场实际操作的管理人员水平有限,运行策略不合理,节能意识不强。从空调系统本身看,降低输送能耗是我们的首选。

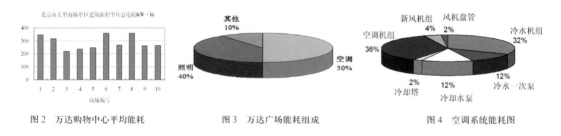

图2　万达购物中心平均能耗　　　　图3　万达广场能耗组成　　　　图4　空调系统能耗图

第三节　万达购物中心节能措施的应用

从前文分析可以看出,节能的重点应放在能耗大户的空调系统和照明系统,空调系统的节能主要手段是调整运行策略、提高风机水泵效率,降低输送能耗。对于采用的节能措施增加过多成本的,经经济技术分析之后确定,原则是采用投资少,节能效果显著的措施。

一、免费冷源的利用

(一)过渡季节全新风运行

这是万达购物中心的节能标准配置之一,不但节约了大量的能源,同时也提高了室内空气品质,创造了良好的购物环境。而且内区常年供冷的北方项目,冬季可以尽可能地利用新风降低室内负荷。经统计,每个万达购物中心空调风井净面积在120~200m²,是最小新风量需求的风井面积的2~3倍，虽然增加了一些面积，但是在整个购物中心的全寿命周期内，不但提高了商场的空气品质，而且能更大限度地利用了室外天然冷源。

（二）冷却塔免费供冷

夏热冬冷地区，严寒地区、极寒地区可以运用冬季冷却塔免费供冷（图5），根据当地室外的气象参数，经经济比较确定是否需要做。万达购物中心设计任务书8.2.14中第三条"过渡季全新风运行，根据项目实际情况可采用冷却塔免费供冷"给出了明确要求。

（三）自然通风和夜间通风

《万达集团通用节能措施实施细则》第一条规定，沿步行街采光顶侧面（两侧），均布不少于120m²的可开启窗（图6、图7）。所有万达广场的步行街采光顶有自然通风窗，在室内采光顶下面温度高于室外温度时，开启自然通风窗，夏季夜晚闭店时也根据情况开启通风窗。图8是根据室外时候条件，对整个建筑全年运行模拟结果，当不具备自然通风条件时，也可以采用机械通风，对建筑本体进行排热，同时也带走大量的有害气体。

总之，在设计之初就要想到尽可能利用免费冷源，根据该结果结合实际情况制定出运行策略，最大限度地利用天然冷源。

图5 冷却塔免费供冷

图6 采光顶可开启窗

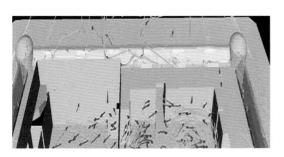

图7 采光顶可开启窗开启后的流场

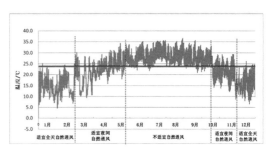

图8 自然通风与夜间通风运行模拟

二、变频技术的应用

空调输送能耗占整个空调系统能耗三分之二，万达购物中心空调系统庞大，设计周期短，施工图设计时设计师对水力计算估算往往偏大，出现水泵风机参数大于实际需求的情况。同时空调的全年特性也要求空调的调节能力应能适应空调的负荷变化。因此变频器（图9）的应用就变得格外重要，但是大量使用变频器，会产生大量的谐波，经过分析论证、实际验证，变频器应用带来的节能效果要大于治理谐波的代价，因此变频技术的应用也是万达购物中心的标准配置之一。

图9　变频器的应用

三、照明系统的节能

在保证商业运营的前提下，按回路、分场景设计，采用高效光源，根据室外照度情况对整个购物中心进行智能控制。

四、分项计量

能量分项计量虽然不作为节能的措施，但是可以对各种设备系统的运行状况及能耗水平进行准确了解，找到各用能环节上的真正问题和有效的节能途径，以数据为导向实现科学化的定量管理。通过数据分析，可以判断能耗趋势，进而制定运行策略。

五、空调运行管理

万达购物中心空调回路多、系统复杂，往往会出现冷热效果不均现象，同时由于经营需求，业态变换也会经常发生。通过采用大变化灵敏度理论的调试方法，可快速使系统平衡，提高空调效果。

六、其他节能措施

只要当地有峰谷电价政策，经技术分析后确定是否采用消防水池水蓄冷技术（图10），通过消防水池水蓄冷技术可以移峰填谷，同时还能作为夜间功能业态在部分负荷时的冷源；排风热回收、冷凝热回收、地源热泵系统的应用也是万达购物中心常用的节能技术。

图10　消防水池水蓄冷

第四节　结语

　　万达集团积极倡导"绿色建筑"理念，采用先进技术和管理手段进行建筑节能，不仅是中国最早开展住宅建筑节能的企业之一，最近几年更是把商业地产的低碳节能作为重点来抓，成为中国商业建筑节能的领先企业。万达集团2011年后所有开业项目在开业时均获得住房和城乡建设部颁发的绿色建筑设计标识，获得设计标识项目运行一年后申报运行标识。

7 商业建筑中庭节能优化设计研究

万达商业规划研究院　章宇峰
清华大学建筑学院　李晓锋

第一节　引言

　　长度超过300m的室内步行街是万达广场的核心设计要素之一，其共享中庭净高超过18m，宽度10～12m，贯通1～3层，通道上方大部分面积以采光顶覆盖。这种设计方式可引入自然采光，减少人工照明，提高人们视觉舒适感；可改变建筑单调与封闭缺陷，给人们提供良好空间感受，令步入该空间人们心旷神怡，提升建筑品位；同时，温室效应可有效降低周围房间的采暖负荷，烟囱效应加强周围房间过渡季的自然通风能力，减少空调运行时间，也具有很好的节能效果。

　　但由于垂直空间的连通以及屋顶大面积透明围护结构的应用，相应也产生了很多难题。比如：夏季大量太阳辐射通过屋顶天窗进入室内，使室内温度升高，造成空调负荷增加；太阳辐射直接作用在人体表面，给人造成不舒适的感觉；热空气上浮，在顶层聚集，影响夏季顶层走廊热舒适度；冬季由于烟囱效应，普通空调送风方式难以将热风有效的送达首层人员活动区。以上问题如处理不当，室内环境将受到不利的影响。因此，生态中庭的设计过程应从项目所在地气候、美观、热舒适度、全年效能等综合考虑。

　　由于中庭特殊的建筑特点，其室内热环境受太阳辐射的影响非常严重，室内非等温气流不仅受到浮升力和高大空间的双重作用，同时与周围房间气流交换，形成了非常复杂的室内热环境。由于在设计阶段难以预测室内温度分布和室内气流流动情况，从而很难得到较为合理的设计。

为了系统研究中庭环境的节能优化设计方法，万达商业规划研究院与北京清华城市规划设计研究院环境与能源研究所合作，综合利用多种模拟软件，本着被动式绿色技术优先的原则，分析了不同气候条件下商业建筑中庭在有无内遮阳、不同热工性能天窗和不同通风方案条件下的室内热舒适度、建筑能耗以及室内采光的差异，总结出了一些改善室内光、热环境和节能的措施。

第二节　中庭基本情况

研究工作的第一步，我们对不同万达广场项目现有中庭的室内温度分布和能耗进行了模拟分析。

一、中庭建筑信息

被研究项目中庭区域局部通高，顶部天窗高出中庭屋面挑高1.2m，侧面由玻璃进行支撑，整个天窗玻璃面积约为4336m²。中庭位于建筑内部，上下各层贯通，且中庭与建筑其他功能区域相通，其建筑形式和热扰对中庭能耗有一定影响（图1、图2），因此，在分析中庭能耗时，对购物中心其余部分的建筑信息及热扰要一并考虑。

二、样本选取

我们选取了分别位于全国四个气候分区（夏热冬暖地区、夏热冬冷地区、寒冷地区、严寒地区）的五个典型城市（广州、武汉、上海、北京、哈尔滨）的万达广场室内步行街中庭进行能耗分析和节能优化，分析从设计到运行全过程的优化措施，从而为相同气候区域内的其他室内步行街中庭设计提供依据及参考。

三、中庭潜在问题分析

由图3室内垂直温度分布可知，在未采用任何优化措施条件下，购物中心中庭的室内垂直温度分布大，从底部的26℃上升到58℃，热量通常常年滞留在中庭顶部，向下温度的对流换热增加空调能耗，并且本项目三层均有人活动区域，不易采用分层空调。

通过对中庭采暖空调负荷特点进行分析：由于其处于建

图1　中庭效果图

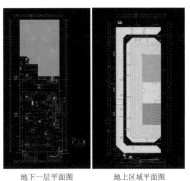

地下一层平面图　　　地上区域平面图
图例　■ 超市　　■ 万千百货楼
　　　■ 室外步行街　■ 综合楼
　　　■ 中庭　　　■ 娱乐楼

图2　建筑平面功能示意图

筑内区，室内发热量大，基本上需要全年需要供冷。同时由图4可以看出，广州的万达广场的中庭本身不存在采暖系统能耗，而武汉、上海的万达广场的采暖系统能耗极小，北京、哈尔滨的万达广场的采暖系统能耗在总能耗中均能占到一定比例。对于空调系统能耗，由广州至哈尔滨，从南到北其能耗逐渐降低。

综合以上分析可知，当前中庭存在的主要问题：天窗面积大，热工性能差，导致室内太阳辐射温度高，降低室内热舒适度。夏季太阳辐射得热量多，且大部分热量集中在顶部，导致室内垂直温度分布明显，顶部温度高，部分热量以对流方式向下传热，增加建筑空调负荷和建筑能耗。

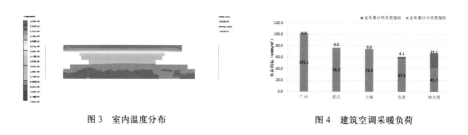

图3 室内温度分布   图4 建筑空调采暖负荷

第三节 中庭节能优化措施

根据中庭存在的主要问题，通过增加内遮阳系统、优化天窗热工性能及夜间通风主要措施对其进行优化设计。

一、遮阳系统优化设计

（一）内遮阳体系对人行区域舒适度影响

由图5室内1.5m高度处水平温度分布可知，在空调系统各项措施不变的情况下，当采用内遮阳措施时，可使人活动区域的室内均温降1.5℃～2℃，提高了室内舒适度，因此采取此项措施是很有必要的。

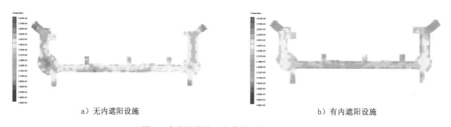

a) 无内遮阳设施   b) 有内遮阳设施

图5 内遮阳措施对室内舒适度影响分析图

（二）内遮阳结合顶部通风节能分析

利用内遮阳与天窗之间的空腔进行机械通风的方案，天窗一侧设置进风，另一侧设置排风，从而在空腔内形成贯通的通风道，将顶部积蓄的太阳辐射热量通过通风排出。通过对各城市中庭采用内遮阳结合顶部机械通风方案进行节能分析（图6、图7）可知，该措施有效降低空调系统耗电量，节能率从南至北依次逐渐增加，由6.33%增加至10.51%，节能总量广州最多，上海次之，哈尔滨最少，因此内遮阳结合顶部机械通风措施在各地区均是适用的。

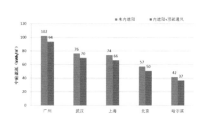

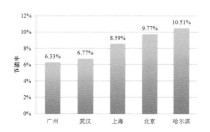

图6　内遮阳结合顶部机械通风节能量分析图　　　　图7　内遮阳结合顶部机械通风节能率分析图

二、天窗节能优化设计

天窗作为中庭的主要外围护结构，是构成外界热扰的主要因素，在此考虑适用于本项目中庭的玻璃种类（8C+12A+6C/1.25PVB/6C），并结合玻璃热工参数，列出如下模拟分析比选工况。

在基于内遮阳结合顶部机械通风情况下，对各城市中庭使用Low-E玻璃相对普通中空玻璃可实现的节能量进行模拟分析（表1、图8、图9）。

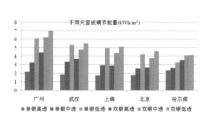

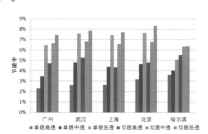

图8　不同天窗玻璃中庭可实现的节能量统计图　　　　图9　不同天窗玻璃中庭可实现的节能率统计图

表1　天窗玻璃模拟分析比选表

玻璃种类	试样规格、型号及结构	可见光透过率	JGJ／T　151-2008	
			传热系数（W/m²·K）	遮阳系数
普通中空	8C+12A+6C/1.52PVB/6C	78	2.56	0.82
单银高透	8CES11-80+12A+6C/1.52PVB/6C	67	1.77	0.60
单银中透	8CEB14-60+12A+6C/1.52PVB/6C	54	1.78	0.50
单银低透	8CEF11-38+12A+6C/1.52PVB/6C	34	1.72	0.31
双银高透	8CED12-78D/ZS+12A+6C/1.52PVB/6C	66	1.63	0.46
双银中透	8CED13-61D/ZS+12A+6C/1.52PVB/6C	52	1.63	0.35
双银低透	8CED13-51D/ZS+12A+6C/1.52PVB/6C	45	1.64	0.29

由图8和图9不同天窗玻璃在各城市中庭可实现的节能量与节能率统计图可以看出：对于广州、武汉、上海、北京等地区的万达广场的中庭，由于其空调能耗比重大，影响其能耗的关键因素是天窗的遮阳系数，双银Low-E玻璃更利于节能；而对于哈尔滨，由于其采暖能耗占一定比重，影响其能耗的关键因素是天窗传热系数和遮阳系数，而双银Low-E玻璃的传热系数及遮阳系数均优于单银Low-E玻璃以及普通中空玻璃，因而更有利于节能。从节能量与节能率角度来看，从南到北，首先推荐采用节能量最高的双银Low-E低透玻璃，其次，广州、武汉、上海、北京的万达广场选用单银Low-E低透玻璃，哈尔滨的万达广场选用双银Low-E中透玻璃。

三、通风系统优化设计

在以上节能措施基础上，又采用夜间通风措施降低建筑空调负荷和建筑能耗。本文分析的五个城市中，夏季白天室外温度高，而夜间室外温度比白天低，在一定程度上夜间通风可消除空调关闭后室内的余热余湿，不仅降低第二天的开机负荷，而且夜间蓄冷作用也可降低第二天空调运行负荷。由图10和图11可知，夜间通风对降低建筑房间的室温和能耗，节能率在1.14%～6.72%之间。其中，北京的万达广场节能率最高，其次是上海，广州最少。

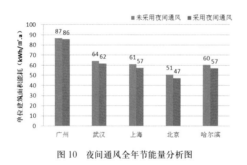

图10　夜间通风全年节能量分析图

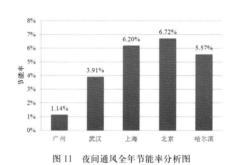

图11　夜间通风全年节能率分析图

第四节　节能优化前后对比分析

一、采暖空调负荷分析

综合以上分析，分别就内遮阳结合顶部机械通风方案、天窗玻璃优化设计选型以及夜间通风方案进行了详细论述，并对各方案所能实现的节能最大化方案及节能量进行了模拟分析和计算，对各方案的节能率进行汇总分析（图12）。由此可知，三项节能措施的实施明显地降低了中庭的建筑能耗，节能量在11.9～14.4kW·h/m²，节能率为14.1%～22.1%。其中，内遮阳结合顶部机械通风节能量为4.4～6.5kW·h/m²；天窗采用双银低透Low-E

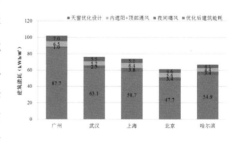

图12　优化后建筑采暖负荷分析图

玻璃后，节能量为4.1~7.0kW·h/m²，两项措施的节能效益明显，各类分区均可采用。但由于夜间通风受室外温度影响较大，在寒冷、严寒地区及夏热冬冷地区建议采用此项措施，该项措施用在夏热冬暖地区其节能量有限，从投资角度考虑，不建议在夏热冬暖地区采用该项技术。

二、室内温度分布

由图13可以看出，各层人行高度区域在空调状态下的温度在20℃~28℃之间，在典型通高区域块内，人行区域处温度在24℃~27℃之间，满足人体热舒适对室内温度场的要求；而且空调送风口布置在走廊与通高区域的交界处，且采用上送风方式，在走廊与通高区域之间形成了风幕，避免了通高区域中温度稍高空气向走廊中扩散，有利于改善人行区域热舒适度且减少空调系统能耗。与此同时，通高区域顶部，即内遮阳与天窗之间温度较高，最高达到50℃，此高温空气若不及时排出，对顶部构件安全及空调系统能耗均是不利的，进一步验证了内遮阳结合顶部机械通风的必要性。

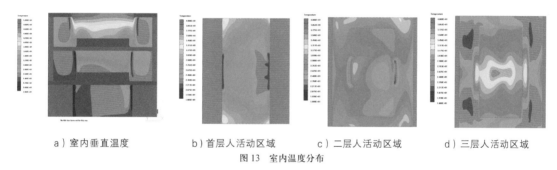

a）室内垂直温度　　　b）首层人活动区域　　　c）二层人活动区域　　　d）三层人活动区域

图13　室内温度分布

三、室内采光效果对比分析

由图14可以看出，采用单银高透Low-E及双银高透Low-E玻璃，室内cav可以达到5%以上；采用单银中透Low-E玻璃，室内cav可达到3%以上；采用双银中透Low-E玻璃及双银低透Low-E玻璃，室内cav可以达到2%以上；而采用单银低透Low-E玻璃，室内cav仅能达到1.25%。经以上分析可知，出单银低透Low-E玻璃未能满足室内一般作业要求以外，其他类型的玻璃均能满足1.5%的要求。

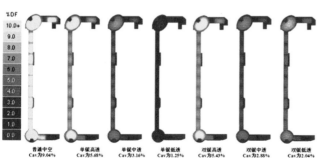

普通中空　　单银高透　　单银中透　　单银低透　　双银高透　　双银中透　　双银低透
Cav为9.04%　Cav为5.68%　Cav为3.16%　Cav为1.25%　Cav为5.43%　Cav为2.88%　Cav为2.04%

图14　采用Low-E玻璃后室内天然采光系数分析图

注：cav表示采光系数的平均值

第五节 结 论

本文综合利用多种模拟软件，分析了不同气候分区商业建筑中庭在有无内遮阳、不同热工性能的围护结构和不同通风方案下室内热舒适度、建筑能耗以及室内采光的差异，得出以下主要结论：

（1）通过对内遮阳系统的分析，结果表明内遮阳结合顶部机械通风措施在各地区均是适用的。内遮阳措施可使人活动区域的室内均温降1.5℃～2℃，提高了室内舒适度，该措施有效降低空调系统耗电量，节能率从南到北逐渐增加，从6.33%增加至10.51%，但节能量广州的万达广场最高，上海的次之，哈尔滨的最低。

（2）通过对天窗热工性能的分析，结果表明影响不同气候分区能耗的关键因素有所不同，影响广州、武汉、上海、北京等地区的万达广场中庭能耗的主要因素是天窗遮阳系数，影响哈尔滨的万达广场的关键因素是天窗传热系数与遮阳系数。从节能角度来看，首先推荐采用节能量最高的双银Low-E低透玻璃，其次，广州、武汉、上海、北京的万达广场选用单银Low-E低透玻璃，哈尔滨的万达广场选用双银Low-E中透玻璃。

（3）通过对通风策略的分析，结果表明，夜间通风有效降低房间室温和能耗，夜间通风措施在各地区均是适用的。其节能率在1.14%～6.72%之间，北京的万达广场节能率最高，其次上海的万达广场，广州的万达广场节能率最低。夜间通风受室外温度影响较大，在寒冷、严寒地区及夏热冬冷地区建议采用此项措施，该项措施用在夏热冬暖地区其节能量有限，从投资角度考虑，不建议在夏热冬暖地区采用该项技术。

（4）通过对综合利用内遮阳与顶部通风、天窗热工性能优化及夜间通风措施研究分析，结果表明，在天窗能够满足一般作业要求情况下，三项措施的实施不仅可减少建筑空调采暖负荷，降低建筑能耗，而且在满足室内一般作业要求的光环境条件，改善了室内热舒适度。三项措施节能效果明显，节能率在14.1%～22.1%之间，其中北京的万达广场节能率最高，其次是上海的万达广场，广州的万达广场最低。

大型商业建筑的整体节能设计和运行

万达商业规划研究院　范珑

欧文斯科宁（中国）投资有限公司　唐德超

第一节　概述

进入21世纪以来，中国进入了全球碳排放最高国家的行列。同时，我国又是世界上年新建筑量最大的国家，每年新建筑竣工约为20亿m²，消耗标准煤6亿t，建筑能耗占全国总能耗的30%左右，建筑的二氧化碳排放占总排放接近50%，这一比例远高于工业和运输业的总排放。

在我国，大型公共建筑的单位面积能耗是住宅建筑的10~20倍。大型公共建筑的总面积虽然仅占我国城镇民用建筑面积的5%，但是用电量却占建筑总用电量的25%。例如，上海地区各类公共建筑的单位面积年平均能耗分布如表1所示。

表1　上海地区公共建筑的单位面积年平均能耗统计

	最低值 (kW·h/m²)	最高值 (kW·h/m²)	平均值 (kW·h/m²)
办公类	38	234	114
宾馆酒店	42	348	169
商场类	35	490	229

2011年，国家财政部、住房和城乡建设部联合发布的《关于进一步推进公共建筑节能工作的通知》（简称《通知》），明确了"十二五"期间公共建筑节能工作目标，并且对目标的实施和落实提供了明确的政策保证。其中，到2015年，重点城市公共建筑单位面积能耗下降20%以上，其中大型公共建筑单位建筑面积能耗下降30%以上；重点城市完成改造建筑面积不少于400万m²，中央财政补助标准原则上为20元/m²。

因此，对公共建筑的设计进行节能优化，将有效控制建筑能耗的无序增长，是实现节能减排目标的重要途径之一。

第二节　计算机集成建筑环境模拟技术和绿色建筑

一、建筑节能性能化设计

计算机辅助设计在建筑建筑设计领域经历了从绘图工具、计算工具、设计工具，到模拟工具的演变历程。随着计算机技术的普及和发展，计算机模拟技术已经深入建筑设计的各个领域，成为各类节能、生态建筑设计，超低能耗、绿色建筑评估和绿色建筑设计的重要工具。

现实中，建筑物是一个物理整体，它的内部空间、功能、运行、使用、用户互相关联，和建筑物的周界构成一个相关的综合环境。近年来，随着计算机技术的普及，商业建筑工程模拟软件逐渐为设计界接受，已经广泛应用于设计的各个阶段中。但是由于商业软件的局限性，这样的计算机模拟的分析通常需要将相关联的物理现象分割、简化为相对独立的物理现象来进行模拟分析，通过一个串联的流程来完成整体的设计。同时，由于商业软件间的不兼容，需要重复建模，重复引导，将一个软件的输出转换处理成另一个软件的输入，不仅影响了模拟分析的准确性，同时也在一定程度上造成了人力、时间和信息资源的浪费。图1为现有常用的模拟技术在性能化设计中的应用。

二、集成节能性能化设计方法

集成节能性能化设计是以建筑物各用能源设备和系统的优化方案为变量，以技术经济指标为目标函数，基于大量集成模拟性能分析的最终优化设计方案。

性能化设计和模拟是两个不同的概念，后者为前者的手段和工具。初学者往往仅满足于对某个特定节能设计措施或方案的模拟分析，确定该措施在特定条件下的节能量，进而借助模拟软件的后处理手段来进行美化，例如采用CFD软件生成云图或流线图来展示。通常，这样做的目的更多的是作为一种营销手段。

采用整体计算机模拟为手段的性能化节能设计，可以让我们在有限的时间内，对大量的节能设计方案以及其组合进行整体性能分析和评估，创建方案—节能—经济性能指标数据库，从而可以按照节能（能耗）和经济指标目标函数进行优化，为设计项目制订最佳节能设计方案。显然，要这样做，采用图1所示的串联式流程就有很大的难度。

集成性能化设计环境应该具有以下基本要素：

（1）只需建立一个模型，实现CAD数据共享；（2）BIM信息平台，支持模拟过程中建筑信息的无缝连接；（3）整体性能模拟，实现信息增值。

图2所示集成模拟环境下进行建筑性能化设计的概念。

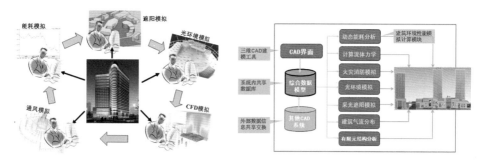

图 1　传统建筑节能性能化设计方法　　　　图 2　集成节能性能化设计环境

三、BIM 技术和集成设计平台

自 2002 年以 1.33 亿美元巨资收购了 Revit 技术公司后，AutoDesk 公司开始推出以 Revit 为核心的 BIM 解决方案，并在媒体和业界做了很大力度的推广，由此引起了业界高度关注。很多国家已经应用 BIM 技术标准进行建筑设计、施工和政府监管部门的管理，并以此建立了在 AEC 业界 BIM 标准。当然，业界其他公司的 BIM 产品，如 Graphisoft，Nemetschek 和 Bentley 公司的建筑业解决方案 BIM，相比 AutoDesk 都有很多独到之处。

事实上，国际上在 BIM 领域和其数据结构的研究开始更早，20 世纪 90 年代初期在建筑产品数据模型（Product Data Model）领域的研究，关于 STEP 数据交换标准的理论和实践，以及其后发展的 Green Building XML 数据结构是构成当代 BIM 数据信息结构理论和实践的基础。

在 BIM 技术中，建筑空间数据如何与建筑物理性能整合依然是 BIM 整体技术上的一个瓶颈。McGraw Hill Construction 关于绿色 BIM 的报告指出，48% 的建筑、机电设计公司，58% 的工程承包商尚未采用 BIM 技术就是出于这个原因。

第三节　计算机集成节能设计的应用

本文通过实际案例，对集成节能设计的理念和方法进行演绎，在建筑设计的初期，采用集成建筑模拟技术对众多节能方案进行优化和技术经济分析，最终为项目的节能减排目标制订切实可行的方案。模拟软件平台采用 Visualesp-r（图 3）。

大庆萨尔图万达广场位于大庆市，建筑面积 58 万 m^2，由大型购物中心、五星级酒店、室外步行街、高档住宅和高端写字楼组成的城市综合体项目。节能性能化设计针对其购物中心部分进行，地上面积约 9 万 m^2（包括步行街），地下约 7 万 m^2（图 4）。

节能性能化设计针对目标建筑物的能源系统进行整体优化，通过技术和经济性分析，为项目提供具有可选性的节能技术和投资采购方案。

性能化设计针对以下能源分系统进行：幕墙系统、冷、热源、可再生能源、水资源、空调系统和运行、电气系统、自然采光、自然通风等。设计中，首先对各个能源分系统建立可选技术方案，对每

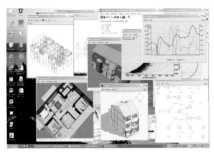

图3　Visualesp-r集成模拟软件平台　　　　　　图4　商业综合体案例项目

一种方案进行集成模拟分析,由此建立能耗和经济参数的目标指标数据库。

例如,在幕墙方案中针对5种不同方案进行了整体技术经济分析。同样,对冷、热源系统指定了5种可选方案。图5是针对5种方案的运行经济指标比较。

项目中针对一系列专题进行了整体节能技术经济分析,包括:空调新风量控制的节能性能和投资成本分析和控制策略;室内步行街采用自然通风式开窗位置优化;室内步行街采光顶采光面积减少15%、30%、45%对能耗的影响;过度季和冬季采用新风供冷的适用条件;采用日光感应器调光控制系统的节能和经济性;采用LED灯照明对商场照明效果的视觉效果和节能经济性;空调机组和风机盘管的运行控制优化。最后,根据整体节能分析的结果,建设的约束条件,制订最终节能优化设计方案,为项目提供决策依据。表2给出了、按投资回报周期长短排序的11种可选节能措施整体技术经济指标。

根据建设项目希望达到的节能目标,即住房和城乡建设部的绿色建筑评价星级指标一星级和二星级的节能和减排指标,表3给出了与参照建筑相比的节能、运行费用和二氧化碳排放量。

与表1中上海地区公共建筑商业类的单位面积年平均能耗比较,本项目节能约45%以上。

图6为节能优化设计方案和参照建筑的逐月用能(电耗)比较。

图7为采用节能优化方案与参照建筑的全年电耗的配比比较。

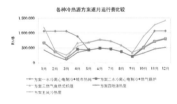　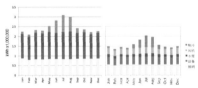　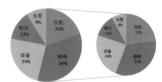

图5　冷、热源系统运行经济指标　　图6　节能优化方案和参照建筑的能耗比较　　图7　优化方案和参照建筑电耗配比比较

第四节　建筑整体能耗计量和节能运行优化

一、能耗计量的传统意义

能耗计量作为节能运行优化的一个关键,是建筑性能化设计的一个重要组成部分。研究和

表2　项目节能技术经济分析

节能方案	增加投资（万元）	节能收益（万元/年）	投资回报周期（月）
自然通风应用方案	10	90	1
地下车库诱导通风方案	30	40	9
幕墙结构、步行街天窗优化	92	85	13
新风供冷	150	125	14
空调变风量及水系统变频水泵	160	72	26
照明节能与智能照明控制系统	250	110	28
水蓄冷供冷	161	62	31
排风热回收	250	77	38
太阳能热水应用	61	18	41
资源管理平台	260	70	45
中水回用	120	25	58
汇总	1544	774	24

表3　绿色建筑节能标准的增益指标

	总耗气量（m³/m²）	总耗电量（kW·h/m²）	运行费用（元/m²）	CO_2排放量（kg/m²·a）
参照建筑	26.8	152.4	193.1	191
一星级绿色建筑标准	22.4	121.4	148.4	154
二星级绿色建筑标准	18.5	107.6	115.8	134

管理大型商场节能运行方法虽然很多，但传统的方法往往仅注重空调系统运行和管理，通过能耗分项计量，来控制和消除非正常操作，从而使运行达到设计要求和节能。常义下的能耗分项计量，其目的仅仅是对系统运行状态进行检测，及时发现运行中的异常现象，从而进行分析和诊断，使系统回复到正常的运行状态。图8为商场运行的能耗分项计量方案。

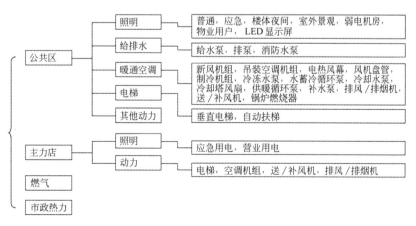

图8　商场运行的能耗分项计量方案

二、建筑物整体能耗性能优化和控制

事实上，能耗（分项）计量只是一种手段，对计量结果深层次的处理和利用，对节能运行和控制有更深入涵义。基于整体集成节能性能化设计的能耗（分项）计量以计量各参数来进一步修正和标定建筑物的整体集成能耗模型。在此基础上，同过大量的模拟计算分析，以现代数学手段找出实际建筑物以及其系统、室内外环境参数、使用、运行状态与建筑物整体节能目标之间的动态规律和函数关系，从而为建筑物和系统的运行量身定制可计量、可预测、可控制、可实施的优化运行方案。

本文介绍从建筑物整体性能出发，以节能性能化设计、实时计量和模拟预测为手段，实现最佳节能运行的方法。

在实施分项计量之前，首先需要根据建筑物和系统的实际配置对建筑模拟的模型进行标定，主要包括以下三个方面：

（1）室内、外环境参数：运行年的室外气象参数和室内环境参数的实际参数；（2）建筑物和系统参数：实际建筑物围护结构材料，空调、照明、电气、水等系统的实际配置、运行和控制参数；（3）建筑物的使用参数：包括商场的运营日程和时间，各区域的使用特征，人员密度时间表。

以实际测量和分项计量的环境和运行参数为依据，以性能化设计方法，建筑物整体性能模型对不同运行情景和运行状态进行大量模拟计算分析，对影响目标函数（如能耗）的敏感参数进行灵敏度分析，利用相应的数学工具和手段，最终导出与能耗目标函数相关变量的函数关系，从而为实际建筑物和系统的运行以能耗为目标进行优化，为运行和管理提供准确可靠的科学依据。图9为商场运行节能性能化设计的计量和运行优化原理。

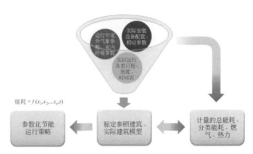

图9 节能性能化设计分项计量和运行优化原理

第五节 总 结

大型公共建筑的单位面积能耗是住宅建筑的10~20倍。国家和地方政府独对公共建筑节能明确了"十二五"期间工作目标。整体节能设计优化的性能化设计和BIM平台是公共和商业建筑节能提供了有效的工具。整体节能性能化设计从设计方案阶段开始到建筑物建成运行的整个阶段对节能目标进行优化，为商业地产的绿色建筑设计、建设和运行提供科学依据。

万达广场的谐波治理与节能

万达商业规划研究院　杨成德
中国建筑设计咨询公司　冯菊梅

第一节　谐波治理的必要性

一、谐波的主要来源

影响电源质量的主要就是非线性用电设备，非线性用电设备主要有以下四大类：

（1）交流整流再逆变用电设备：如变频调速、变频空调、双速风机等；

（2）用于舞台、影剧院、可控硅调光设备；

（3）电源设备：如电视、电脑等；

（4）大量的直管荧光灯的电子整流器。

二、万达广场内电气系统谐波情况简介

万达集团每年开发十几个万达广场项目，原有万达广场项目有几十个。每个项目有几个、甚至十几个变电所，万达广场大部分是商业、写字楼、娱乐楼、影城等，含有众多的谐波源设备。电力谐波存在以下危害：

（1）谐波导致保护和自动装置误动或拒动引发非正常断电和设备中断事故，引致重大的无法估量的损失；

（2）谐波电流频率增高引起明显的集肤效应，使电力电缆和配电线路的导线电阻增大，线损加大，发热增加，绝缘过早老化，易发生接地短路，形成火灾隐患；

（3）诱发电网谐振，导致谐波过电压和过电流，损坏电容器补偿等电气设备；

（4）导致电机和变压器产生附加损耗和过热，产生机械振动、噪声和谐波过电压，降低效率和利用率，缩短使用寿命；

（5）对邻近的通信、电子或自动控制设备产生干扰，甚至使其无法正常工作。

三、谐波治理就是节能

我们说治理谐波就是节能，因为对谐波的治理首先要把用电环境搞清，先测量谐波的含量，一般情况下超过10%就要治理。谐波通过电容耗电，对电网是污染。所以治理谐波不但可以减少污染，还可节能、节电，是非常必要的。

第二节　万达广场谐波产生及治理方案探讨

一、万达广场谐波源

万达广场大部分是商业、写字楼、娱乐楼、影城等，由于大量的日光灯、电梯，动力用电等用电设备的使用，配电系统中存在大量的谐波电流，大量谐波电流在配电系统上产生谐波电压畸变，使得配电系统电能质量状况更加恶化。严重影响配电系统的安全以及用电设备的正常运行。谐波状况亟待进行治理。

二、谐波治理方案探讨

（一）谐波治理的目标

相电流总谐波电流大幅降低，不超出滤波器容量情况下谐波滤除率大于80%。系统相电流谐波含量和电压谐波总畸变率达到国标要求。中线电流三次谐波电流降低到国标值以内，有效值大幅度降低，降低过大的电流对中线造成的压力。

（二）治理方案

对具体项目进行实地检测，掌握具体的谐波数据，并分析谐波产生的原因，基于以上实测数据在相应的位置有针对性地安装有源滤波装置。经过实际案例，该方案切实可行并达到了治理谐波和节能预期目的。

第三节　相关案例及节能效益分析

一、项目供电系统介绍

西安李家村万达广场共有变压器15台，主要负载为照明、动力等。

15台变压器配电系统图接线比较类似，本次测试的变压器有：1#西北变压器、2#东北变压器、3#东南变压器、4#西南变压器、沃尔玛2#变压器、万千百货5#变压器、万千百货6#变压器（表1）。下面以1#西北变压器接线为例，其系统组成如图1所示；变压器主要情况统计如图2所示。

表1　变压器主要情况统计

变压器	型号	主要负载
1#西北变压器	SCB10 1600/10	照明、动力
2#东北变压器	SCB10 1250/10	照明、动力
3#东南变压器	SCB10 1250/10	照明、动力
4#西南变压器	SCB10 1600/10	照明、动力
沃尔玛2#变压器	SCB10 1250/10	照明、动力
万千百货5#变压器	SCB10 1600/10	照明、动力
万千百货6#变压器	SCB10 1600/10	照明、动力

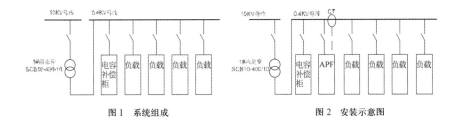

图1　系统组成　　　　图2　安装示意图

二、测试系统介绍

测试点：各变压器0.4kV出线侧，分析软件：HIOKI3197专用软件。

三、1#西北变压器测试数据及分析

从测量数据可以看出，电流波形畸变严重，畸变率达到11.6%，谐波含量为245A×11.6%=28.42A。

四、2#东北变压器测试数据及分析

从测量数据可以看出，电流波形畸变严重，畸变率达到12.1%，谐波含量为501A×12.1%=60.62A。

五、3#东南变压器测试数据及分析

从测量数据可以看出，电流波形畸变严重，畸变率达到20.8%，谐波含量为796A×20.8%=165.57A。

六、4# 西南变压器测试数据及分析

从测量数据可以看出，电流波形畸变严重，畸变率达到14.3%，谐波含量为877A×14.3%=125.41A。

七、沃尔玛2# 变压器测试数据及分析

从测量数据可以看出，电流波形畸变严重，畸变率达到9.5%，499.5A×9.5%=47.45A。

八、万千百货5# 变压器测试数据及分析

从测量数据可以看出，电流波形畸变严重，畸变率达到23.1%，谐波含量为689A×23.1%=159.16A。

九、万千百货6# 变压器测试数据及分析

从测量数据可以看出，由于存在大量单相照明、动力负载，造成三相不平衡度很大；产生大量3、5、7次谐波电流，其中3次谐波电流通过中线进行叠加，对N相线路形成比较大的压力，电流波形畸变严重，畸变率达到26.8%，谐波含量为732A×26.8%=196A。根据测试数据，在变压器低压侧加装三相四线滤波装置，以治理负载产生的大量3、5、7次谐波电流。

十、谐波治理装置选型

1# 西北变压器谐波含量为245A×11.6%=28.42A，需留有足够的裕量，在变压器低压负载侧进线处安装一台50A三相四线有源电力滤波器。

2# 东北变压器谐波含量为501A×12.1%=60.62A，需留有足够的裕量，在变压器低压负载侧进线处安装一台100A三相四线有源电力滤波器。

3# 东南变压器谐波含量为796A×20.8%=165.57A，需留有足够的裕量，在变压器低压负载侧进线处安装一台200A三相四线有源电力滤波器。

4# 西南变压器谐波含量为877A×14.3%=125.41A，需留有足够的裕量，在变压器低压负载侧进线处安装一台150A三相四线有源电力滤波器。

沃尔玛2# 变压器谐波含量为499.5A×9.5%=47.45A，需留有足够的裕量，在变压器低压负载侧进线处安装一台75A三相四线有源电力滤波器。

万千百货5# 变压器谐波含量为689A×23.1%=159.16A，在变压器低压负载侧进线处安装一台200A三相四线有源电力滤波器。

万千百货6# 变压器谐波含量为732A×26.8%=196A，需留有足够的裕量，在变压器低压负载侧进线处安装一台200A三相四线有源电力滤波器。

十一、安装方式

安装示意图如图2所示。

十二、节能效益分析

以万千百货6#变压器为例，谐波电流治理后，节能效益分析如下：

（1）滤波后基波有功的减少P_H $P_H=\sum\limits_{H=5,7,11,13}\sqrt{3}\times U_H\times I_H\times\sin\varphi_H=0.49(kW)$

（2）滤波后基波有功的减少P_l $P_l=\sqrt{3}\times U_l\times(I-I_l)\times\cos\varphi_1=7.4(kW)$

（3）谐波在变压器中的有功能量损耗P_T； $P_T=3\sum\limits_{h=2}^{\infty}I_h^2R_Tk_{kT}=15.57(kW)$

式中 I_h——通过变压器的次谐波电流；

R_T——变压器工频等值电阻；

K_{kT}——由于谐波的集肤效应和邻近效应使电阻增加的系数，当h为5、7、11和13

时，K_{kT}可分别取2.1、2.5、3.2和3.7。

（4）谐波无功的能量损耗D $D=\dfrac{I_H}{I_l}\times Q_l$

其中 $Q_l=\sqrt{3}\times U_l\times I_l\times\sin\varphi_l$

有源滤波器的功率损耗2kW，按照平均2kW计，则：

滤波总有功节省为：$P=P_H+P_T+P_0-2=21.46(kW)$

滤波总无功节省为：$D=3.53kVAR$

按照有功电费0.6元/kW·h,无功功率18.00元/kVAR/月的价格计算：

a．每年节省有功电费(按照每年12个月，每月工作22天，每天12小时计算)

$P\times12$月$\times22$天$\times12$小时$\times0.6$元/kW·h=4.08万元

b．每年节省谐波无功电费(按照每年12个月计算)

18元/kVAR/月$\times D\times12$月=762.48元

c．总节省电费费用(按照每年12个月计算)

总节省电费费用=a项+b项=4.16万元

注：以上结果是在测量值和其他估计值的基础上计算而得，测量的误差和估计值的误差将会直接影响最终计算结果（本计算仅供参考）。

第四节　小结

通过以上分析可以看出，谐波电流对万达电网的可靠、安全运行，存在很大威胁。有源电力滤波器并联在电网中，滤除谐波电流可有效缓解谐波对电网的压力，将谐波危害降低到最低。同时，经过谐波治理，还有一定节能效果，会大大降低线路、变压器损耗，提高输电设备的使用寿命，节约社会资源。

供电系统安全始终是第一位的，保证电网系统安全，需要从各个方面考虑，尽可能减少或者降低存在的供电隐患，同时绿色电网、节能降耗，也符合现代化企业发展要求，所以谐波治理势在必行！

10 新光源和新技术在城市综合体中的应用

万达商业规划研究院 黄引达 杨艳坤 邓金坷

第一节 什么是绿色照明

"绿色照明"是美国国家环保局于20世纪90年代初提出的概念。

"绿色照明"是指通过提高照明电器和系统的效率,节约能源,减少发电排放的大气污染物和温室气体,保护环境,改善生活质量,提高工作效率,营造体现现代文明的光文化。

完整的绿色照明内涵包含高效节能、环保、安全、舒适等4项指标,不可或缺。

高效节能意味着以消耗较少的电能获得足够的照明,从而明显减少电厂大气污染物的排放,达到环保的目的。

安全、舒适指的是光照清晰、柔和及不产生紫外线、眩光等有害光照,不产生光污染。

第二节 绿色照明中的新光源新技术

一、新光源——高效节能的电光源

(一)高效节能荧光灯

高效节能荧光灯现已成为家喻户晓的节能产品,特别是配有电子镇流器和选用E27螺口灯头的一体化型产品,光效达到70lm/W,而且它是公认的目前取代白炽灯唯一适宜光源。

（二）高效陶瓷金卤灯

陶瓷金卤灯是一种比较先进光源，寿命长、光效高、显色性好、色温恒定，大量应用于商业照明。

（三）LED光源系列

LED（Light Emitting Diode，发光二极管），是一种固态的半导体器件，它可以直接把电转化为光。LED的特点非常明显，寿命长、光效高、无辐射与低功耗。LED的光谱几乎全部集中于可见光频段，其发光效率可超过150lm/W。将LED与普通白炽灯、螺旋节能灯及T5三基色荧光灯进行对比，结果显示：普通白炽灯的光效为12lm/W，寿命小于2000小时，螺旋节能灯的光效为60lm/W，寿命小于8000小时，T5荧光灯则为96lm/W，寿命大约为10000小时，而直径为5毫米的白光LED光效理论上可以超过150lm/W，寿命可大于100000小时。

二、新技术——安全舒适

（一）新的设计理念

加强照明设计队伍的业务建设，提高照明设计质量意识。要求照明设计工作者不仅要掌握照明设计的理论，还要了解国内外有关照明技术的新动态，通过科学的照明设计，采用发光效率高、寿命长、安全和性能稳定的照明电器产品（电光源、灯用电器附件、灯具、配线器材，以及调光控制器和控光器件），改善提高人们工作、学习、生活的环境质量。

（1）照明分布的优化：通过减少LPD(照明功率密度)，平衡照明需求和节能之间的关系，创造舒适的光环境；

（2）高效产品的选择：通过新技术最大化提高灯具工作效率。

（3）精确的电气设计：通过选择合理电缆，降低线路阻耗，减少用线量，用电量。

（4）合理的控制眩光：通过选择控光好的设备，避免出现直射眩光，减少对周边环境影响。

（二）新的照明控制——采用各种照明节能的控制设备或器件：

（1）光传感器

（2）热辐射传感器

（3）超声传感器

（4）时间程序控制

（5）直接或遥控调光

（6）电控遮阳帘

（三）日光应用

（1）太阳能：世界各地很多低碳建筑中均采用了太阳能发电，道路照明也越来越多地采用了太阳能照明，并且越来越多的得到尝试和认可，绿色节能、绿色照明与太阳能的结合正成为未来建筑及照明的发展趋势（图1）。

（2）自然光：通过光导照明系统把自然光均匀高效的照射到场馆内部，从而打破了"照明完全依靠电力"的观念（图2）。

图1　太阳能路灯照明　　图2　外立面玻璃采光窗

第三节　什么是万达城市综合体

万达广场历经十余年发展，已从第一代的单店、第二代的组合店，发展到第三代城市综合体。城市综合体是万达集团在世界独创的商业地产模式，内容包括大型商业中心、城市步行街、五星级酒店、商务酒店、写字楼、高级公寓等，集购物、餐饮、文化、娱乐等多种功能于一体，形成独立的大型商圈，万达广场就是城市中心。

城市综合体是把国外特色的室内步行街与中国特色的商业大楼结合在一起，同时在商业综合体中组合了写字楼、公寓、酒店等多元业态，商业中心里面增加文化、娱乐、健身、餐饮等丰富内容，构筑内部"商业生态系统"，不仅成功达到了产品链和资金链的最优组合和良性循环，而且逐步实现了从原来以营销为导向的订单地产向持有型订单地产的重要转折。

万达城市综合体不仅包括文化、娱乐、健身、餐饮等各种商业业态，还有写字楼、公寓、酒店等多元业态，因此照明在综合体中的运用相当广泛，同时也是整个综合体的"耗能大户"，我们在工作中已经引入了绿色照明的理念。

第四节　绿色照明在万达城市综合体中的运用

绿色照明在城市综合体中的运用主要体现在以下几个方面：

一、新光源的大量应用——LED、高效荧光灯、高效金卤灯

LED照明产品的寿命要比传统产品寿命高十倍以上，属于高新尖端产品，在计算机的操控下，能够更好地在线编程并且可以随时升级（色彩斑斓、变化丰富，满足万达广场商业性建筑的特点）。所以，它更适合当今的数字信息化发展。

最重要的是，LED照明产品符合环保概念。因为它能耗低，属于直流驱动，发光效率高，在同等的照明情况下，可比传统照明产品节能80%以上。有关专家分析指出，LED作为新型的绿色光源产品，必然是未来发展的趋势。

（一）室外LED的应用

在万达的所有项目中，建筑照明中的大商业裙房、写字楼、酒店、公寓塔楼、室外金街立面，95%以上的泛光照明灯具采用LED光源（图3、图4）。

图 3　厦门湖里万达广场室外 LED 照明　　　　　　图 4　常州新北万达广场室外 LED 照明

（二）室内 LED 的应用

在万达的设计中强制性规定地下车库必须采用 LED 光源照明，以节约能耗（图5）。商场室内照明中的商业橱窗、室内灯箱，广告灯箱，店招也尽量采用 LED、陶瓷金卤灯等高效光源（图6）。酒店的客房，凡提供功能性照明的灯具均采用 LED 光源（图7）。

图 5　地下车库 LED 照明　　　图 6　常州新北万达广场室内 LED 照明　　　图 7　酒店客房 LED 照明

（三）景观照明中 LED 的应用

广场、步行街及绿化部分的景观照明大部分灯具采用 LED、陶瓷金卤灯、紧凑型荧光灯等高效、绿色光源（图8、图9）。

二、自然光的应用

万达所有项目的室内步行街、中庭的屋顶均采用玻璃顶，充分利用自然光，减少电能的消耗，营造自然舒适的室内光环境（图10、图11）。

图 8　窗外水景 LED 灯具　　　图 9　窗外 LED 灯带　　　图 10　窗内步行街采光顶　　图 11　窗内中庭采光顶

三、智能控制系统的应用

万达所有项目的照明控制系统均采用了合理、有针对性的智能控制系统。楼体泛光照明是建筑一个闪光点，是凸现建筑特点的重要手段，但同时也是耗电的大户，如何扮靓建筑又减少不必要的浪费就显得尤为重要。我们在智能化系统中主要通过日期设置及时间设置完成这个任务。在主控计算机上，对开启/关闭时间进行设定，如晚上6点开启整个泛光照明灯，10点关闭部分灯，12点以后只保留很少的灯或全部关闭，当然，还要根据一年四季昼夜长短的变化和节假日进行相应地调整。

办公区、酒店等高档区域通过多种控制方式对照明进行控制，这其中包括场景控制、遥控、调光控制等。可以在不同的环境要求如办公、会客、休闲，开启不同的灯具组合并进行调光等操作，而这些都可以通过编程进行预设置，使用时只通过单键操作即可。

会议室、多功能厅等场所是办公楼的一个重要组成部分，通过场景设置可以将其设定为会议报告状态、多媒体会议状态、娱乐休息状态、清扫状态等，真正使多功能场所在照明上实现多功能化作为辅助区的大厅、走廊、楼梯间、洗手间等场所，因为使用比较频繁，时间性强，一般以时间控制为主并结合安装红外感应器等方式以达到节约能源的目的。

楼梯间在现代办公建筑中，尤其是高层建筑中已不作为主要通道而只作为辅助通道及应急疏散通道使用，所以楼梯间的照明控制方式以红外感应延时开关为主。人来开灯，人离开后延时关闭，这样可以大大地节约能源，而在火灾报警确认后，应急点亮楼梯间照明作为疏散照明，有利于人员疏散。

现代建筑中洗手间已显得越来越重要，是体现办公环境的重要环节，但这种地方也存在管理的盲区，普通管理方式下这里的灯经常成为长明灯，比较浪费，而智能化设计中采用红外感应进行控制，人来开灯，人走延时关闭或采用传统方式与时间控制相结合的方式，在平时由传统方式控制，晚间无人后通过定时将回路断开以节约能源。

第五节　结束语

万达城市综合体通过将不同的业态融为一体，有机整合了商业、商务及居住等多种城市商业功能，在业态间形成了良好的互动作用，同时也带来了较大的能源消耗，作为一个对社会负责的大型企业，万达集团在快速发展的道路上，不断地采用新技术、新理念，从多方面减少能耗。在照明节能方面，大量采用了LED光源，减少了电能的损耗，降低对环境的影响。由于万达城市综合体的巨大体量，在照明节能的道路上，我们还有很大的潜力可以去开发和挖掘，扎扎实实地做到绿色照明。

11

LED 绿色光源
在万达广场室内照明的应用

万达商管公司总部 崔福贵 田礼讯

万达集团高度重视万达广场的节能减排工作，在满足商业运营要求的前提下，2009年起采取了优化光源形式的措施，有选择地使用LED灯具，地下停车场先行采用LED灯具，形成LED应用路径：从停车场、设备间、办公区、消防应急通道照明起步，逐渐替代营业区域主照明。

目前，万达广场已经进行LED地下停车场改造的有8个，所有新建项目的停车场直接采用LED照明灯具；成都锦华路万达广场塔楼应急照明及办公区域照明系统通过节电效果租赁形式试点LED照明改造，沈阳铁西万达广场步行街公共区域照明及地下停车场照明系统分别实施节电分享型合同能源管理（节电薪金模式）LED照明改造。

第一节 LED 绿色照明引领第三次照明革命

纵观整个节能照明行业，按技术先进性可以分为普通荧光灯、节能灯（紧凑型荧光灯）、LED（Light Emitting Diode,发光二极管）三大类产业，而科技含量高的LED照明是当前能源短缺和环境压力下，照明行业唯一可持续性发展的新一代绿色光源，正在引领第三次照明革命。

一、室内照明灯具

（一）普通荧光灯（fluorescent lamp）

即传统的荧光灯（图1），外置电源，通过辉光放电转换，功率大，含氩、汞等有毒材料，有闪烁现象，发光效率不够高，热稳定性差，光衰较大，光通维持率低，工作寿命一般不超过5000h。

（二）紧凑型节能荧光灯 (Compact Fluorescent Lamps，简称为"CFL")

现在已成为国家提倡和普通百姓家喻户晓的节能产品，特别是配有电子镇流器和选用E27螺口灯头的一体化型产品（图2)，这类产品简称为节能灯，自20世纪开始入市，主要产品T5日光灯管、2H、2Ⅱ、2U、3U等品种。内置电感整流器电源，管径小、发光效率较传统荧光灯高，节电约30%，寿命8000h。最大的缺点是含汞高、不环保，废弃灯具对水资源的污染极大。

（三）LED 新型光源

在同样亮度下，LED照明耗电仅为普通白炽灯的1/10，使用寿命50000h，是白炽灯的80～100倍。在全球能源危机、环保要求不断提高的情况下，寿命长、节能、安全、绿色环保、色彩丰富、微型化的半导体LED照明已被世界公认为是继火、白炽灯之后人类照明史上第三次照明革命。

二、LED 的发展状况

LED是一种固体发光器件，它是利用固体半导体芯片作为发光材料，在半导体中通过载流子发生复合放出过剩的能量而引起光子发射，直接发出红、黄、蓝、绿、青、橙、紫、白色的光。

技术起源于20世纪50、60年代，发展到现在，技术成熟，已经广泛应用于工业生产、商业运营、航空、道路交通、公共机构、家庭生活等方面。

三、LED 的品质标准

目前，在发达国家已经形成了LED认证的品质标准，具体有美国的UL认证、加拿大的CUL质量认证、欧洲的CE、FCC、Rohs安全及质量认证、德国的TUV质量认证、日本的PSE质量认证、澳大利亚ITACS质量认证等。我国尚未出台LED灯具质量标准和认证制度。

四、LED 新型光源的特点、功能

（1）节电效果显著。整体光效达110lm／W以上，可用小功率的LED灯具替换大功率的普通灯具，在同等照度下，LED灯管比钨丝灯节电85%以上，比传统灯管节电70%以上，节能效果显著。经测算，不计算人员工资和更换灯管费用，1000支24h运行的LED日光灯管（12WLED灯管代替40W日光灯管）1年可节省电费24.53万元(=（40W-12W）×24h×365×1元/kW·h×1000)。

（2）高效率。LED新型光源高精度恒流驱动，直接将电源转化为光源；光源角度小于180°，光能集中利用，减少光损，利用效率达80%以上。

（3）应用广泛。LED新型光源适用于气温在-30℃～-50℃之间的各种环境要求。

（4）安全。LED新型光源属于冷光源，可安全触摸，坚固耐用，光效高更加提高环境的安全性。

（5）绿色环保。LED新型光源不含汞、铅等重金属，无普通灯管破裂溢出的汞污染；用料环保，易于回收再利用；发热量低，减少能源消耗（特别是空调环境的能源能耗）以及二氧化碳排放。经测算，1000支12W停车场LED日光灯管三年可减少二氧化碳排放850t。

（6）有利于健康。LED新型光源调光性能好，室温变化时不会产生误差；显色性好（Ra≥80），显色性接近自然光，对食品既保护又呈现真实颜色。不产生对人体有害的UV和IR辐射，无频闪，保护视力，确保使用的舒适和健康。

（7）维护成本低。LED新型光源照明灯具寿命长达50000h，特别适应于照明长期作业需要的场所，省除频繁更换灯具的费用,减少人力成本。

（8）投资回收快、改造成本低。由于LED新型光源灯具节电效果显著，投资一年可回收成本；适用于原有照明系统，无需更换原有灯架，易装快捷，一般专业人员都可以安装，改造成本低；可实施合同能源管理（EMC），零成本使用，有技术和质量的保证。

第二节 国家规划及政策导向

一、节约资源是国策，具有有法律规定要求

《中华人民共和国节约能源法》（1997年11月1日由第八届全国人民代表大会常务委员会第二十八次会议通过,2007年10月28日第十届全国人民代表大会常务委员会第三十次会议修订）自2008年4月1日起施行，其第四条和第二十四条分别明确提出：“节约资源是我国的基本国策。国家实施节约与开发并举、把节约放在首位的能源发展战略。”“用能单位应当按照合理用能的原则，加强节能管理,制定并实施节能计划和节能技术措施,降低能源消耗。”

二、“十二五”节能减排的规划和目标

2011年8月31日，国务院印发《“十二五”节能减排综合性工作方案》（国发〔2011〕26号），全面部署国家“十二五”节能减排的任务目标。具体措施：

（1）实施节能重点工程。实施锅炉窑炉改造、电机系统节能、电机系统节能、能量系统优化、余热余压利用、节约替代石油、建筑节能、绿色照明等节能改造工程，以及节能技术产业化示范工程、节能产品惠民工程、合同能源管理推广工程和节能能力建设工程。到2015年，公共建筑节能改造6000m²，高效节能产品市场份额大幅度提高。

（2）推动商业和民用节能。在零售业等商贸服务和旅游业开展节能减排行动，加快设施节能改造，严格用能管理，引导消费行为。

2011年11月1日，国家发展和改革委员会、商务部、海关总署、国家工商总局、国家质检总局联合印发《关于逐步禁止进口和销售普通照明白炽灯的公告》（以下简称《公告》），决定从2012年10月1日起，按功率大小分阶段逐步禁止进口和销售普通照明白炽灯。

《公告》明确提出，中国逐步淘汰白炽灯路线图分为五个阶段：2011年11月1日至2012年9月30日为过渡期，2012年10月1日起禁止进口和销售100W及以上普通照明白炽灯，2014年10月1日起禁止进口和销售60W及以上普通照明白炽灯，2015年10月1日至2016年9月30日为中期评估期，2016年10月1日起禁止进口和销售15W及以上普通照明白炽灯，或视中期评估结果进行调整。通过实施路线图，将有力促进中国照明电器行业健康发展，取得良好的节能减排效果，预计年减少二氧化碳排放4800t的能力。

第三节　万达广场绿色规划、运营描述和LED照明的应用规划

依据万达集团"一个万达广场，一座城市中心"的战略布局，近100家万达广场跨越国内南北东西，其建筑特性及经营特性具有"体量大、内区大、照明强度高、经营时间长、人流密度高，稳定内热，供冷期较长，在冬季，尤其是北方城市，温度梯度较大"的特点，空调、照明用电量大，二者能耗占整个建筑的90%左右。按照国家《绿色建筑评价标准》，整体布局上坚持"一街带多楼"商业规划模式的节能设计绿色建筑，着力商业中心空调、照明的节能工作，节约能源资源、减少污染物排放，有利于树立万达广场品牌和社会形象，建设资源节约型、环境友好型的城市，促进城市的经济、社会和环境的全面协调与可持续发展。

自2009年起，万达集团着手万达广场建筑节能的研究、试点、标准制定和推广的工作。2010年5月，万达商业规划研究院推出了《万达购物中心节能工作指南》，作为指导万达广场节能设计、施工落实、专项验收和后期运营工作的纲领。

第四节　案例：节电薪金分成模式
——沈阳铁西万达广场步行街公共区域及地下停车场照明系统联合能源管理

（1）合作方：杰亮光电照明（深圳）有限公司（以下简称"杰亮公司"）。

（2）合同期限：合同五年，步行街公共区域使用"金杰亮"牌9W、12W、15W暖白（色温4000K～4300K）横插灯分别代替"雷士"牌2×13W、2×18W、2×26W节能灯（图3）、12W牌T8LED日光灯管（图4）代替地下停车场"Philips"T8的40W（日光灯管36W+电子镇流器4W）普通日光灯管，质保五年。

图1　普通荧光灯

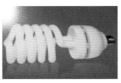

图2　紧凑荧光灯

图3　LED筒灯

图4　LED日光灯管

（3）合作方式：联合能源管理（节电薪金模式）。杰亮公司负责LED灯具产品的提供、包装、运输的工作；沈阳铁西万达广场负责LED灯具的验收、安装、调试、运行管理工作。双方按比例分成共享节电薪金。

（4）节电措施：通过LED灯具改造，项目年节省电费52万多元，综合节电效果达67.76%。

（5）改造效益：沈阳铁西万达广场"零投入"完成相关区域照明系统节电改造，五年合同期间，沈阳铁西万达广场取得近50%的节电薪金，预计节电收益120万元。

LED新型光源已经在万达广场不断应用，逐步推行合同能源管理，加快万达广场节能新技术、新产品的推广应用，不断提高能源利用效率，是高举科学发展观、符合国家节能减排规划和政策要求，构筑绿色综合体万达广场，综合提高万达广场经济效益和社会效益的有效举措。

12 智能化与数字技术在万达广场的应用

万达商业规划研究院　王弘成　秦好刚

万达广场通过将不同的业态融为一体，有机地整合了商业、商务、城市公共空间及居住等多种功能，并在各业态间形成了良好的互动。智能化系统作为万达广场商业综合体的"神经网络"在联系和沟通中起到了非常重要的作用。本文主要针对万达广场智能化系统的应用特点进行逐一阐述。

第一节　万达广场智能化系统

万达广场的智能化系统有如下特点。

（1）子系统较多，包括如下：1）闭路电视监控系统；2）入侵报警系统；3）电子巡更系统；4）出入口控制系统；5）车辆出入管理系统；6）停车场车位引导系统；7）人数统计系统；8）综合布线系统；9）计算机网络系统；10）程控交换机系统；11）有线电视系统；12）背景音乐及公共广播系统；13）楼宇自控系统；14）无线对讲和移动通信信号放大系统；15）不间断电源系统。

（2）各子系统前端点位很多，而且分布密集；管槽错综复杂且主干线槽截面较大。

（3）由于万达广场的整体施工周期比其他商业综合体的施工周期短，大量的交叉作业和密集的多工种互相配合工作造成对施工单位的能力要求很高。

（4）由于商业综合体内分为步行街、百货、各主力店及写字楼等不同业态，管理方的不同决定了各子系统在物理上的分开。

第二节　万达广场智能化系统

万达广场的规模及业态经营管理的需求，决定了万达广场各智能化子系统具有如下功能及应用特点：

一、闭路电视监控系统

闭路电视监控系统主要用于对监控区域内的人、物情况进行宏观监控防范，它可以通过监控图像及时掌握监控区域的情况，并通过数字硬盘录像机对现场图像进行记录、存储。在需要以往监控资料时可进行回放及取证。

在广场周边区域、室外步行街内重要区域、室内步行街中庭及走廊、百货卖场主要交叉路口设置彩色球机，可以监看较广范围内目标；在地下室停车场各出入口、停车场内部车道、生活水箱间、生活水泵房、各建筑至屋面的出入口设置低照度彩转黑枪式摄像机，对以上位置进行实时监控；室内步行街和百货各出入口、室内各楼梯口、电梯厅、扶梯口、消控中心、商管和百货办公区、收银台、服务台等各主要区域设置低照度彩转黑半球形摄像机；万达物业管理的垂直电梯轿箱内设置电梯专用彩色摄像机。

在消控中心采用数字硬盘录像机和矩阵切换器进行管理和录像，全帧录像保留30天。

二、入侵报警系统

入侵报警系统即在商业区域内的重要位置设置各类报警探头，与视频监控系统联动，共同完成整个万达广场的安全保障工作。入侵报警系统可以在晚上无人在现场的情况下发现警情并将报警信号传输至消控中心，并能完成报警的提醒和记录。

在百货的入口、各层楼梯口、百货与其他业态之间的出入口等重要区域设置双鉴红外报警探头，在大商业首层对外有窗的位置设置玻璃破碎探测器，在大商业财务室、收银台、总服务台、残疾人卫生间等重要部位设置紧急报警按钮。

三、电子巡更系统

电子巡更系统的主要作用是督促保安人员、设备管理人员按时、按地巡逻既定的重要区域。一般工程项目宜采用离线式电子巡查系统，离线式具有灵活、方便、可随时增删巡更点的特点，并且此种方式无需布线，因此工期短、造价低。

根据万达广场的实际情况，选用离线式电子巡更系统。离线式电子巡更系统主要由前端信息点、数据采集器、数据变送器和巡更管理软件等组成。

四、出入口控制系统

出入口控制系统（俗称门禁）是以安全防范为目的，对人员流动、物品流动的管理与控制，它具有放行、拒绝、记录、报警四个基本功能。

出入口控制系统主要针对封闭办公区和写字楼通道门通行权限的控制。在地下停车场通往公寓和写字楼的各出入口，以及地上各层楼梯的出入口位置设置读卡器，杜绝进入公寓和写字楼的人员随意流动。

五、车辆出入管理系统

车辆出入管理系统以感应卡与电脑联网应用软件为核心，辅以可靠硬件设备，采用感应卡与计算机及数字图像技术相结合管理方式，对加强停车场管理，方便车主出入起到了十分重要的作用。

万达广场是一个集商业购物、商务办公、酒店、公寓与休闲娱乐等多种业态组合于一体的建筑群，在地下一层及地下二层建有地下停车场。地下停车场的使用对象有在此广场商务办公、公寓住户等固定车主及长期租用客户，也有来此购物、休闲娱乐的临时客户，因此广场地下停车库的管理具有临时性散户使用数量多、时间短；固定车主及长期租用客户使用时间长、次数多且高峰时间集中的特点。

停车场管理系统设备配置包括：入口车道设置一体机（刷卡与吐卡）、读卡器、自动栏杆机、车辆感应器以及图像对比用的摄像机等。出口车道设置收费读卡器、车辆感应器、自动闸门机、图像对比用的摄像机及出口收费亭，亭内有收费系统管理设备，并通过光纤与物业办公网络联网。

六、车位引导系统

为了提高停车场的信息化、智能化管理水平，给车主提供一种更加安全、舒适、方便、快捷和开放的环境，实现停车场运行的高效化、节能化、环保化，结合万达广场的实际情况，在地下停车场设置了超声波停车场车位引导系统，该系统可以自动引导车辆快速进入空车位，降低管理人员成本，消除寻找车位的烦恼，节省时间使停车场形象更加完美。

停车场车位引导系统可以解决传统停车场存在的以下问题：

（1）停车场内到底还有多少停车位可以使用，管理者一无所知，只能靠人工去勘察。

（2）泊车者入场后无法迅速地进入泊车位置停放车辆，只能在场内无序流动中人工寻找空余车位，不但占用场内车道资源，甚至造成场内交通拥堵。

（3）商业管理公司必须配备大量的专职场内管理人员依靠人工去引导车辆停放，影响停车场形象、增加管理成本。

（4）管理者每天无法及时统计不同时期的车流量，不能及时优化车位资源配置，导致停车场利用率低下。

车场的每个入口均应该安装入口车位信息总显示屏，用于显示车场每层剩余车位信息。车场内部重要的岔道口安装车位引导显示屏，它接收中央控制器的输出信息，用数字、箭头和文字等形式显示车位方位，引导司机快速找到系统分配的空车位。

七、人数统计系统

人数统计系统是先进的数字化视频处理技术的一种发展和延伸，该系统通过设置在前端的摄像机所采集的视频图像，准确地统计通道口出入人数和提供人群流动方向等信息。用户可根据需要，指定监测一个或多个出入口，也可以指定统计单一方向或双向的人群流动。根据客户的需要，本系统可以把统计信息生成报表，或上传到其他商业管理平台。

人数统计系统由摄像机、统计服务端、数据库、数据服务器、客户端及局域网组成。前端与闭路电视监控系统相同，在终端通过系统软件与其他硬件实现对进出广场人流的统计。

八、综合布线系统

万达广场综合布线系统主要由以下5个子系统组成：

（一）工作区子系统

工作区子系统是插座到用户终端的区域。

（二）水平子系统

水平子系统存在于水平跳接和插座之间。拓扑结构为星型结构。

水平跳接—水平电缆—插座

（三）管理区子系统

管理区子系统是服务于楼层的空间，用于容纳该楼层的共享设备及配线架。为方便日后的更改、增加、维护，必须要对整个布线系统的电缆、连接硬件、空间、走道等进行统一管理。

（四）主干子系统

主干子系统是桥架竖直部分，用于连接设备间和各楼层电信间的布线系统。

（五）设备间

设备间用于服务于整个大楼或建筑群布线系统，容纳布线系统的设备及主配线架。

（六）入口设施

入口设施是外部电话线、及数据光缆等的入口点。

在室内外商业步行街的每个精品店设置4个信息点位（2个语音点位、2个数据点位），其中2个点位提供给POS点位用；万达商管管理的地下层设备房根据管理需要设置语音和数据点位；百货卖场内每个柱子设1个语音点位1个数据点位；百货收银台设计4个信息点位（2个语音点位、2个数据点位）；语音和数据水平线缆均采用超五类8芯非屏蔽双绞线，垂直干线部分语音采用大对数铜缆，垂直干线部分数据采用6芯光纤；语音主配线架采用机柜式安装的铜缆配线架，垂直干线部分语音采用大对数铜缆；数据主干系统采用光纤；中心配线架设在网络设备和布线机房。

九、计算机网络系统

万达广场的计算机网络系统主要覆盖商业管理与百货的办公区域。计算机网络既需满足员工办公信息通信的需要，又要能适应信息社会的发展，同时，要考虑网络建设的经济性、实用性和网络技术的成熟性。

十、程控交换机系统

在商管办公区和百货办公区各设置一台200门内线（系统可扩容至400门内线）、60路中继（预留扩容条件）；步行街精品店与百货卖场内不考虑内线电话，内线电话仅在物业办公区、物业设备房和功能房、百货办公区使用。

十一、有线电视系统

随着有线电视系统的技术发展，现在的有线电视系统从电缆的邻频860MHz传输发展到光缆传输，从单向电视信号传输发展到双向综合信息业务传输，从模拟信号电视向数字信号电视发展。

在万达广场内引入有线电视信号。万达广场中各主力店的有线电视信号预留至弱电间或弱电井内，申请和开通由使用者自己负责解决；室内步行街各精品店均设置一个有线电视点位；商管大会议室和员工宿舍等位置设置有线电视点位。

十二、背景音乐及公共广播系统

背景音乐（Back Ground Music,BGM），它的主要作用是掩盖噪声并创造一种轻松和谐的气氛，音量较小。公共广播系统以满足业务和行政管理为主，可以起到宣传、播放通知，通告、必要时用来找人、紧急情况下广播疏散等作用。在室内步行街、百货区域内的背景音乐系统火灾时兼做消防广播使用。

在商业步行街商铺内、走廊、中庭处设置吸顶扬声器，且各层各区域要分不同回路设置；百货卖场按适当距离设置吸顶扬声器；在步行街入口和百货入口位置设置一些外挂式大功率音箱，用来提高广场人气。

为了满足在出现火灾情况时，能在第一时间内对发生火警的楼层及相关楼层发出火灾应急广播，系统需要与消防报警系统联动，为此紧急广播系统应具有能与消防中心对应的报警输入接口。

十三、楼宇自控系统

楼宇自控系统是智能建筑的一个重要的组成部分。它的监控范围通常包括冷热源系统、空调系统、送排风系统、给排水系统、变配电系统、照明系统、电梯系统等。

万达广场的楼宇自控系统具有多个工作站联网的功能，以完成不同分系统间的信息传输，实现商管公司、百货管理公司对各分系统的总体情况的监测和管理。

十四、无线对讲和移动通信信号放大系统

由于钢筋水泥结构的墙壁、楼板、立柱等对射频信号衰减吸收很大，射频信号为不稳定非标准的空中传输模式，而手持对讲机由于电磁辐射国家规范等要求，最大输出功率为5W，因而在实际对讲机使用中，出现很多盲区和死角的问题，严重影响对讲系统的正常使用。

万达广场通过对讲机信号楼宇覆盖系统，保障建筑内无线对讲信号无死角。

为方便商管公司对整个万达广场的管理，单独设置一套无线对讲系统，作为物业管理的内部通讯服务，系统设置4个频点。

中转台放置于一楼居中的弱电井内，各层（包括地下一、二层）放置发射及接收天线以覆盖整个商业区域，可充分保证对讲系统的可靠性，使管理人员和保安人员的无线对讲通信得到保障。

移动通信信号的放大系统由各通信运营商自己建设，广场内给其预留专用的机房、共用的竖向管井通道。

十五、不间断电源系统

不间断电源系统即UPS系统(Uninterruptible Power System)，它是一种含有储能装置、以逆变器为主要元件、稳压稳频输出的电源保护设备。在智能化系统应用中，主要起两个作用：一是应急使用，防止电网突然断电而影响正常工作，给计算机系统造成损害；二是消除市电网上的电涌、瞬间高电压、瞬间低电压、暂态过电压、电线噪声和频率偏移等"电源污染"，改善电源质量，为系统提供高质量的电源。

为保障各系统在断电的情况下能正常供电，在消防安防控制中心设置不间断电源系统。

闭路电视监控系统的备电要满足1小时的断电使用需要；入侵报警系统的备电要满足8小时的断电使用需要；网络交换机的备电要满足2小时的断电使用需要；背景音乐系统的备电要满足3小时的断电使用需要；程控交换机的备电要满足12小时的断电使用需要，根据具体需求可以配置子系统自己备电。

总之，随着万达广场建设标准及万达广场商业管理要求的不断提高，对智能化系统的功能

需求日趋多样化、精细化。同时，随着智能化行业的快速发展，越来越多的智能化、数字化技术在万达广场中得到了应用，但智能化系统和数字技术仅仅是万达广场商业运营管理的辅助手段，如何在工期、成本、后期运营管理需求等各方面找到一个最佳平衡点，是需要我们不断研究和探讨的课题。

13 冷机群控系统建设与冷机集采工作

万达商业地产股份有限公司成本控制部　杨轶

　　冷机群控系统通过对多台冷水机组和外围设备（包括冷冻一两次水泵、冷却水泵和冷却塔等）的自动化控制使其达到节能、精确控制和方便操作维护的功效，通过系统采集和控制各类输入输出信号，实现多台冷水机组的远程管理控制，同时也把冷冻水泵、冷却水泵和冷却塔等连锁控制纳入管理（图1、图2）。冷机群控系统中的监控计算机监测和控制这些设备的各种重要参数，并作为管理者的操作界面，在该界面上，可通过对设备的运行状态了解，设定或修改各类运行参数，如设定冷机运行时间表、修改冷机的出水温度控制值等等。

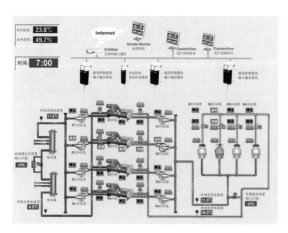

图1　冷机群控系统

图2　冷水机组

目前市场上冷机群控系统主要由制冷机组供应商和BA（Building Automation，楼宇自控）系统供应商来提供。随着冷机群控系统技术要求的提升以及专业性的加强，在最新颁布的《公共建筑节能标准》中已经明确大型中央冷站的冷机群控系统宜由冷机供应商来提供。万达集团合格供方品牌库内的制冷机组供应商均能提供各自的冷机群控系统，且各自的冷机群控系统可以直接与冷水机组建立无缝连接，不需像BA厂商那样需要添加转换模块才能建立联系。由于冷机内部的控制十分复杂，而且配套的连锁设备也比较多。冷机供应商提供的冷水机组集中控制器均内置了符合各自机组特性的应用程序和模块，在系统控制过程中采用的控制策略均能贴合机组本身特性曲线的要求；而BA系统供应商提供的控制器均为标准的通用控制器，内部没有定制冷机的控制程序，均需要调试工程师现场编程，一般只有通用程序，而没有专门为品牌冷水机组定制的程序。两种模式的优缺点详细比较如下：

一、可靠性

冷机厂家群控系统的可靠性更高，系统直接通过内部通讯协议与冷机进行通讯，无需接口转换，减少数据转换的环节，并且厂家配置专门的冷水机组管理模块，该模块内置专业的冷水机组加卸载及加减机等控制逻辑，系统可以直接通过通讯来修改冷机的出水设定值和负载率等参数。BA系统的冷站自控系统关于冷机的加减机等逻辑需要调试工程师进行现场编程调试，可靠性完全依靠现场工程技术人员的经验和HVAC的知识。

二、初投资成本

BA系统的初投资成本较高，BA系统为采集冷机内部的详细参数，需要冷机厂家每台冷机配置一块翻译器，同时BA系统需再配置网关才能将冷机内部参数集成到BA系统，而冷机厂家的群控系统无需该部分设备因而初投资更低。

三、运行成本

冷机厂家群控系统基本实现制冷站系统的自动运行，系统实现机组负荷的自动调配，机组卸载和加载平滑实现；实现机组的运行台数与负荷的变化同步，优化机组的运行。BAS系统根据冷冻水回水流量乘以冷冻水供回水温差来计算系统瞬时负荷，并根据该数值来决定机组启停的台数，系统的控制精度差，系统运行节能效果较差。

四、系统的标准化

由于各地万达广场的BA系统承包商没有采用集采模式，各个广场的BA控制系统的产品及用户界面千差万别，而冷机厂家群控系统为统一的供应商，最终的产品和用户界面同一，系统的标准化程度高，方便冷冻机房维护人员的运行维护以及减少培训的工作量。

鉴于冷机群控系统由冷机供应商提供优点更多,万达商业地产股份有限公司成本控制部在制冷机组年度集中采购招标中将冷机群控系统也纳入招标范围。按照机房中冷机的台数及定(变)流量水系统划分为2台冷机一次泵定流量系统、3台冷机一次泵变流量系统等8种典型机房群控系统,基本覆盖了万达集团制冷机房类型,确保满足各项目公司的需求。冷机群控系统及控制策略是一项复杂而专业的系统工程,万达商业地产股份有限公司成本控制部将继续会同兄弟部门完善冷机群控系统建设,共同为万达集团"绿色、低碳"的发展战略做出应有的贡献。

14 将节能理念注入制冷机组集中采购工作

万达商业地产股份有限公司成本控制部 杨轶

制冷机组是中央空调系统的心脏，由其构架的商业广场空调系统的能耗，占建筑总能耗的30%左右。制冷机组作为万达商业地产股份有限公司集中采购的大宗机电设备，近几年的年度采购额约为2亿元，其性能的高与低，直接影响着空调系统的运行效率及运行费用。

在万达集团合格供方品牌库中的各供应商，其所生产的制冷机组均有其自身的技术特点：特灵采用三级半封闭式压缩机、高分子R123冷媒，机组效率较高、机组体积较大且维修复杂；开利采用单级封闭式压缩机、R134A冷媒，机组效率略低、机身小巧且维修费用较低。如何公平地做好集采招标工作，科学地评定制冷机组的性能，最终采购到适合万达广场需求的设备，是作为集中采购组织部门——成本控制部一直追求的目标。

空调制冷系统负荷分为静态特性和动态特性：静态特性通常指负荷的最高值；动态特性主要指负荷的动态变化情况，不同类型建筑的负荷动态变化是不同的。图1为某城市公共建筑的月能耗图，从图中可以看出，由于建筑功能的不同，建筑负荷的月度变化存在着明显的差异，因而我们认为制冷机组与负荷应做到两个匹配：即机组的容量与负荷大小的匹配，机组性能与负荷变化的匹配。

那么如何评价机组性能与负荷变化是否相匹配呢？万达集团空调系统一般选择2～4台制冷机组并联运行。为了节能，采用机组运行的台数与各台机组本身能量调节相结合的方法，进行冷量控制，以确保最后一台机组在满足建筑物最小负荷要求的情况下，仍能在大于40%负荷率的高效区内运行。因而每台机组的实际负荷率曲线，除了和地域、建筑物的热工特性、用途及室外气象条件有关，还取决于它在机组中运行的时间顺序位置。业内一般以美国空调与制冷协会（ARI）提出的IPLV（integrated part load value，综合部分负荷值）为负荷性能评价指标标准标准，该标准于1992年首次颁布并在1998年更新了其中的四个权值。该计算公式如下：

$$IPLV=0.01A+0.42B+0.45C+0.12D$$

其中A、B、C、D分别为制冷机组100%、75%、50%和25%负荷时的COP（Coefficient of performance，即制热能效比）值，四个权值即相应负荷率段的运行时间频数。成本控制部在应用该公式计算时发觉，该公式具有鲜明的美国地域特点，并不能和万达集团的主机运行工况相吻合。那么作为在全国各地均拥有商业综合体的商业地产航母——万达集团，其制冷机组的运行是否有自身的特点呢？成本控制部连续两年从商管公司获取了北京、长春、成都、南京、武汉、南宁、上海等地万达广场制冷机组实际运行状况的原始数据，经过大量的统计计算工作最终得出了万达实际使用情况的空调负荷时频图。

根据该空调负荷时频图我们得到符合万达实际使用情况的IPLV$'$值，其中A～H分别为30%、40%、50%、60%、70%、80%、90%、100%负荷时制冷机组的COP值：

$$IPLV'=0.01A+0.07B+0.14C+0.15D+0.16E+0.17F+0.27G+0.03H$$

以统计的万达广场相应负荷率段的运行时间频数为标准，各投标单位在设备选型中更有针对性，利用该公式可以确保所采购的制冷机组最大限度地与万达广场空调动态负荷特性相匹配，从而保证了主机在最佳工况下发挥最大功效。经比较，2011年度集采设备与2010年度集采设备在设备费基本不变的情况下，设备运行平均能耗降低了7.78%。实现了设备初投资与运行费用的经济合理，践行了万达集团绿色、节能的价值理念。在今后的工作中，成本控制部将和各兄弟部门进一步地探索制冷机组集中采购的招标模式和评价标准，为实现万达"绿色、低碳"的发展战略做出应有的贡献。

15 关于文化旅游项目生态环保的思考

万达商业规划研究院　张涛

　　旅游是建立在吸引游客之上，为人们提供旅行、度假、观光服务的综合性行业，旅游环境是旅游活动得以存在和进行的外部条件，它的好坏直接关系到一个地区旅游业的成败。可以说，旅游产业的环境效益较其他产业更为直接地影响其社会效益和经济效益。因此，保护和提高旅游环境质量就显得更加重要。

第一节　坚持利用绿色能源原则，构建循环经济发展模式

　　能源是经济高速发展的核心动力，发展绿色能源事业是解决能源短缺，节约矿产资源，减小能源环境压力的必由之路。作为一个有影响力的巨量级旅游景区，长白山国际旅游度假区有责任倡导发展绿色能源事业，成为先行的实践者和宣传者（图1）。

图1　长白山四季度假胜地

一、太阳能利用系统

利用太阳热能为景区公共照明、环境监控系统实现每天24小时不间断供电。采用太阳能热水器，太阳能地脚灯以及风光互补路灯等，不仅有效地利用了太阳能和风能，同时也减少了施工量、降低了废物排放和环境污染。

二、生物质能发电

沼气池采用活动罩水压沼气发酵系统。减少温室气体排放量，减缓对大气臭氧层的破坏。沼气利用系统，用杂草枯叶、生活垃圾和粪便作为填料，产生沼气发电及肥料。生物质能利用，有效地净化了大环境、做到了回收能源和资源再利用，节能环保、循环经济效果显著。

第二节　坚持水资源循环利用原则

政府决策层明确指出："水资源可持续利用是中国经济社会发展的战略问题，核心是提高用水效率，把节水放在突出位置"，"要把水资源的开发利用和节约保护放在基础设施建设的首位"。这一指示，结合项目开发的实际情况，以发展循环经济为主导思路，实现水资源的节约和再利用。

一、雨水利用

（一）人工湿地

湿地采用国际最新的三级水质处理技术，不仅能净化汇集的雨水。而且具有强大的生态净化功能，能够维护生态安全、保护生物多样性，提供了天然生态过滤网，集污水净化、环境景观和科普教育三种功能于一体。

（二）人工湖

人工湖大面积收集雨水，结合人工湿地，净化雨水用于浇灌，并形成独特的湿地景观，经喷灌管网回调用于公共区域的清洁用水或绿化用水。

二、污水利用

建生活污水处理站，污水经处理后达到《城镇污水处理厂污染物排放标准》（GB 18918-2002）中的一级A标准。根据处理站附近用水情况，处理后出水再经深度处理，可直接回排到原生植被区，不仅实现了原生植被、植物的根部浇灌，也实现了水质的再净化、吸除处理，之后再自然流入湖内，实现水资源的循环利用。

三、广泛采用节能设备

节能减排和再利用，实现资源再利用和可持续发展。在旅游度假区建设方案和设备选用上，优先考虑的是最新的节能技术成果和成熟经验。

（1）热泵空调系统采用带热回收功能的空调主机，制冷的同时回收部分热量用来加热生活热水，并利用湖水冷却来代替冷却塔，大大节约了能源消耗。加热生活热水采用空气热泵空调系统，采用多功能双向热导热泵完成制冷（制热），并将空调水中的废热收集起来，供给SPA用热水，达到单向输入、双向输出、制热水不耗能。全年运行费用仅为采用传统的空调以及加热方案年节省运行费用，并且不向外界排放任何废气、废水、废渣。

（2）节水坐便器：节水型坐便器，该坐便器具有密闭气压水箱技术，冲水瞬间形成强劲水力，配合缸底的喷射水道，仅4.2L用水量，每年节水18000L／套。

（3）景区道路照明系统采用节能控制系统：整体采用T5荧光灯、LED灯、无级灯与节电器相结合的方案，总体节电率达40%～60%。

（4）构建景区内部绿色交通系统：建筑施工以及道路、标识选用环保节能型的材料。

（5）不使用、不引进任何不符合循环经济、环保要求或被行业淘汰的设备、技术、工艺及产品、材料。

第三节　构建动态平衡的生态系统

动态的生态平衡是维持景区环境不断改善的基本条件。积极地看待生态平衡，发挥主观能动性，使生态系统的结构更合理，功能更完善，效益更高。一方面促使生物种类（即生物、植物、微生物、有机物）的组成和数量比例相对稳定；另一方面使非生物环境（包括空气、阳光、水、土壤等）保持相对稳定。

（一）大力保护原有的植物资源

将建设区域内原生植物品种移植到附近的边坡上，既保护了植物物种，降低了绿化成本，也消除了对原生态环境的影响和破坏。

（二）引入园林品种优良的乡土树种

在园林植物布局设计时，实施"大树引入"工程，以缩短树木在城市中由小苗到大树的生长年限，可以提早享受到大规格乔木带来的生态效益和景观效益，同时优化园林绿地的植物配植和空间结构。

（三）做好湿地建设

湿地是一种特殊的生态系统，是重要的物种资源库和能源基地。种植风车草、水葱、芦苇、水生美人蕉、唐菖蒲等水生植物和落羽杉、黄槿等，可极大的优化生态系统环境。

（四）建立水生生态链和陆地动物生态链，改善生态链质量

为使湖水保持晶莹清澈，运用蚌类、螺蛳、鲢、鳙鱼等动物来消化水中的藻类、微生物，去除水体中富余营养物质，同时摄食蚊子的幼虫及其他昆虫的幼虫。通过建立菌→藻类→浮游生物→鱼类的水生食物链达到水质净化。在树木上、湿地上人工筑巢，吸引更多的鸟类以及白鹭、雁、鹤等珍稀飞禽来此栖息，参与区域环境的生态循环，凸显生态、自然之风情。

（五）防止水土流失

水土保持设施与主体工程同时设计、同时施工、同时投产使用，水土保持与水源保护、植被保护相结合，把水土流失危害降到最低程度。在大坡面的边坡上设置截水沟，并采用浆砌石骨架。在陡峭边坡上增设茅杆加固，挂网固土，泥浆喷植、穴植灌木的方式进行绿化，实现了生态绿色与水土保持的结合。

图 2　长白山威斯汀喜来登酒店

第四节　建立绿色经营管理系统和绿色生活方式

环保化经营准入机制、个性节约化管理机制，使景区走入资源节约型、环境友好型的良性运作循环：

（1）开展GB/T　24001-1996（ISO14001-1996）环境管理体系认证；

（2）建立旅游区重要环境因素（主要是水环境）应急预案和应急响应程序与措施；

（3）倡导"绿色出行"，不准许机动车辆进入核心景区；

（4）不出售非环保工艺、技术、原材料制作的纪念品和商品，不提供、不使用一次性发泡塑料制品和餐具，不提供野生动物食品；

（5）不使用过度包装，门票、导游图等采用环保纸张；

（6）积极推广无纸化办公，使用环保纸张，夏季室内空调温度不低于26℃，冬季室内空调温度不高于20℃；

（7）实行废物分类回收，创建再生资源的利用系统，建筑垃圾和生活垃圾分类回收，废旧电池等污染物专门回收。

第五节　建立生态科普基地

对于日接待量以万计的旅游景区，仅在建设中遵循生态环保、循环经济原则还远远不够，重要的应该把生态环保思想、方法和效果及其深远意义进行广泛传播，使光顾于此的游客能够主动地接受绿色环保主义思想教育并向更广的领域扩散。

利于环境保护的生活方式，就是绿色生活方式，它是绿色文明最坚实的根基。贯彻"5R"原则，即：Reduce（节约资源，减少污染）、Reevaluate（绿色消费，环保选购）、Reuse（重复使用，多次利用）、Recycle（分类回收，循环再生）、Rescue（保护自然，万物共存），形成崇尚自然、追求健康的生活风尚。

第六节　结语

旅游事业发展得如火如荼，在享受旅游产品的舒适与惬意之时，注重生态发展也是社会责任的体现。生态环保观念的引入对旅游资源评价、旅游资源开发、制订旅游规划，实现人与自然的交融和对话具有重要意义。

16 万达酒店机电系统的节能设计

万达酒店建设公司　陈志冰

图1　武汉万达威斯汀酒店

今日中国，人们不断地追求经济增长及财富增长，在此过程中，自然环境遭到污染，生存空间受到破坏。为保护民众健康生活的权利，必须要找到一种既能满足发展需要，又能保护环境的发展模式，即绿色环保的发展模式。节能降耗是绿色环保理念的重要实现手段之一。酒店建筑作为大型公用建筑是耗能大户，降低运营能耗能产生较大经济和社会效益。通常情况下，酒店在使用过程中的采暖、空调、通风能耗占到建筑能耗的60%左右，因此，采取相应的节能措施是酒店节能的主要途径。自2009年起，万达集团秉承绿色经营的理念，制定了《万达酒店机电系统设计导则》（以下简称《导则》），从设计阶段起，在酒店机电系统节能设置方面做了一些有益的尝试。

第一节　冷水主机的装机容量

《导则》规定：冷水机组的台数不宜少于3台，每万m²的装机容量不超过300RT。酒店的中央空调系统绝大部分时间都是在部分负荷下工作。不同的负荷条件下，单台冷机的性能系数不同，过低的负荷比，将导致冷机工作在低性能系数状态。合理选择机组数量及装机容量，可以避免大马拉小车，保证冷水主机在高效区工作，降低电力消耗。

第二节 设置免费供冷系统

《导则》规定：除严寒地区外，其他地区项目均应考虑设置免费供冷系统。万达集团建设的酒店一般为五星级或五星以上级酒店，通常采用四管制空调系统，即使在冬季也要根据客人的需求提供供冷服务，而冬季启动冷水机组无疑是极不经济的。所谓免费供冷系统（Free Cooling），即在过渡季节和冬季冷水机组不启动，空调冷却水系统作为冷源运行，冷却水通过单独设置的板式换热器与空调冷冻水进行热交换，从而为酒店建筑内区提供廉价冷源，减少了能源消耗。通常板换的冷源侧供回水温度8.5℃/12℃，负荷侧供回水温度10℃/15℃，室外环境要求温度为湿球温度4℃。

第三节 卫生间排风热回收

《导则》规定：应考虑客房层PAU（Pre-Cooling Air Handling Unit，预冷空调箱）设置显热回收器。实际实施过程中，由于10层以上客房层通常分为上下两个新风排风系统，下层新风系统的PAU通常设置在层高不到2.2m的设备夹层，受层高限制无法设置显热换热器，因此只有PAU设置在屋面机房的上部新风排风系统设置了板式显热换热器进行热交换，对新风进行预热/预冷处理，减少了热/冷负荷，降低了空调能耗。

第四节 空调机组及厨房排风排烟变频运行

《导则》规定：AHU（Air Handling Unit，空气处理机组）的送风机及回风机需设置变频器，根据回风温度调节风机的转速。服务厨房的通风机均采用变频风机；除垃圾间、卫生间、洗浴、SPA、更衣、贮藏室、柴油发电机房等区域的通风系统采用单速风机外，其余以散热为目的的通风机均采用双速风机，根据服务区域的通风需要来决定风机的转速：高转速，高功率；低转速，低功率。通过上述措施可以显著降低空调风系统及通风系统的能耗。

第五节 空调冷冻水泵、冷热水泵、生活给水变频运行

《导则》明确要求：空调水系统采用一次泵或二次泵变流量系统。酒店内供水采用局部区域市政供水和生活储水箱+变频供水机组的供水模式。酒店的空调水泵在空调季节要24小时运行，单台空调水泵功率通常都要几十kW，如果定频运行，单独空调水泵的电费就将是一个可

观的数字。生活给水泵一年四季、一天24小时均要保持运行，虽然单台的水泵通常功率不大，只有几kw，但积少成多，单台定频运行的电费也是不可小视，因此，配置变频空调水泵和变频生活给水泵可以大大减低运行能耗。

第六节　蒸汽凝结水热回收

结合近两年开业酒店的运行经验，在下一步的《导则》修订中，将明确要求洗衣房的蒸汽冷凝水管路上设置冷凝水热回收装置。正常满负荷运营条件下，每小时洗衣房蒸汽耗量在1t以上，产生饱和冷凝水数百千克。这些高温冷凝水如果直接接入锅炉补水箱，经常会产生大量的蒸汽，产生热污染，所以需要加入大量的降温用软化水。将这些冷凝水接入冷凝水热回收装置，所含的热量加热锅炉给水后再进入锅炉补水箱，既降低了锅炉的加热能耗，也降低了锅炉软化水耗用量，一举两得。

以上是万达集团在绿色酒店建设方面所采取的一些具体措施。今后一个时期，我国人口还将继续增长，人均资源占有量少的矛盾将更加突出。这种基本国情决定了我国必须走绿色环保，节约化增长的发展道路。万达集团将坚定奉行绿色发展的理念，不断探索完善实现绿色酒店经营的各项措施，在提高自身经济效益的同时，为我国社会的健康发展做出自己的贡献。

图2　酒店内景

17

酒店照明节能设计发展趋势

万达酒店建设公司 张海强

酒店的能源消耗有两大方面：水和电，其中以电为主，而酒店的照明用电又约占酒店电能总能耗的30%。据有关资料统计，我国的酒店能耗状况与发达国家相比，水平偏高。我国酒店的耗电平均值高于国外发达国家耗电平均值的25%左右。照明用电作为酒店耗能大项，节约用电量意味着降低酒店经营成本，提高营业利润。因此，酒店照明的节能降耗，不仅对实现酒店的经济利益有重大作用，而且对行业和全社会的可持续发展意义深远，也响应酒店绿色建设的政策要求。

根据对已开业的万达酒店照明现状分析，酒店使用的光源多数为传统卤素灯杯（50W）及T5管(28W)，导致酒店照明用电量大，成本高；为降低酒店用电能耗，减少酒店电费支出，对已经在市场盛行的新一代LED光源进行分析对比试验，并结合LED光源在行业应用情况，得出明显的节能数据及良好照明效果。因此，万达集团对已开业的酒店做出一次大规模的照明节能改造工程决定，对酒店照明使用较长时间的空间进行选择性节能改造。

以镇江万达喜来登酒店节能改造为例，从表1节能分析推算中可以看到使用LED光源节能改造投资回报周期为13个月左右，每年每个酒店可节约费用60多万元，据此推算，万达集团去年已开业酒店26家，那每年可节约用电成本1500多万。明显突出了LED光源的节能优势，并已慢慢成为酒店照明应用的主要应用光源。

LED光源在很多方面都已经胜过传统的卤素光源，如光源的长寿命、发光效率高、色温多样等。虽然LED光源比传统光源节能省电，但并不代表酒店的全部空间都可以用LED光源替换传统卤素光源，这正是因为LED光源目前还有一些不能取代卤素光源有待提高的原因，例如它的显色性比卤素光源低，对酒店装饰材料的色彩质感的还原能力差些；像餐饮空间对美食的照明显色性要求极高的空间，必须保证餐桌的美食的菜色效果，避免显色性较差的LED光源降低了餐厅的品质、影响客人的食欲。因此，酒店照明不仅要做到节省能源，还要保证酒店的空间环境和档次不受影响，避免灯光效果没有层次和氛围而影响到客人光顾入住。另一方面，LED光源在智能调光时会出现不稳定，并在调光过程中会出现光输出不连续并带有频闪的现象，这些还有待LED光源与智能调光设备技术磨合改进。

也许有人会认为LED光源已经是很节能了，所以酒店空间就不用再考虑配置调光设备，这是对酒店的智能照明系统还不够了解的表现，智能照明系统虽然初始投入成本比较高，但智能照明系统具备以下的优点：(1) 节约能源和资源，(2) 照明控制智能化，(3) 科学化管理，创造有层次的灯光氛围，(4) 保护灯具，(5) 延长光源使用寿命，(6) 减少使用管理费用。

表1 镇江万达喜来登酒店照明节能改造统计表

序号	区域和功能	现有光源类型	现有光源功率（W）	替换光源类型	替换光源功率（W）	新光源的品牌	新光源的色温	新光源的显色性（Ra）	新光源的寿命	新光源的数量（个）	备注
1	客房区	卤素灯	50	LED	6.5	GE	2700K	80	30000hs	4471	
2	客房区	T5暗藏灯	28	LED	12	GE	2400K	80	30000hs	3250	
3	健身房	卤素灯	50	LED	7	GE	2700K	80	30000hs	105	
4	游泳池	卤素灯	50	LED	7	GE	2700K	80	30000hs	90	
5	会议厅	卤素灯	50	LED	7	GE	2700K	80	30000hs	115	
6	卫生间	卤素灯	50	LED	6.5	GE	2700K	80	30000hs	145	
	总计	卤素灯	50	LED	6.5	GE	2700K	80	30000hs	4616	
		卤素灯	50	LED	7	GE	2700K	80	30000hs	390	
		T5暗藏灯	28	LED	12	GE	2400K	80	30000hs	3250	

节能分析推算：

酒店本次照明节能改造，现有光源总功率为50W×4616+50W×390+28W×3250=341300W，

节能替换后光源总功率为6.5W×4616+7W×390+12W/m×3250=71734W，可节约电能341300W−71734W=269566W，

按照每天使用8小时计算，每月可节约电能269566W×8h×30=64695.84kW·h。

按照酒店电价0.882元/kW·h计算，每月可节约费用5706173元，每年可节约费用68474077元。

本次光源改造共投资747600元（LED光源单价为估价：6.5W光源100元，7W光源150元，12W灯带70元/m）。

投资回报期（本次投资／每年节约费用）为13个月。

酒店通过智能调光控制，结合定时开关、天文时钟、红外感应、光感控制，设定不同时间段、不同功能区域的照明自行把灯光点亮到合适的照度。如在一些人流不集中不间断又需要长时间照明的空间，像公共区卫生间，用就地开关控制并不想理，一是顾客容易触碰，二是在节能上不好控制，因为它需要长时间照明，到了深夜也是如此，通过酒店人员去开关控制会增加员工工作量。所以可以通BA（Building Automation）系统集中控制，加上红外感应，在无人

时只亮少量灯具；当有人进来时其他灯具自动亮起，并设定点亮时间，实现"人来灯亮，人走灯灭"。实现节约能源和降低运营费用，节电可达20%～70%，灯具寿命延长2～4倍。一些重要区域通过智能照明的场景设置营造各种灯光效果，不同的灯光氛围，给人以舒适完美的视觉享受；在降低运营费用中得到经济回报，在3～5年内回收一次性的智能照明系统设备的投资。

图1　温馨舒适的LED照明客厅实景　　　　　　　　　　　图2　奢华的大堂

　　酒店绿色照明应该先有节能理念，从酒店前期规划设计阶段着手，根据酒店建筑特点分析酒店建筑的自然采光，考虑酒店室内各区域的使用功能，结合各区域的运营需求及运营时间，再合理设计定制该酒店的照明方式、照明亮度分配、光源的应用选择以及照明控制方式，并在施工过程中监督设计方案落实实施，再到酒店运营部门熟悉运用智能控制。最后实现酒店智能照明的节能性、智能性、便捷性、可扩展性的需求。酒店照明不仅要使目标群体满意，更要承担起企业的社会责任。

18 万达酒店电气系统节能措施

万达酒店建设公司 邓张伟

　　万达酒店建设公司是中国五星级酒店投资规模最大的企业，2011年底开业27家五星和超五星级酒店。计划到2012年开业38家五星和超五星级酒店，营业面积170万m²，成为全球最大的五星级酒店投资企业之一。万达酒店建设公司能够独立完成五星级酒店的设计、建造、装饰、机电等全部工程，并与雅高(Accor)、喜达屋(Starwood)、希尔顿(Hilton)、凯悦(Hyatt)、洲际(Intercontinental)等一批世界顶级酒店管理集团建立了战略合作关系。

　　万达酒店的建造标准按照万达集团和万达酒店建设公司的要求，符合万达集团企业标准《五星级酒店机电系统设计导则及标准》，该标准不仅符合并高于国家标准，而且符合国际先进的机电标准（美国NFPA/国际IEEE/英国CIBSE等）。在满足国际酒店管理公司的运营要求的同时，使全球的顾客在万达酒店享受到国际通用的机电标准设施。例如，目前酒店的柴油发电机配置方面，5万m²左右的五星级万达酒店，一般配置1000kW额定功率的发电机组，该标准在国内相同档次的酒店中容量并非最大，但该容量至少可以满足消防状态的使用（约需要700kW的容量）。经过充分调研国内电网供电稳定性，并改变了酒店低压配电系统的低压供电和联络方式，使该发电机的电力同时可以供应到低压母线段的所有设备。这样，当特殊情况两路市电都停电的情况下，用一台发电机就可以供电至一套冷水机组系统、全日餐厅、行政酒廊和总统套房、酒店安全照明等设备，在有效控制投资成本的同时，使酒店仍能维持基本运营。

　　万达酒店的电气系统在保证高标准建造的同时，也将节能作为重要的指标进行考量。在万达集团的要求下，酒店的电气系统逐步采用节能型设计和建造标准，取得了良好的经济和社会效益。

　　万达酒店的电气系统节能措施主要包括以下内容：

图 1　西安万达希尔顿酒店

图 2　合肥万达威斯汀酒店

图 3　三亚万达康赖德酒店

第一节　充分调研和考察，不断修正节能标准

　　万达酒店建设公司是国内投资五星级酒店最多的业主之一，和喜达屋、希尔顿、凯悦、洲际等国际酒店管理公司拥有良好的合作关系，建设项目分布于全国各地。项目拥有国内一流的五星酒店设计公司和建设公司，使得万达酒店的设计和建设团队，可以在建设酒店的过程中总结经验和教训，还可以同时与国内其他的酒店项目交流并灵活应用。例如在2009年，万达酒店建设公司组织包括设计、成本、运营等各系统人员，分区域调研了全国三十多家高星级酒店，总结优点和不足，详细统计各系统的设备品牌等，为万达酒店的提高获取大量宝贵的数据。在2010年，万达酒店建设公司又组织对哈尔滨、重庆、青岛等典型地区的已开业万达酒店，进行专项节能调研和分析，并将成果应用于"2011版酒店机电系统设计导则"中。在2011年，万达

酒店建设公司组织了对已运营一年的三亚酒店进行回访调研，了解在热带地区率先大面积使用的风冷热泵热水机组、太阳能辅助加热、室外恒温游泳池的使用情况等，总结经验和教训，为未来西双版纳等度假酒店的提升进行了充分的准备。上述措施使万达酒店项目的综合标准在国内保持绝对领先的地位。

第二节　以电力节能为主，全面节能

基于上述广泛的调研分析，万达酒店的运营能耗中，给水和燃气等能源年度消耗基本稳定，制冷和采暖系统的冷热量最终还是体现在电力中，因此能源费用的大部分体现在电费。所以，万达酒店从建设之初，首先就基于楼宇自控系统(Building Automayion System，BAS)，建立了电力、水量、燃气量的计量平台，使每个酒店在运营期间，能够按照年、月、日对酒店的能源消耗进行计量。运营和财务系统也在酒店业绩考核中，强调对能源费用的控制，使得万达酒店的能耗在整个设计、建设和运营等各个环节进行统一管控。

经分析，万达酒店的电力消耗中，冷热源系统(制冷系统)约占30%～40%，风机和水泵系统约占20%～25%，照明系统约占20%～25%，其他系统约占10%～20%。因此，针对各系统能耗进行如下有效控制：(1) 冷热源系统采用高效机组：通过楼宇自控系统对制冷机、相关水泵和冷却塔、空调机组、阀门等设备，进行集中的有效控制。采用热回收空调机组、冬季"免费冷"等系统形式。在满足使用需求的情况下，控制机组初始安装容量，并采用大小容量机组组合搭配，使运营策略更灵活。(2) 对风机和水泵系统：在大堂、宴会厅等空调系统，酒店生活给水系统，以及厨房区域的进排风系统，采用变频器进行控制。(3) 对照明系统：采用智能调光系统，对酒店大堂、各个餐厅、宴会厅、会议室、康体区、行政酒廊等主要装饰照明区域，也是照明耗电的主要区域，进行调光节电控制。经过无锡等开业酒店的LED灯具的区域性更换试点，并最终形成了《万达酒店照明节能设计导则》。在新建万达酒店的客房区实现了90%以上光源采用LED灯，在后勤区实现了100%使用日光灯和节能灯。(4) 对其他系统：变配电所布局在设备负荷的中心，减少输送损耗。采用低损耗的变压器。客房区和制冷机等设备，采用母线槽供电，保障安全的情况下有效降低能耗。无功补偿设置在变配电室和所有的日光灯和气体放电灯设备。

在万达项目公司和成本系统的大力支持下，上述措施采用了最新的电气节能控制设备，全面覆盖万达酒店的用电系统。

第三节　工程建造和运营管理有机结合，高效节能

高标准的工程建造，更需要在运营环节进行高效地维护和操作。

在酒店开业前6个月，酒店总经理和工程总监、IT经理等管理人员即到岗，和工程建设团

队配合相关需求，无缝对接的同时，也全面掌握了酒店的机电系统。

酒店运营过程中，关注节能的每个细节，例如，酒店淋浴间系统改为插卡系统；每年彻底清理冷却塔，清洗锅炉节煤器，采取有效的水质处理工作，提高设备效率；保持制冷机工作在高效区，适度调节酒店热水温度，加强酒店密封工作，以节约能耗；与节水办等部门沟通，调节基础用水比例，使得酒店综合水价处于合理状态；充分使用峰平谷电价特点，调节酒店制冷机使用系数等；加强节能管理，酒店各部门每天对安全和能耗进行例行检查。

在万达酒店的客房，均配置了联网型的客房管理系统（Room Control Unit,RCU），该系统经过十多年的发展，日益成熟，可通过中央计算机，实现对每个酒店的照明、插座风机盘管、甚至房间状态的集中控制和显示。例如，该系统已经实现和酒店管理软件系统的联网，当顾客入住前或在前台登记入住时，可联动控制客房风机盘管转到高速状态；当客人打开房门时，客房照明自动点亮"欢迎模式"，客房温度也已达到舒适状态，使顾客享受到宾至如归的感觉。当客人离开拿走房卡后，客房风机盘管自动转至低速状态，维持房间节能状态，同时维护客房内的设施。

第四节　经过上述措施，万达酒店的节能工作初见成效

以青岛万达艾美酒店为例，酒店住房率由2010年1～10月份刚开业时的平均29.3%增长到2011年同期的平均59.1%，酒店就餐人数也由2010年的140161人次增加到2011年的226096人次，此外2011年的电费单价每度上涨0.03元，可是，2011年1～10月份已发生的全部能源费用与2010年同期相比，仅向上微浮了0.52%，取得了较显著的节能效果。

据估算，完全实现上述节能要求的青岛万达艾美酒店，能耗比国内同类酒店项目低至少20%～25%。已开业的万达酒店，通过一系列节能改造和管理措施，也取得了同样良好的效果。

当今酒店业的发展方兴未艾，尤其近三年来，随着国内商务交往的扩大，商业地产和高端酒店的投资力度加大，国际管理公司和国内酒店管理水平日益提升。酒店业的电气节能尚须注意以下几方面：

首先，加强酒店全产业链的交流。酒店的电气系统内部，经过前期规划、设计、工程施工到后期运营管理，是一系列复杂的流程组成。对全过程链的每个环节，应建立高效的沟通和交流机制，才能在规划和设计阶段掌握工程和运营中的问题，才能在施工过程中落实设计意图并使运营团队充分介入了解，才能在运营管理过程中灵活运用。而在外部，加强和相关产业、支持环节、同类项目的交流，进行充分储备和研发，才能保持在行业内的领先水平。

其次，加强全过程的管控。高星级酒店是城市综合体中功能最复杂的单体建筑，包含了餐饮、宴会和会议、健身康体、客房等多种业态。在万达酒店项目18～22个月的建设周期中，需完成项目定位和测算、设计、建设和验收以及后期的调试和运营工作，整个过程紧张且复杂。因此，只有在每

个过程中进行项目管理，实现标准化作业，才能保质保量完成顺利开业和运营。

第三，创新才能发展。酒店的照明系统、电力节能、弱电系统等，时刻都在产生新技术的变革。例如LED照明、Ipad和Iphone等新产品的应用等，都在深刻影响着酒店的运营。只有保持创新，才能满足酒店高端顾客的需求，顺应节能环保的潮流，取得良好的节能效益。

最后，上述复杂的工作需要高素质的人才队伍。因为国内高星级酒店在近些年开始快速扩张，各类人才也是在建设过程中不断培养和成长。所以，需要建立有效的人才培训和发展机制，才能保证酒店的快速和稳定的增长。

综上所述，万达酒店项目在万达集团的领导和相关方的支持下，在电气节能工作上一定会取得更好的成绩。

19 万达绿色住宅建筑设计

万达北方项目管理中心　尹强　荣万斗

万达集团作为中国房地产行业的龙头企业，一直关注绿色建筑设计，并制定了"绿色、低碳"战略目标和《万达集团节能工作规划纲要（2011-2015年）》，其中明确要求2012年及以后所有居住建筑均取得绿色建筑一星设计标识。

万达北方项目管理中心根据万达集团要求，制定了详细的绿色建筑设计计划，大力推进绿色住宅建筑设计和绿色建筑的申报工作。通过收集各项目的规划设计资料并研究绿色建筑设计的相关标准等，分析万达集团住宅项目的规划、设计特点，咨询绿色建筑方面经验丰富的顾问公司和专家，通过与设计单位、顾问单位等多个部门和单位的密切配合、积极沟通、争论研讨、解释答疑等工作，已有长沙开福万达广场地块A区住宅、青岛李沧万达广场C1地块住宅等6个住宅项目通过了中华人民共和国住房和城乡建设部组织的一星级绿色建筑设计评价标识的专家评审。其中长沙开福万达广场地块A区住宅、青岛李沧万达广场C1地块住宅两个项目已取得一星级绿色建筑设计评价标识证书，上述项目通过绿色建筑设计评审对于引导万达集团的住宅绿色建筑设计和各项目所在地区绿色建筑工作的开展必将起到巨大的示范作用。

长沙开福万达广场A区住宅项目位于湖南省长沙市中心城区，地理位置优越，北临湘兴街，西面湘江大道，南面是长沙市最繁华的五一大道。该项目用地面积约3.3万m²，总建筑面积约28万m²，结构形式为框架剪力墙结构，共分为4栋12个单元，每栋48层，全精装修交房。

青岛李沧万达广场C1住宅项目位于青岛市李沧区的中心区域，黑龙江中路东侧，青银高速公路以西，李村河北岸，中崂路南侧，所属区域为李沧区现代商贸区核心地段。该项目用地面积约为4.1万m²，总建筑面约21万m²，结构形式为框架剪力墙结构，共分为9栋

（1#～9#），15个单元，层数为24～30层，毛坯交房。

绿色住宅建筑设计主要是依据《绿色建筑评价标准》（GB／T 50378-2006）进行的，现结合已取得一星级绿色建筑设计评价标识证书的两个住宅项目在设计及申报评审过程中的实际情况，介绍和分析其中应当重点关注的六条内容。

第4.1.3条"人均居住用地指标：低层不高于43m^2、多层不高于28m^2、中高层不高于24m^2、高层不高于15m^2。"万达集团开发的住宅以高层住宅为主，高层住宅要求人均居住用地不高于15m^2。人均用地指标是控制人均用地的上限指标，是控制建筑节地的关键性指标，可通过两种方法来满足其要求，方法一：控制户均住宅面积；方法二：增加中高层住宅和高层住宅的比例。青岛李沧万达广场住宅项目C1地块是通过方法一实现的，该项目设计以小户型为主，尤其是90m^{2}以下的两房和三房户型为主，人均用地指标约8m^2。长沙开福万达广场地块A区住宅则是通过方法二实现的，虽然该项目住宅为170～280m^{2}的大户型住宅，但该项目设计的全部是48层的超高层建筑，提高了单位面积的户数，从而降低了人均用地指标（其值约为12m^2），实现了节地的目的。

第4.1.4条"住区建筑布局保证室内外的日照环境、采光和通风的要求，满足现行国家标准《城市居住区规划设计规范》(GB 50180)中有关住宅建筑日照标准的要求。"该条标准直接关系着居住者的身心健康和居住生活质量，是一项重要的人性化指标，是绿色建筑的控制项。该项标准主要是审核由当地政府认可的日照分析单位提供的日照分析图和日照分析报告，这就要项目在规划总图阶段认真分析区内每一户的日照及对周边项目的日照影响。在此，需要重点提出，对于南向建筑，在建筑设计时应充分考虑南向居室外窗的日照时数，不仅要满足日照间距，而且建筑立面不要增加过多构件以免形成自遮挡。如不满足此项要求，应及早采取调整规划布局或建筑立面设计等措施，满足居住者对日照、采光和通风的要求，创造宜居的生活空间。

图1　青岛李沧万达广场住宅项目

第4.1.6条"住区的绿地率不低于30%，人均公共绿地面积不低于1m²。"该条对于一些住宅项目来说是一道通过中国绿色建筑评价不可逾越的门槛，很多建筑因不满足此项要求而无法通过绿色建筑的评审，因此在规划设计、景观设计等阶段都应注意确保绿地率、人均公共绿地指标达标，且绿地布置符合《城市居住区规划设计规范》（GB 50180）的相关规定，在此，需特别注意绿地率的绿地面积与公共绿地面积的区别。对于正在设计和后续项目的设计，应在规划、景观等阶段尽早核实或咨询相关顾问单位，采取合适的措施以满足要求。长沙开福万达广场地块A区住宅、青岛李沧万达广场住宅项目C1地块两个住宅项目的绿地率均超过了35%，超出了标准要求，并设计有丰富的植物品种、人性化的林荫绿地和休闲活动场所，让居住者享受自然、生态、舒适的住区生活。

第4.3.1条"在方案、规划阶段制定水系统规划方案,统筹、综合利用各种水资源。"和第4.3.4条"景观用水不采用市政供水和自备地下水井供水。"节水是绿色建筑的重要内容，我国人均淡水资源仅为世界平均水平的1/4、在世界上名列110位，是全球人均水资源最贫乏的国家之一，故进行设计前应结合区域的气候、水资源、给排水工程等客观环境状况，制定水系统规划方案，增加水资源利用率，减少水资源的消耗和浪费，减少市政自来水的供水量和污水排放量。长沙开福万达广场地块A区住宅经过分析比较，设计了雨水收集回用系统，收集建筑的屋面雨水，处理后回用做浇灌绿地用水，达到了节水的目的，并满足了绿色建筑的要求。青岛李沧万达广场住宅项目C1地块，通过技术经济分析调整了景观局部水景的设计，改成非用水的景观，达到了节约水资源的目的，同时也实现了对景观美化的需求。在今后的住宅设计中，万达集团将通过利用非传统水源如雨水回用、中水利用和合理的规划等，做到对水资源的充分利用和节约。

第4.5.2条"卧室、起居室(厅)、书房、厨房设置外窗，房间的采光系数不低于现行国家标准《建筑采光设计标准》（GB／T 50033）的规定。"本条要求既有利于居住者的生理和心理健康，也有利于降低人工照明的能耗，对于绿色建筑必须满足要求。青岛李沧万达广场住宅项目C1地块住宅在专家评审会上，专家通过审核采光模拟计算报告等提出发现个别户型厨房不满足要求，后经分析采用了调整窗口大小的方法，满足了该条要求，也创造了良好的生活空间。通过上述案例的分析，发现目前户型设计中，厨房的采光设计容易被忽视，但是对于绿色建筑却是必须满足的，可见住宅的绿色建筑设计也从细微之处体现着人与自然的和谐。

从以上的简介亦可看出，绿色建筑设计内容涉及规划、建筑、结构、暖通空调、给水排水、强弱电、景观等多个专业，其目的是实现节能、节地、节水、节材、保护环境和减少污染，为人们提供健康、适用和高效的使用空间及与自然和谐共生的建筑，功在当代，利在千秋。作为具有高度社会责任感的企业，万达集团将在绿色住宅建筑设计方面持续努力，不断优化。

第五篇

工作回顾

1 杨榕主任在大连万达绿色建筑标识授牌仪式上的讲话

住房和城乡建设部科技发展促进中心主任　杨榕

尊敬丁本锡总裁、尹稚院长、各位来宾，

新闻媒体的朋友们：

大家上午好！今天很高兴参加"万达广场绿色建筑运行标识授牌仪式"。首先，特别祝贺万达集团三个项目获得我国绿色建筑运行评价标识，并借此机会对大力支持我国绿色建筑发展的各位同行们表示衷心的感谢。

随着我国城镇化建设的快速发展，发展绿色建筑，实现建筑的健康舒适和全寿命期的节地、节能、节水、节材、保护环境，已成为促进我国城镇化发展模式和建筑业发展方式转变的一个重要途径，这已经得到了社会各方面的共识。因此可以说，绿色建筑今天早已不是一个概念，也不是几个工程示范，已经成为遍布我国绝大部分省市，引领建筑业可持续发展的大规模工程实践，截至2012年5月底，我国已评出绿色建筑评价标识项目422项，建筑面积达到4300万m^2。但也必须看到，现有绿色建筑中获得设计标识项目有399项；运行标识项目仅有23项，说明对建筑绿色运行的引导，还没有引起我们足够的重视，因为只有运行标识才能证明一个建筑确确实实做到了绿色。因此，重点发展绿色建筑运行标识将是我国发展绿色建筑的重要方向之一。

大力发展绿色建筑，这不仅是"十一五"期间我国推进建筑节能的重要措施之一，也是"十二五"期间建设领域推进节能减排的重要任务。国家"十二五规划纲要"中已明确指出，"十二五"期间"建筑业要推广绿色建筑、绿色施工，着力用先进建造、材料、信息技术优化结构和服务模式"。

杨榕主任在大连万达绿色建筑标识授牌仪式上讲话

今年4月27日，住房和城乡建设部、财政部联合发布了《关于加快推动我国绿色建筑发展的实施意见》。意见指出，到2020年，绿色建筑占新建建筑比重超过30%，建筑建造和使用过程的能源资源消耗水平接近或达到现阶段发达国家水平；到2014年，政府投资的公益性建筑和直辖市、计划单列市及省会城市的保障性住房全面执行绿色建筑标准；力争到2015年，新增绿色建筑面积10亿m²以上。大规模推动绿色建筑发展，也列入了住房和城乡建设部"十二五"建筑节能专项规划，并成为完成建设领域节能减碳目标的最重要的工作之一。

绿色建筑强调了"四节一环保"的理念，体现了建筑行业的可持续发展观。对企业来讲，发展绿色建筑意味着对社会的责任的体现，对建筑品质的追求，对企业未来发展的定位，也是符合国家发展战略的具体体现。从今天授牌"绿色建筑运行标识"的这3个万达广场项目，以及万达集团要求自己全部的新建项目都要达到绿色建筑这些企业发展战略要求上看，都体现了万达集团对绿色建筑的追求，表现出了行业龙头企业的远见和魄力，以及对国家节能减排工作的责任与贡献。

借此机会，我也很高兴地告诉大家，作为我国最早开展绿色建筑标识评审工作，以及近年来一直致力于推动全国绿色建筑发展的单位，我们住房和城乡建设部科技发展促进中心将与万达集团和清华大学一起，在绿色建筑领域开展产学研的全面合作，本着"优势互补、共同发展"的原则，共同搭建绿色建筑产学研合作平台，为推进我国绿色建筑的发展做出努力和贡献。

在此，也希望越来越多有社会责任和可持续理念的企业可以像万达集团一样，实实在在地投入到发展绿色建筑的工作中来，通过绿色建筑的不断实践，带动我国建筑行业的技术水平、建筑质量和建筑品质的提高，使越来越多的建筑能够成为绿色建筑，真正为实现建筑业发展方式的转变，为实现我国节能减排的目标做出贡献。

2012年7月12日

2 丁本锡总裁在万达广场绿色建筑 运行标识授牌仪式上的致辞

大连万达集团股份有限公司总裁　丁本锡

尊敬的杨榕主任、尹稚院长，各位来宾：

大家好！

首先请允许我代表万达集团向出席今天仪式的各位领导和嘉宾表示热烈的欢迎！借此机会，我要特别向住房和城乡建设部科技发展促进中心和清华大学城市规划设计研究院表示衷心感谢，万达集团的绿色建筑工作能取得今天的成绩，离不开两家单位的悉心指导和大力支持。

万达集团将承担社会责任作为企业使命，节能减排是万达承担社会责任的重要内容，一直作为重点工作来抓。早在节能减排成为国家战略、实施强制减排之前，万达集团就主动开展建筑节能工作，建筑节能科技水平达到国内领先，特别在商业建筑领域遥遥领先于其他企业。早在2010年，万达集团就要求其后开业的所有万达广场获得"绿色建筑设计标识"，目前全国共有26个商业综合体获得"绿色建筑设计标识"，全部是万达广场。万达集团在廊坊建成并投入使用的万达学院园区，获得国家三星级绿色建筑设计标识，成为国内首个获得三星级绿色建筑设计标识的学校类项目。去年，万达酒店公司旗下两家酒店获得"绿色饭店金叶级运营标识认证"，到2013年，万达集团自行管理的6家酒店将全部获得绿色建筑运行标识。万达集团还要求，2013年以后开发的住宅100%实现精装。

今天，3个万达广场率先获得绿色建筑运行标识，实现中国商业建筑绿色运行零的突破，万达再次创造历史。相比"绿色建筑设计标识"，获得"绿色建筑运行标识"意义更大，只有绿色运行的建筑才能称为真正的绿色建筑。万达集团也决定，到年底，使万达获得绿色建筑"运行标识"广场达到9个，为行业积累经验、做出示范。

丁本锡总裁在万达广场绿色建筑运行标识授牌暨
框架协议签约仪式上致辞

　　万达的实践证明，开发绿色建筑、进行绿色运营，不仅节能减排，还为企业创造长期回报。这次获得"绿色建筑运行标识"的3个万达广场，运行仅一年，就为企业节省上千万元的能源支出，实现经济效益和社会效益的双赢。节能减排作为国家战略，需要行业共同努力，万达集团将和住建部科技发展促进中心、清华大学城市规划设计研究院加强合作，积极参与绿色建筑相关标准的研究、制定，推动行业健康发展。希望更多企业参与绿色建筑开发，共同为建设资源节约型、环境友好型社会做贡献！

　　谢谢大家！

2012年7月12日

万达"绿色、低碳"之路
——第七届国际绿色建筑与建筑节能大会开幕式主题发言

万达商业规划研究院　绿建节能研究所

尊敬的仇部长、各位来宾、女士们、先生们：

大家上午好！

绿色、低碳是企业和公民义不容辞的社会责任！也是万达集团一贯倡导的企业文化！我来这里，不是讲企业，而是通过宣讲企业的行为，宣扬一种将理想付诸实践的社会责任。

我十分自豪地告诉大家：

2010年底，万达集团共有三个大型公建项目，获得"公共建筑类绿色建筑设计评价标识"，开创了国内大型商业购物中心获取绿色建筑设计评价标识的先河。其中广州白云万达广场获得"公共建筑类二星级绿色建筑设计评价标识"，武汉菱角湖、福州金融街两个万达广场分别获得"公共建筑类一星级绿色建筑设计评价标识"。

万达集团"绿色、低碳"之路回顾

万达集团，作为全国较早推行环保节能建筑的企业，早在十年前就开始了"绿色、低碳"之路。

2001年，大连雍景台项目——较早在北方地区采用新技术提升外墙保温性能；

2002年，昆明滇池卫城项目——采用水资源综合利用等系列环保措施，并成为云南省第一个做环境评估的住宅项目；

2003年，南昌万达星城项目——行业内率先在长江以南地区大规模采用EPS板薄抹灰外墙外保温技术；

赖建燕院长在第七届国际绿色建筑与建筑节能大会
开幕式发表主题演讲

2008年，无锡万达广场C、D区住宅——获得居住类一星级绿色建筑设计标识认证；

2008年，万达集团"2008版建造标准"颁布，开始商业类建筑节能措施全面推广；

2009年，以广州白云、武汉菱角湖、福州金融街、大庆萨尔图等四个万达广场为试点进行节能研究，进一步完善商业类建筑节能措施；

2010年，《万达集团"绿色、低碳"战略研究报告》正式在集团发布；2011年以后开业的万达购物中心全部按照"公共建筑类一星级绿色建筑设计标准"建造。

万达集团简介

万达集团是中国商业地产行业的龙头，亚洲最大的不动产企业，已形成商业地产、高级酒店、文化产业、连锁百货、旅游度假五大产业。至2010年底，万达集团已在全国开业33个万达广场、15家五星级酒店、600块电影银幕、26家连锁百货，持有收租物业面积达到566万m²。计划到2012年底开业70个万达广场、38家五星级酒店、1100块电影银幕、60家连锁百货，持有物业面积达到1300万m²，年租金收入70亿元，规模排名全球行业前列。

作为中国商业地产的领军企业，绿色、低碳战略尤为重要。

万达集团"绿色、低碳"战略

万达广场购物中心是万达广场的核心，能耗特点以电力消耗为主，照明及空调占全部能耗的90%。研究表明，商业购物中心的能耗水平是普通住宅的十几倍，因此，大型购物中心在设计、建造、运营全过程的绿色节能管控尤为重要。

为此，万达集团2010年12月批准并发布了商业建筑"绿色、低碳"战略目标，即：

2011年及以后开业的项目均达到一星级绿色建筑设计标准；

2011年至2015年间已开业项目逐年降低运行能耗2%~3%；

2013年取得5个项目一星级绿色建筑运行标识认证；

2015年实现运营管理水平均达到一星级绿色建筑运行标准。

最后，我用《万达社会责任报告》中的一段话作为结语：

"万达商业地产非常重视保护环境，在项目设计、建设与运营过程中，公司积极采用新技术、新产品，选用节能、环保的机电设备，着力在建筑物的全寿命周期内，最大限度地减少对资源的占用与消耗，最大限度地减少对自然环境的改变和破坏，节约资源、保护环境和减少污染。公司注重对员工进行环保教育，经常组织员工参加各种环保活动，增强员工的环保意识，从而落实绿色经营的企业发展理念。"

感谢大家的聆听，在此预祝本次大会圆满成功！

2011年3月28日

4 第七届国际绿色建筑与建筑节能大会综述

万达商业规划研究院　范珑

　　由中国城市科学研究会、中国建筑节能协会及中国城市科学研究会绿色建筑与节能专业委员会共同主办的"第七届国际绿色建筑与建筑节能大会暨新技术与产品博览会"于2011年3月28日至30日在北京召开，大会主题为"绿色建筑：让城市生活更低碳、更美好"。大会分为研讨会和展览会两大部分。根据目前国内国际建筑节能与绿色建筑工作实际，研讨会围绕大会主题安排了1个综合论坛和23个分论坛。展览会展示了国内外建筑行业节能减排、低碳生态环保方面的最新技术与应用成果。绿色建筑大会是由建设部与多个国际组织联合发起的，是世界上推进和引领建筑业发展新趋势的最重要的行业盛会之一。首届绿色建筑大会于2005年3月在北京召开，当时大会的标题为"首届国际智能与绿色建筑技术和产品研讨会暨展览会"。首届绿色建筑大会研讨内容主要涉及智能、绿色建筑理论、建筑智能化技术、建筑节能技术及产品、建筑生态环境技术、绿色建材等。

　　十一届全国政协副主席、九三学社中央副主席、中国科学院院士王志珍，中国建筑节能协会会长郑坤生，深圳市常务副市长吕锐锋，美国驻华大使馆公使Robert S. Wang，英国驻华大使馆公使Chris Wood，以及德国联邦交通、建设与城市发展部环保政策、基建及政策司司长，欧盟委员会能源总司国际关系部主任，日本国土交通省国土计划局局长，加拿大卑诗省投资贸易部部长，世界绿色建筑委员会副主席、美国绿色建筑协会主席、首席执行官等国外政府官员出席本届绿色建筑与建筑节能大会的开幕式，住房和城乡建设部副部长仇保兴主持开幕式。

　　3月29日同时举行了23个分论坛，有来自国内外的政府官员、专家学者和企业界人士围绕"绿色建筑设计理论、技术和实践"、"德国被动房和低能耗建筑在中国的实践"、"大型商业建筑的节能运行与监管"、"绿色照明中的新光源和新技术"、"绿色房地产业的健康发展"、"既有建筑节能改造技术及工程实践"、"创造价值链来交付高水准的生态城市和绿色建筑"、"从绿色建筑到低碳生态城市"、"绿色建材和室内环境优化"、"太阳能在建筑中的应用"、"外墙外保温研究及新发展"、"可再生能源在建筑中应用的最新发展"等题目发表演讲，其中"大型商业建筑的节能运行与监管"专题论坛是由万达商业规划研究院和万达集团商业管理公司代表万达集团联合主办的。

在"大型商业建筑的节能运行与监管"专题论坛上，万达商业规划研究院王绍合副院长做了题为"万达节能工作介绍：绿色低碳之路"的专题发言，万达集团商管公司工程部的赵立东总经理的演讲题目是"建筑能源信息管理系统与集团化节能管理"，在分论坛上发言的还有欧文斯科宁公司、奥雅纳工程顾问公司、施耐德电气公司、霍尼韦尔公司、清华大学建筑学院、厦门立思科技公司以及瑞士伯尔尼应用科技大学等单位的代表。

第七届绿色建筑与建筑节能大会得到了全球环境基金，欧盟委员会企业与工业总司，英国贸易投资总署，美国能源部，美国能源基金会，德国联邦交通、建设与城市发展部，法国生态、能源、可持续发展及国土整治部，加拿大联邦住房署，新加坡国家发展部建设局，印度建筑业发展委员会，世界绿色建筑协会，国家外国专家局，美国驻华大使馆，法国驻华大使馆，英国驻华大使馆等组织和政府部门的支持与协助。

中国已成为世界上碳排放最大的国家，因此在推行绿色建筑、倡导低碳生活方面将更加不遗余力。绿色建筑已经写入"十二五"规划纲要（草案），规划纲要明确提出，"建筑业要推广绿色建筑、绿色施工，着力用先进建造、材料、信息技术优化结构和服务模式"和"大力发展符合绿色建筑要求的新型建材及制品"。一场建筑史上最波澜壮阔的绿色革命，正在华夏大地蓬勃展开。国家领导人、政府官员和学者对我国绿色建筑的发展有很多重要讲话。

温家宝总理指出：发展绿色建筑，最大限度地节能、节水、节地、节材，减少污染，保护环境，改善居住舒适性、健康性和安全性，不仅是转变建筑业发展方式和城乡建设模式的重大问题，而且直接关系群众的直接利益和国家的长远利益。目前，我国正处于加快推进工业化、城镇化和新农村建设的关键时期，发展绿色建筑面临极好的机遇。要抓住机遇，从规划、法规、技术、标准、设计等方面全面推进"绿色建筑行动"，千万不要丧失机遇。

王志珍在开幕式上发表了《加强国际合作，发展绿色建筑》的讲话

在中国第十二个五年计划开局之年，来自世界各地的专家、学者、政府代表再次相聚北京，总结交流推进建筑节能和绿色建筑的技术和经验，探讨低碳技术、绿色技术在建筑领域的推广应用，这对加快建筑业发展方式转变、实现建筑领域的可持续发展、深入建筑节能与绿色建筑的国际合作具有重要意义。中国高度重视建筑节能和绿色建筑在推动节能减排、应对全球气候变化当中的作用，将发展绿色建筑、促进建筑节能作为中国节能减排战略的重要组成部分。一年一度的绿色建筑和建筑节能大会已成为权威性、前沿性、广泛性的国际盛会，也成为吸收借鉴国际社会先进理念、技术和管理经验、加快提升我国城乡建设系统，资助创新能力的重要平台。

仇保兴在题为《我国绿色建筑行动纲要》的主题报告中指出

我国每提高1%城镇化率，就新增城市用水17亿m³，新增能耗6000万t标准煤，新增建设用地1004km²，新增钢材、水泥、砖木等建材总重量达6亿t。发展绿色建筑是解决我国资源能源问题的重要战略。

到2010年，新建建筑设计节能比率已达到99.5%，施工节能比率也达到了95.4%；今后几年大规模建设的保障性住房将成为绿色建筑大发展的契机；将加大力度推广可再生能源建筑；1/5以上的城市开始各种类型的生态城市规划建设。经核算，各个项目节能和

仇保兴作题为《我国绿色建筑行动纲要》的主题报告

能源利用的经济效益在0.07~1.27元/（元增量成本·a），平均0.50元/（元增量成本·a），即每1元增量成本每年可节约电费0.50元；各个项目节水与水资源利用的经济效益为0.02~0.66元/（元增量成本·a），平均0.27元/（元增量成本·a）。由此可推算出大多数项目节电的增量成本静态回报期为3~5年，节水的增量成本静态回报期为2~7年。目前加快绿色建筑发展的条件已经成熟。

我国发展绿色建筑的几个基本策略。第一，绿色建筑发展从自愿申报—公益性与区域性强制/商业性自愿—公益性与区域性强制/商业性经济激励。第二，依托生态城示范强制实施绿色建筑建设。第三，既有城市升级为生态城、新建生态城、城市社区生态化改造。第四，大力发展可再生能源。第五，全面推行绿色建筑"以奖代补"的经济激励政策，实施专项补贴、物业税减半征收、土地招拍挂前置条件、容积率返还5%、购房贷款利率优惠等。第六，全面推行住宅全装修与装配化，在全国设立20~50个示范基地。

要加快绿色建筑关键技术和政策的研发。应分不同气候区与建筑种类编制相应的绿色建筑标准，积极推进绿色建筑技术，如：各类可再生能源应用、雨水收集与中水利用、湿垃圾收集与有机化处理、绿色照明与光导照明、分布式能源等。

仇保兴认为，"十二五"期间我国绿色建筑的发展将从启蒙阶段迈向快速发展阶段。这场建筑界的革命既有可能助推我国走向绿色低碳发展之路，同时，也给城市规划和建筑界带来巨大的挑战与机遇。

针对仇保兴副部长谈到的"以奖代补"政策，重庆市已制定出《重庆市绿色建筑评价标识管理办法》，其中规定：取得绿色建筑竣工标识的工程项目，可按有关规定向相关部门申请享受国家及重庆市有关税收优惠政策，但项目建设单位必须承诺在项目竣工并投入使用一年后，按照重庆市《绿色建筑评价标准》和管理办法申请评审并取得绿色建筑运行标识。

清华大学林波荣教授在谈到绿色建筑认证工作时提出

目前我国建筑主要使用的绿色建筑评价标准有国内的《绿色建筑评价标准》(GB/T 50378-2006)和美国LEED绿色建筑认证。现在通过国内绿色建筑评价标识的项目超过了120个,获得美国LEED认证的项目接近100个。政府应首先在政府项目中带头实施强制性的绿色建筑设计。此外,在新的区域开发和城市建筑中,绿色建筑、建筑节能会成为一个非常重要的元素融入进去,甚至会逐步变为考核政府工作业绩的重要指标。

对于目前LEED标准在国内认证的问题,第一,中国的绿色建筑标识绝对不能盲目采用LEED。脱离中国的国情被外国的标识体系牵着鼻子走,其结果必然是导致打着发展绿色建筑的牌子,用更高的财力投入,消耗更多的能源,排放更多的污染物和二氧化碳,与建设可持续社会南辕北辙。第二,中国的绿色建筑评价标准要从措施性评价,逐渐过渡到性能性评价,即性能评价优先,措施引导优化的方式;并且要分地域、气候区和建筑类型、规模(如社区),对评价标准和方法进行细化。

从已经获得的100来个绿色建筑评价标识项目看,基本上一星级绿色建筑不增加成本,二星级绿色建筑的增量成本在50~140元/m²之间;三星级绿色建筑的增量成本在250元/m²或更多一些。所以总的看,绿色建筑需要的增量成本是可以接受的,应该在2%~5%之间。

对于绿色建筑增量的计算,关键是不能把一些当地已经强制性的技术要求,或者当地平均水平的建筑已经采取的技术都当成是增量成本计算。增量成本和建筑完工后是否能达到设计效果关系不大,建筑完工之后效果不佳,主要是施工招投标和过程控制问题,这是绝大多数项目的通病,但是这与绿色建筑增量成本多少是不相关的。

绿色建筑的评价标准是涵盖建筑的整个周期,而在现实操作中,对绿色建筑的评价和管理,往往更重视设计阶段,而轻建筑施工和运行阶段的节能监管。目前,国内运行一年之后来申请标识的项目仅仅10个,不到10%的比例,还是比较少,这客观说明了施工绿色和运行绿色的推广还不够。主要是很多项目还是仅仅重视设计阶段的标识。另外,运行标识的周期比较长也是一个原因。不过,我觉得大型企业(包括住宅和商业房地产开发企业)和一些政府项目的业主,还是比较重视运行评价标识的。我相信,再通过一、两年的推广,应该会有很大的改观。

中国工程院院士江亿在综合论坛上也指出了绿色建筑发展中存在的问题时提出

深圳市建科大厦,其年平均能耗为16kW·h/m²,它的窗户都是打开的,用自然光就能满足了采光需求,而深圳市的平均能耗达40kW·h/m²。各地纷纷开建的低耗能生态示范建筑是否能够真的节能,关键不在于技术,使用模式才是影响建筑节能效果的最重要因素。除北方地区采暖耗能下降外,我国其他建筑类型,如公共建筑、城镇住宅、农村住宅等的能耗却在不断上升。一方面节能审计、节能改造开展得如火如荼,一方面大量新建高耗能"玻璃壳"出现,整体耗能不降反升。

江亿院士审视我国节能建筑发展思路并举例说,中美合作的21世纪大厦运用了大量先进节能技术,而实际运营能耗为74kW·h/m²,北京同功能政府办公楼的能耗则为60kW·h/m²;

采用了热电冷三联供，新风热回收等先进技术的清华大学中意环保节能楼，实际运营耗能为89.1kW·h/m²，而清华同功能建筑的耗能则为50~65kW·h/m²；号称建造"低碳地产"的南京某公司，其建筑平均能耗在40kW·h/m²以上，比当地的平均水平20kW·h/m²整整高出一倍。我国未来的节能建筑要坚持走节约型道路，一切设计、评估标准都应以此为基准，而不能照搬西方模式。

联合技术公司副总裁戴尚德提出

寻求高能效，不应仅仅局限于单栋建筑，而是要通过可持续发展的城市规模解决方案得以实现。开发商、城市规划者以及政府官员已经开始从建设大规模项目中获得环境和经济效益。单栋建筑主要依靠个别系统实现节能，而城市规模解决方案则可以利用风电、热电联产系统和太阳能等可替代清洁能源，这些系统协同运行，能够大大提高能源效率。绿色的生态城市可将单栋建筑的能效与清洁能源的潜力结合起来，远比仅仅采用一种策略更能降低总体环境消耗。

联合技术公司副总裁戴尚德

绿色建筑大会的参展企业逐年增多、参展企业规模逐年增大，本届大会参展企业达到150家。为期三天的绿色建筑大会，共有美国联合技术、大连万达集团股份有限公司、方兴地产、万通地产、施耐德电气、GE、巴斯夫、道康宁、阿姆斯壮、青岛亨达玻璃、江苏晶和照明等来自国内外的知名企业向与会者展示了绿色建筑规划设计方案及工程实例、建筑智能技术与产品、建筑生态环保新技术新产品、绿色建材技术与产品、既有建筑节能改造的工程实践、可再生能源在建筑上的应用与工程实践、大型公共建筑节能的运行监管与节能服务市场、供热体制改革方案及工程实例、新型外墙保温材料与技术、低碳社区与绿色建筑等方面的最新技术与产品。

本次绿色建筑大会宣传了国内外绿色建筑、建筑节能及环保领域的最新科技成果和成功案例以及建筑行业在绿色、低碳方面的新技术与应用。万达集团作为四家顶级赞助商之一，除了在大会开幕式上发言和组织专题论坛外，还设置了36m²的展台，通过文字、图片、影像和实物资料，向社会展示了集团在低碳、节能领域的发展历程、已经取得的成果以及未来的发展战略。

5 绿色低碳：万达社会责任的重要体现
——第八届国际绿色建筑与建筑节能大会开幕式主题发言

万达商业地产股份有限公司　高级总裁助理兼规划院院长　赖建燕

图1　赖建燕在开幕式发表主题演讲

尊敬的仇部长，各位来宾、女士们、先生们：

大家上午好！

很高兴代表万达集团第二次参加绿建节能大会，并作大会发言。过去的2011年是万达集团兑现承诺，全面完成《万达集团"绿色、低碳"战略研究报告》年度任务的一年，也是万达各项绿建节能工作全面展开、推进、提升的一年。

2011年万达集团新建成开业的13个万达广场购物中心，全部获得住建部绿色建筑设计标识认证，（分别为上海江桥、镇江、厦门湖里、武汉经开、银川金凤、唐山路南、石家庄裕华、廊坊、福州仓山、泰州、常州新北、郑州中原和大庆萨尔图万达广场），加上2010年获得认证的（广州白云、武汉菱角湖、福州金融街）3个万达广场，万达已有16个大型购物中心获得此项认证证书，成为自住房和城乡建设部颁布"绿色建筑设计评价标识"以来，得到认证的全部16个大型商业建筑！其中，2010年开业的广州白云万达广场为"二星级绿色建筑设计评价标识"。

2011年，万达集团在其他类型物业的"绿色建筑节能"工作方面也取得了长足的进步。去年在廊坊新建成并投入使用的万达学院园区，获得国家"三星级绿色建筑设计评价标识"认证，成为国内首个获得三星级绿色建筑设计标识认证的学校园区项目。万达酒店公司旗下的两

图2 16个万达广场购物中心获得国家绿色建筑设计标识认证

个酒店，成都索菲特、重庆艾美酒店获得"绿色饭店金叶级运营标识认证"，将万达集团的绿色节能首次由设计建造扩展到运营管理！2011年，万达销售的住宅项目大部分实现全精装修交房，并已有8个住宅项目（青岛李沧、长沙开福、抚顺万达、太仓万达、哈尔滨哈西万达、泰州万达、石家庄万达、武汉东湖K-9住宅项目）获得绿色建筑设计标识认证。

万达集团2011年企业资产达1950亿元，年收入1051亿元，年纳税163亿元，形成商业地产、高级酒店、旅游投资、文化产业、连锁百货五大产业。已在全国开业49座万达广场、26家五星级酒店、730块电影银幕、40家百货店，集团自持物业面积达到903万m^2，位列世界第8。预计2012年底，万达自持物业面积将达到1300万m^2，位列世界第四。2015年万达集团的目标是：资产3000亿元，年收入2000亿元，年纳税300亿元，成为排名世界第一的不动产企业。我们深感肩负的社会责任与历史使命！"绿色低碳"是万达集团一贯倡导的社会责任的重要体现！

万达集团是全国最早推行节能建筑的企业之一，绿色环保走在全国企业前列。2001年，在国家尚未出台建筑节能相关规定时，万达集团在大连雍景台项目上主动采用外墙保温技术，并结合建筑和采光设计，使节能率达到65%。2002年，万达在昆明开发滇池卫城项目时，主动要求做环境影响评估，成为云南省第一个做环境评估的住宅小区。小区还自建污水处理厂和雨水收集工程，实现污水零排放。2010年，《万达集团"绿色、低碳"战略研究报告》编制完成，在行业内率先提出以后开业的万达广场要全部达到国家星级节能标准。

万达集团不仅关注新建项目的绿色节能设计，对已有建筑的运营节能也非常重视。万达从2009年开始进行集团层级的能源管理平台建设，分别在北京石景山、青岛CBD、南京建邺、重庆南坪四个万达广场项目进行试点，节能效果显著。2011年，四个广场通过提高运行管理水平、优化控制策略、简单节能改造等手段已累计实现节电约150万kW·h，与所涉及的设备系统去年同期能耗相比，节能幅度超过15%。

万达集团为节能工作提供经费保障，用于与节能相关的科研、建造及改造工作，2011年集团在绿建节能方面投入费用总计约1.5亿元。

万达集团大力倡导无纸化办公。2007年，集团就建立了覆盖全国的信息化办公系统，实现了公文的上报、审批及下发，覆盖招标管理、计划管理、指标管理、档案管理等多个管理体系的无纸化办公，节省纸张70%以上。对于确实需要打印的文件，提倡纸张的重复使用及正反面打印。在员工培训阶段，就提出绿色行动倡议书，培养"绿色、低碳"意识。

2011年年底，万达集团在2010年《万达集团"绿色、低碳"战略研究报告》的基础上提升细化，编制完成的《万达集团节能工作规划纲要（2011-2015年）》，使万达集团的节能工作纳入有规划、计划的实施操作体系，是指导万达集团节能工作开展的纲领性文件。

图3　2011年8个住宅项目获得绿色建筑设计标识认证

万达集团的节能工作战略目标

一、商业建筑——引领行业发展

（1）2011年及以后开业的项目均取得一星级绿色建筑设计标识；

（2）2011年至2015年间新开业项目逐年降低运行能耗2%~3%；

（3）2013年取得2个项目一星级绿色建筑运行标识认证；

（4）2015年实现运营管理水平均达到一星级绿色建筑运行标准。

图 4　万达学院获得三星级绿色建筑设计评价标识认证　　　　图 5　2002 年滇池卫城项目实现污水零排放

二、酒店建筑——行业领先

(1) 2011年至2015年间新开业项目逐年降低运行能耗2%～3%；

(2) 2015年以前取得5个一星级绿色建筑设计标识；

(3) 2015年实现运营管理水平均达到绿色饭店金叶级运营标准。

三、居住建筑——行业领先

(1) 2012年及以后所有居住建筑均取得一星级绿色建筑设计标识；

(2) 2013年及以后的住宅产品均为精装修交付。

万达集团，作为中国民营企业的代表，在迈向世界级企业的过程中，不会忘记我们的民族使命和社会责任。绿色低碳，体现了中华民族人与自然和谐相处的道德观，也是现代社会在发展中必须遵循的共同准则。地球只有一个，用我们的良知去呵护吧！

感谢大家的聆听，在此，预祝本次大会圆满成功！

2012年3月29日

"推广绿色建筑，营造低碳宜居环境"

——万达集团出席"第八届国际绿色建筑与建筑节能大会"侧记

万达商业规划研究院　康军　章宇峰

2012年3月29日，第八届国际绿色建筑与建筑节能大会暨新技术与产品博览会在北京国际会议中心隆重开幕。在成功参加上届"国际绿色建筑与建筑节能大会"并在大会开幕式作主题发言的基础上，万达集团已是连续第二次出席该大会并作主题发言。

本次大会，大连万达商业地产股份有限公司高级总裁助理、规划院院长赖建燕代表万达集团出席大会开幕式，并以"绿色低碳——万达社会责任的重要体现"为题发表主题演讲，向各国参会嘉宾介绍了万达集团在2010年制订《万达集团"绿色、低碳"战略研究报告》的基础上，在2011年颁布了《万达集团节能工作规划纲要（2011-2015年）》，以及万达商业规划研究院节能所作为集团节能工作的技术、目标实施和计划管理部门在2011年所做的工作，展示了万达集团在绿色建筑节能的设计、建造、运营全过程方面取得的突出成果，宣传了万达集团一贯带头履行社会责任的企业文化。

"绿色建筑与建筑节能大会"由中国住房和城乡建设部、科学技术部、国家发展和改革委员会、财政部、环境保护部、工业和信息化部共同支持，由中国城市科学研究会、中国绿色建筑与节能专业委员会与中国建筑节能协会联合主办，自2005年开始，已成功举办了七届，大会盛况一届胜过一届，参会人数超过2000人，包括十几个国家的政府官员、生产制造商、运营商、系统集成商、投资企业、房地产商、建筑协会及大学的专家学者等建筑行业人士，是世界上推进和引领建筑业发展新趋势的最重要的行业盛会之一。

本次大会的主题为"推广绿色建筑，营造低碳宜居环境"，万达集团作为大会的协办方和顶级赞助商，深度参与大会活动。

图1　住房和城乡建设部副部长仇保兴主持开幕式

图2　万达商业规划研究院副院长康军作为优秀项目
　　　代表上台领取绿色建筑设计标识认证证书

图3　赖建燕向仇保兴介绍万达集团参会代表

图4　中国城市科学研究会秘书长、中国城市规划设
　　　计研究院副院长李迅与赖建燕亲切交流

图5　仇保兴称赞万达集团节能工作

图6　招待晚宴上万达集团参会代表与仇保兴合影

图7　康军向仇保兴介绍万达集团节能工作

表 1 大会论文集收录的万达集团投稿论文

序号	题目	作者姓名	单位部门
1	2011 年万达购物中心绿色建筑设计标识申报工作回顾	范珑　章宇峰	万达商业规划研究院
2	万达绿色住宅建筑设计	尹强　荣万斗	北方项目管理中心
3	万达学院——绿色建筑升华	郝宁克　张洋　陈娜	万达商业规划研究院
4	大型商业建筑能源管理系统发展与应用	范珑　杨成德	万达商业规划研究院
5	常州新北万达广场绿色建筑实践	胡建军　刘志诚	常州项目公司
6	万达集团分项计量与能源管理平台系统应用分析	田礼讯	商管总部
7	万达酒店电气系统节能措施	张伟	酒店建设公司

在2012年月29日由住房和城乡建设部组织的招待晚宴上，住房和城乡建设部副部长仇保兴及世界绿色建筑委员会主席S．Richard Fedrizzi与万达商业规划研究院研究副院长康军进行了亲切交谈，仇部长夸赞道："万达集团绿建节能工作做得很好，希望万达集团继续努力，为社会做出更大贡献。"S．Richard Fedrizzi也代表世界绿色建筑委员会表示愿意与万达集团展开更多合作，共同促进中国的绿色建筑节能工作。在随后举办的"中国绿色建筑与节能委员会第一届五次委员会会议"上，副院长康军作为绿色建筑节能优秀项目代表，上台领取了住房和城乡建设部颁发给万达集团的绿色建筑项目设计标识证书。

本届大会从2011年底开始向社会各界征集论文，获选论文统一编入大会论文集，并刊入中文核心期刊《城市发展研究》增刊出版。万达商业规划研究院、商管公司、酒店公司、项目管理中心及项目公司等踊跃投稿，共计7篇论文被收录发表，内容涵盖商业建筑、酒店建筑、住宅建筑的规划设计、建造实施、运营管理等多个方面，向社会各界表达了万达集团履行企业责任、带头节能环保的行动和决心。

"大型商业建筑的节能运行与监管"
分论坛综述

万达商业规划研究院　康军　章宇峰

2012年3月30日上午，万达商业规划院代表万达集团承办了"第八届国际绿色建筑与建筑节能大会——大型商业建筑的节能运行与监管"分论坛。

该分论坛是万达集团在承办上届"国际绿色建筑和建筑节能大会"分论坛的基础上的第二次承办。此次分论坛由万达商业规划研究院副院长康军主持，演讲嘉宾除了来自万达商业规划研究院、商管公司、项目系统的领导以外，还特别邀请了包括中国工程院院士、清华大学教授江亿，住房和城乡建设部建筑电气标准化技术委员会委员、副秘书长、中建国际建筑设计顾问总工程师李炳华等知名专家。

江亿院士在《大型商业建筑的节能运行与监管》的报告中提出

大型商业建筑的节能工作，应该是以实际能耗数据为导向、为中心的全过程建筑节能体系，应贯彻设计、建筑与运营整个阶段，而非简单的节能技术罗列。

在建设初始，每个项目应确定明确的用能指标，并以此为指导贯彻整个设计过程。利用计算机模拟技术，根据图纸方案，可以比较准确地评价建筑各系统的能耗水平，并对各子项系统的能耗上限进行预测，进而指导设计和采购各类系统及设备。

当建筑建成后，建筑的实际能耗数据可通过计量工具直接获得，是考核建筑是否节能的直接依据。但由于不同建筑的使用强度各有区别，造成无法简单地用总能量来直接评判某个建筑或某个系统是否节能。国务院2008年颁布了《民用建筑节能管理条例》，其中有明确的条文规定，对于公共建筑和政府机构要逐步实行以用能定额为考核基础的管理机制。面对这个目

标，如果一部分地产开发商、物业公司或能源管理公司等企业能先行动起来，尽早采用这套体系，将对推动我国的节能事业大有帮助，而这些企业也会因为先走一步而在市场中赢得先机。

基于分项计量的能源管理系统是监测、考核建筑用能标准的重要工具。通过研究各子系统的能耗数据，可以把不同使用强度的建筑能耗数据统一折算成标准工况的数据，使采用同一种数据指标来考核不同建筑的能耗水平成为可能。此外，通过多个对同类型建筑各系统能源消耗数据的横向比较，可以很容易地看出高能耗项目的问题所在。自"十一五"以来，国家对此项工作非常重视，在多个城市进行了试点，但在建立统一的建筑能源消耗数据模型还有所欠缺。在"十二五"期间，社会各方还需要在此方面加大力度，使这些能耗数据充分发挥作用。大连万达集团在此方面一直积极开展工作，已取得了非常大的成绩，相信万达会继续努力，在这一领域内做出好的典范。

万达商业规划研究院副院长康军在《万达集团2011年节能工作综述》中，向在场来宾介绍了万达集团2011年的节能工作情况

万达集团过去一年的绿建节能工作可以概括为绿色设计、绿色施工、绿色运营、绿色体制、绿色展望五个方面。

2011年万达集团新建成开业的13个万达广场，全部获得住房和城乡建设部绿色建筑设计标识认证。并且在其他类型物业的"绿色建筑节能"工作方面也取得了长足进步。万达学院获得国家三星级"绿色建筑设计评价标识"认证，成为国内首个获得学校园区三星级"绿色建筑设计评价标识"认证的项目。2011年，万达集团销售的住宅项目大部分实现全精装修交房，并已有8个住宅项目获得绿色建筑设计标识认证。

在绿色施工方面，万达集团所有建设项目均按照绿色建筑设计要求贯彻于项目的具体实施过程中。在开发前制定完善的包括绿色建筑实施项目的成本计划目标，制定包括扬尘控制、噪音震动控制、水污染控制、建筑垃圾控制、装修材料检验、结材要求等绿色建筑专项施工组织计划和方案，确保绿色建筑设计要求得到真正实施。

万达商业管理有限公司完成了四个项目能源管理平台试点运行工作，运行一年以来极大地提高了运营管理水平，杜绝能源无端浪费，提高了能源的使用效率，一年节电超过150万kw·h。万达酒店公司旗下的两个酒店获得"绿色饭店金叶级运营标识认证"，将万达集团的绿色节能首次由设计建造扩展到运营管理。

在绿色体制方面，万达集团专门成立了万达商业规划研究院绿色建筑节能研究所，作为集团节能方面的专业部门，负责牵头节能工作的研究，并对集团各部门节能工作的实施进行计划协同及督办。2011年年底，万达集团在2010年《万达集团"绿色、低碳"战略研究报告》的基础上提升细化，编制完成的《万达集团节能工作规划纲要（2011-2015年）》，使万达集团的节能工作纳入有规划、计划的实施操作体系，是指导万达集团节能工作开展的纲领性文件。

展望未来，万达集团将利用自身设计、建造、运营一体化的优势，使节能工作在每个环节都得以贯彻执行，并相互促进，最终实现万达广场在全建造、运营周期内绿色、低碳的目标，体现企业应负的社会责任。

李炳华总工程师在题为《大型公共建筑节能设计随想》的报告中指出

自改革开放以来，我国建筑能耗快速增长，目前建筑能耗是1980年建筑能耗的4倍以上。大型公共建筑面积占社会总建筑面积的1%左右，其消耗的电力占建筑总耗电量的10%，大型公共建筑单位面积电耗指标超过所有建筑平均电耗指标10倍以上，因此，大型公共建筑是建筑节能的主力。

绿色建筑首先应当是节能建筑，此外在节地、节能、节水、节材、环境保护方面应全面满足要求。从实际案例来看，我国和国外在建筑节能理念方面存在着差异，我国更加强调减少建筑实际消耗的能源，而国外更强调在保证建筑内舒适性的前提下提高能源的利用效率。我国目前建筑用能水平差别较大，根据清华大学的测试报告，各类项目最高耗电量与最低耗电量的比值，办公楼类是2.49，商场建筑是2.9，酒店建筑是3.24。万达集团的项目能耗水平低于社会

图2　中国工程院院士、清华大学教授江亿做主题报告

图3　住房和城乡建设部建筑电气标准化技术委员会副秘书长李炳华做主题报告

图4　万达商业管理有限公司工程部常务副总孙多斌做主题报告

平均值，但与能耗水平最低的项目相比，仍有很大的节能潜力。对于大型城市综合体项目，由于包含酒店、购物中心、商场等多种业态，各业态的用能高峰时间是不一样的，如果在设计中利用这些差异性，有可能使系统配置更加合理，设备效率进一步提高。

关于绿色建筑的增量成本，原来社会上的普遍看法是绿色建筑是高科技的产物，造价很高，但随着技术的发展，目前一星级绿色建筑造价跟普通建筑的造价相差不了多少，而三星级标准的造价增加不超过总造价的10%。要用发展的眼光看待绿色建筑和节能建筑，万达集团在此方面为社会各界做出了表率，他们一直在提升自己的标准，只有不断发展，我们的节能水平才能不断提高。

美国联合技术公司下属EMSI环境管理咨询有限公司市场经理宋怡在题为《绿色商业建筑的可持续设计》的报告中提到

对于商业建筑，比如万达广场，一个重要特点是由业主持有。节能是一个非常关键的因素，每年运行费用的节省可以对物业持续收入给予很大的帮助。另外一个特点是对室内舒适度要求高。随着人民生活水平的提高，顾客对于商业建筑室内舒适度越来越重视，很多商场，如果温度不合适，顾客的消费意愿就受到影响，顾客甚至不愿多停留一分钟。

在项目开发过程中，如何达到舒适性与节能的平衡？EMSI公司利用被动式技术和主动式技术有机结合的集成设计理念为业主解决此类难题。利用计算机模拟技术，在设计方案中充分考虑日照、室内采光、室内通风、建筑小区风环境等问题，通过精细化设计，对商业建筑中的各种复杂因素进行控制。比如超高层建筑电梯井冬季拔风现象、餐饮业排油烟回灌问题、玻璃幕墙选择问题、建筑群微环境风闸现象等，通过精细化设计手段，可以在方案设计阶段就发现问题，采取有效措施避免问题的发生，从而减少运营中在这些问题上进行无谓的能源消耗，并能够保证室内环境品质。

图5　论坛听众站满走道，有些甚至席地而坐

图6 中午时分，分论坛依然观众爆满

　　万达商管总部工程部副总经理孙多斌、万达商管公司北京区域副总经理陈向东、万达武汉项目公司设计部经理张谦、清华大学建筑学院李晓峰副教授、北京博瑞尚格节能技术有限公司江江总经理、欧文斯科宁（中国）投资有限公司唐德超总工程师也参加了论坛，分别就万达广场及其他大型商业建筑的节能设计、建造、运营等方面作了专题报告。

　　自始至终，论坛现场气氛都非常热烈，是整届大会各分论坛人气最旺的论坛。很多没有座位的来宾，一直站在走道上听完了3个半小时的报告。

　　本次分论坛，对大型商业建筑的节能技术进行了充分探讨，分享经验，交流体会，对展示万达集团绿色建筑节能方面的工作成绩，体现万达企业的社会责任起到了很好的宣传和推广作用。同时也看到，无论是政府、企业还是个人，绿建节能理念已越来越深入人心，社会各界对作为商业地产代表的万达集团在大型商业综合体绿建节能方面所采用的技术和经验越来越关注。万达商业规划研究院绿色建筑节能所作为万达集团节能方面的专业管理部门，更应该抓住机遇，协同集团各相关部门，不断提升绿色建筑节能技术和应用、管理水平，为企业、为社会做出更大贡献。

2011年万达购物中心
绿色建筑设计标识申报工作回顾

万达商业规划研究院　范珑　章宇峰

第一节　引言

万达集团于2010年底编制了《万达集团"绿色、低碳"战略研究报告》，为全集团的绿色建筑工作提供了指导纲领。报告提出，万达集团商业类建筑要做到引领行业发展，战略目标包括：2011年及以后开业的项目均达到一星级绿色建筑设计标准；2011年至2015年间已开业项目逐年降低运行能耗3%；2013年取得5个项目一星级绿色建筑运行标识认证；2015年实现运营管理水平均达到一星级绿色建筑运行标准。可见，2011年开业项目顺利取得一星级绿色建筑设计标识证书，是节能工作五年战略规划中第一项要完成的任务，对节能工作的意义非常重大。

第二节　2011年绿色建筑标识认证申报工作成果

在管理和技术团队的多方努力下本年度开业的万达购物中心已有11个项目获一星级绿色建筑设计标识证书，2个项目正在公示，预计将在2012年1月获得证书（表1）。

第三节　《绿色建筑评价标准》条文分析

《绿色建筑评价标准》（GB/T　50378-2006）(以下简称"绿标")主要内容包括用地、用能、用水、用材、室内环境及运营管理六个方面。"绿标"条文规定分为控制项、一般项与优选项三类。绿色建筑必须满足所有控制项规定，不同级别的绿色建筑需要满足一般项和优选项的条文项数各不相同（表2）。

表1 2011年开业的13个万达广场项目申报情况

序号	项目名称	申报情况	
1	上海江桥万达广场	★	
2	镇江万达广场	★	
3	武汉经开万达广场	★	
4	厦门湖里万达广场	★	
5	银川金凤万达广场	★	
6	石家庄裕华万达广场	★	已获得
7	廊坊万达广场	★	
8	唐山路南万达广场	★	
9	福州仓山万达广场	★	
10	泰州万达广场	★	
11	常州新北万达广场	★	
12	郑州中原万达广场	☆	已公示
13	大庆萨尔图万达广场	☆	已公示

表2 划分绿色建筑等级的项数要求（公共建筑）

等级	一般项（共43项）						优选项数
	节地与室外环境	节能与能源利用	节水与水资源利用	节材与材料资源利用	室内环境质量	运营管理	
	共6项	共10项	共6项	共8项	共6项	共7项	共12项
★	3	4	3	5	3	4	0
★★	4	6	4	6	4	5	6
★★★	5	8	5	7	5	6	10

注：某些条文在某些项目中不适应建筑所在区域气候或建筑类型，该条文可不参与评价，或者某些条文在设计阶段不参评，参评条文总项数相应减少，等级划分时对项数的要求可原比例调整确定。

目前万达集团企业技术标准可全面满足"绿标"控制项规定，在此不做讨论。从表2中可以看出，如选择一星级绿色建筑作为设计目标，需要重点研究一般项条文要求。结合2011年各项目的绿色建筑设计标识申报工作，在此对"绿标"六个方面的技术措施分别进行梳理，为今后项目申报工作的顺利开展创造条件。

一、节地与室外环境

本部分评价内容包括场地选址、项目对周边环境的影响、场地内环境设计和建筑节地设计四个方面（表3）。

（1）场地选址：万达集团所有项目用地均进行了电磁辐射、土壤氡浓度和场地噪声检测，保证了用地安全和场地内良好的声环境；交通组织采用人车分流设计，出入口和线路的精心设置，保证了良好的交通环境。

（2）对周边影响：万达广场购物中心立面多以玻璃为主，设计中均选用低反射率玻璃，避免了光污染的产生；

（3）场地内环境设计：由于功能需要，大型商业建筑室外铺装多以硬质铺装为主，绿化面积较少，故很难在这部分得到额外加分；

（4）建筑节地设计：万达广场充分利用地下空间，设置了超市、机房和停车场。

根据上述分析，按照集团现行标准，各万达广场购物中心基本都可以做到第5.1.6、5.1.9、5.1.10、5.1.11项达标，从而达到一星级要求。

表3　节地与室外环境一般项和优选项条文

编号		标准条文	判定
一般项	5.1.6	场地环境噪声符合现行国家标准《城市区域环境噪声标准》GB 3096的规定	√
	5.1.7	建筑物周围人行区风速低于5m/s，不影响室外活动的舒适性和建筑通风	√
	5.1.8	合理采用屋顶绿化、垂直绿化等方式	×
	5.1.9	绿化物种选择适宜当地气候和土壤条件的乡土植物，且采用包含乔、灌木的复层绿化	√
	5.1.10	场地交通组织合理，到达公共交通站点的步行距离不超过500m	√
	5.1.11	合理开发利用地下空间	√
优选项	5.1.12	合理利用废弃场地进行建设。对已被污染的废弃地，进行处理并达到有关标准	×
	5.1.13	充分利用尚可使用的旧建筑，并纳入规划项目	×
	5.1.14	室外透水地面面积比大于等于40%	×

注：√达标，√根据项目实际情况提升项，× 不达标，－不参评。

二、节能与能源利用

本部分评价内容包括围护结构、被动式节能措施、主动式节能措施和可再生能应用四部分内容（表4）。

（1）围护结构：根据大型商业建筑节能潜力分析，通过加强围护结构性能实现节能，是一种性价比较低的做法，故万达广场一般选择按照国家和地方标准进行设计；

（2）被动式节能措施：大型商业建筑一般内区较大，故很难实现自然通风和自然采光的应用。万达广场购物中心建筑设计中尽可能地挖掘了被动节能的潜力：步行街设置透明采光顶，且沿步行街采光顶侧面（两侧）均布手动可开启窗，面积不小于首层公共面积的10%，此项措施可有效增强自然通风效果，但部分项目仍无法满足"绿标"条文关于开窗率的要求；

（3）主动式节能措施：万达广场根据业态对冷热源和系统形式进行划分，要求全部做到空调水系统变频控制，全空气系统新风比可调，设置总供冷、热量及分业态、分环路冷、热量计量装置，自动计量冷、热量消耗等，并根据各地气候条件、能源价格等情况，因地制宜，提出了若干节能措施，如：蓄冷蓄热、排风热回收等。由于商业建筑功能需要，在照明方面，仅在地下车库和机房采用LED灯具，商业区域未做过高要求；

（4）可再生能源应用：受场地条件和用能特点限制，大型商业建筑难以利用地源热泵、水源热泵等可再生能源。因此，万达集团提出购物中心生活热水10%以上采用太阳能生活热水的要求。

根据上述分析，按照万达集团现行企业标准，各万达广场基本都可以做到第5.2.8、5.2.11、5.2.12、5.2.18项达标，从而达到一星级绿色建筑要求。

表4 节能与能源利用一般项和优选项条文

编号		标准条文	判定
一般项	5.2.6	建筑总面平设计有利于冬季日照并避开冬季主导风向，夏季则利于自然通风	√
	5.2.7	建筑外窗可开启面积不小于外窗总面积的30%，建筑幕墙具有可开启部分或设有通风换气装置	√
	5.2.8	建筑外窗的气密性不低于现行国家标准《建筑外窗气密性能分级及其检测方法》GB 7107规定的4级要求	√
	5.2.9	合理采用蓄冷蓄热技术	√
	5.2.10	利用排风对新风进行预热（或预冷）处理，降低新风负荷	√
	5.2.11	全空气空调系统采用实现全新风运行或可调新风比的措施	√
	5.2.12	建筑物处于部分冷热负荷时和仅部分空间使用时，采取有效措施节约通风空调系统能耗	√
	5.2.13	采用节能设备与系统。通风空调系统风机的单位风量耗功率和冷热水系统的输送能效比符合现行国家标准《公共建筑节能设计标准》GB 50189第5.3.27条的规定	×
	5.2.14	选用余热或废热利用等方式提供建筑所需蒸汽或生活热水	×
	5.2.15	改建和扩建的公共建筑，冷热源、输配系统和照明等各部分能耗进行独立分项计量	×
优选项	5.2.16	建筑设计总能耗低于国家批准或备案的节能标准规定值的80%	×
	5.2.17	采用分布式热电冷联供技术，提高能源的综合利用率	×
	5.2.18	根据当地气候和自然资源条件，充分利用太阳能、地热能等可再生能源，可再生能源产生的热水量不低于建筑生活热水消耗量的10%，或可再生能源发电量不低于建筑用电量的2%	√
	5.2.19	各房间或场所的照明功率密度值不高于现行国家标准《建筑照明设计标准》GB 50034规定的目标值	×

注：√达标，√根据项目实际情况提升项，× 不达标，– 不参评。

三、节水与水资源利用

本部分评价内容包括节水设计和非传统水源应用两方面评价内容（表5）。

（1）节水设计：万达广场用水器具全部采用节水器具，并按用途设置计量水表。由于绿化面积较小且较为分散，故未做强制要求，仅部分项目采用喷灌、微灌设计。

（2）非传统水源应用：由于大型商业建筑用水点较为分散，收集卫生间用水作为中水原水成本较高，故万达集团重点对雨水应用提出了要求：全部购物中心项目必须分区域收集屋顶雨水经初期弃流、沉淀处理，用于室外庭院、道路及广场绿化、地面浇洒。

（3）个别处于极度缺水地区的项目，根据项目特点设置了中水系统，未设雨水收集系统。

根据上述分析，各万达广场基本都可以做到第5.3.6、5.3.7、5.3.10项达标，从而达到一星级绿色建筑要求。

表5　节能与能源利用一般项和优选项条文

编号		标准条文	判定
一般项	5.3.6	通过技术经济比较，合理确定雨水积蓄、处理及利用方案	√
	5.3.7	绿化、景观、洗车等用水采用非传统水源	√
	5.3.8	绿化灌溉采用喷灌、微灌等节水高效灌溉方式	√
	5.3.9	非饮用水采用再生水时，利用附近集中再生水厂的再生水；或通过技术经济比较，合理选择其他再生水水源和处理技术	×
	5.3.10	按用途设置用水计量水表	√
	5.3.11	办公楼、商场类建筑中非传统水源利用率不低于20%，旅馆类建筑不低于15%以上	×
优选项	5.3.12	办公楼、商场类建筑中非传统水源利用率不低于40%，旅馆类建筑不低于25%	×

注：√达标，√根据项目实际情况提升项，× 不达标，– 不参评。

四、节材与材料资源利用

本部分评价内容包括结构优化和建材选用两部分（表6）。

（1）结构优化：结构优化为优选项要求。由于万达广场一般设计周期都较短，且以一星级绿色建筑为设计目标，故未在此方面进行特殊要求；

（2）建材选用：万达广场项目施工选用预拌混凝土、内部设计采用灵活隔断，并实现了土建与装修工程一体化设计施工。

根据上述分析，按照万达集团现行企业标准，万达广场基本都可以做到第5.4.4、5.4.8、5.4.9项达标，从而达到一星级绿色建筑要求。

表6 节材与材料资源利用一般项和优选项条文

编号		规范条文	判定
一般项	5.4.3	施工现场500km以内生产的建筑材料重量占建筑材料总重量的60%以上	—
	5.4.4	现浇混凝土采用预拌混凝土	✓
	5.4.5	建筑结构材料合理采用高性能混凝土、高强度钢	×
	5.4.6	将建筑施工、旧建筑拆除和场地清理时产生的固体废弃物分类处理，并将其中可再利用材料、可再循环材料回收和再利用	—
	5.4.7	在建筑设计选材时考虑使用材料的可在循环使用性能。在保证安全和不污染环境的情况下，可再循环材料使用重量占所使用建筑材料总重量的10%以上	×
	5.4.8	土建与装修工程一体化设计施工，不破坏和拆除已有的建筑构件及设施，避免重复装修	✓
	5.4.9	办公、商场类建筑室内采用灵活隔断，减少重新装修时的材料浪费和垃圾产生	✓
	5.4.10	在保证性能的前提下，使用以废弃物为原料生产的建筑材料，其用量占同类建筑材料的比例不低于30%	—
优选项	5.4.11	采用资源消耗和环境影响小的建筑结构体系	×
	5.4.12	可再利用建筑材料的使用率大于5%	✓

注：√达标，√根据项目实际情况提升项，× 不达标，– 不参评。

五、室内环境质量

本部分评价内容包括室内热环境、光环境、声环境和空气品质四部分（表7）。

（1）热环境：万达广场根据业态形式选用不同的空调末端形式，保证了室内人员的舒适性。

（2）光环境：人工照明按照国家标准进行设计，并利用步行街中庭进行自然采光设计。

（3）声环境：建筑设计中充分考虑平面布局和空间功能的布局，减少相邻空间的噪声干扰以及外界噪声对室内的影响，并对设备和机房进行减震消声设计。

（4）空气品质：为了保证室内空气品质，万达集团要求所有项目空调机组增加CO_2浓度控制系统：增设室外及回风二氧化碳浓度传感器，根据二氧化碳浓度差值的变化调节新回风比及送风机转速，以保证室内舒适度。

根据上述分析，按照各万达广场都可以做到第5.5.8、5.5.10、5.5.12、5.5.14项达标，从而达到一星级绿色建筑要求。

六、运营管理

本部分评价内容主要对建筑智能化系统和设备自控系统进行评价（表8）。

（1）智能化系统：万达广场智能化系统按照国家相关规范进行设计，为物业管理和建筑高效运行提供了有效工具。

表7 室内环境质量一般项和优选项条文

	编号	一般项和优选项要求	判定
一般项	5.5.7	建筑设计和构造设计有促进自然通风的措施	×
	5.5.8	室内采用调节方便、可提高人员舒适性的空调末端	√
	5.5.9	宾馆类建筑围护结构构件隔声性能满足现行国家标准《民用建筑隔声设计规范》GBJ 118中的一级要求	—
	5.5.10	建筑平面布局和空间功能安排合理，减少相邻空间的噪声干扰以及外界噪声对室内的影响	√
	5.5.11	办公、宾馆类建筑75%以上的主要功能空间室内采光系数满足现行国家标准《建筑采光设计标准》GB 50033的要求	×
	5.5.12	建筑入口和主要活动空间设有无障碍设施	√
优选项	5.5.13	采用可调节外遮阳，改善室内热环境	×
	5.5.14	设置室内空气质量监控系统，保证健康舒适的室内环境	√
	5.5.15	采用合理措施改善室内或地下空间的自然采光效果	×

注：√达标，√根据项目实际情况提升项，× 不达标，– 不参评。

表8 运营管理一般项和优选项条文

	编号	标准条文	判定
一般项	5.6.4	建筑施工兼顾土方平衡和施工道路等设施在运营过程中的使用	—
	5.6.5	物业管理部门通过ISO14001环境管理体系认证	—
	5.6.6	设备、管道的设置便于维修、改造和更换。	√
	5.6.7	对空调通风系统按照国家标准《空调通风系统清洗规范》GB 19210规定进行定期检查和清洗	—
	5.6.8	建筑智能化系统定位合理，信息网络系统功能完善	√
	5.6.9	建筑通风、空调、照明等设备自动监控系统技术合理，系统高效运营	√
	5.6.10	办公、商场类建筑耗电、冷热量等实行计量收费	—
优选项	5.6.11	具有并实施资源管理激励机制，管理业绩与节约资源、提高经济效益挂钩	—

注：√达标，√根据项目实际情况提升项，× 不达标，– 不参评。

（2）设备自控系统：建筑通风、空调和照明等系统均设置自动监控系统，实现了空调冷热源和空调水系统的主要参数、设备状态监测、根据冷却水供水温度控制冷却塔风机的启停、根据系统冷、热负荷变化，自动控制设备投入数量等功能。

根据上述分析，万达广场全部做到第5.6.6、5.6.8、5.6.9项达标，从而达到一星级绿色建筑要求。

第四节　2011年各项目绿色建筑评价标识达标情况汇总

2011年开业的13个万达广场中，12个项目按照国家标准《绿色建筑评价标准》申报，福州仓山项目按照福建省《绿色建筑评价标准》申报，由于地方标准与国家标准略有不同，为统一方便，在此仅对12个申报国标的项目进行统计。根据"绿标"六大类技术措施分类原则，分别统计各类一般项条文要求达标的项目数量（图1）。

从统计结果可以看出，在5.1.10、5.1.11、5.2.12、5.3.7、5.4.9、5.5.10、5.5.12、5.6.9项条文要求上，12个万达广场项目全部达标。所有参评5.3.6项条文要求的项目均在此条目上达标，银川项目由于地区年平均降雨量低于400mm，此项不参评。在5.1.9、5.2.8、5.2.11、5.3.10、5.4.4、5.5.8、5.6.6、5.6.8项条文要求上，绝大多数项目均能达标。需要注意的是，虽然在设计阶段，某些项目不达标不影响设计标识的申报结果，但为了便于在下一阶段拿到绿色建筑运行标识，项目公司在申报过程中，应使尽量多的条目达标。同时，对于一些在设计阶段不参评的条目，项目公司应注意按要求管控并保存资料，为下一阶段的工作创造有利条件。

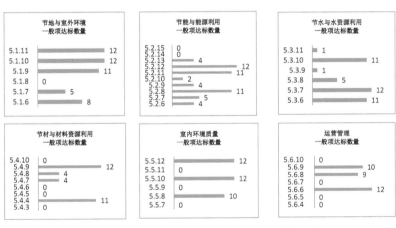

图1　2011年开业项目"绿标"一般项条文达标数量汇总

第五节　总结

自2009年起，由万达商业规划研究院牵头，商管公司、成本部、项目管理中心等部门参与，从四个万达广场试点项目着手，对《绿色建筑评价标准》（GB／T　50378-2006）《绿色建筑评价技术细则》等绿色建筑相关规范进行了详细的分析，发布了《万达购物中心节能设计工作指南》，并将相关技术措施纳入集团最新的技术标准中。2011年开业项目顺利取得一星级绿色建筑设计标识的事实说明，目前万达集团的技术标准已经达到了绿色建筑评价标准要求，选择一星级绿色建筑标识作为设计目标，不需要盲目遵循或者简单照搬一些"高精尖"的技术，而是将实用的节能技术落在实处。

附　　录

附录一
万达集团绿建节能工作大事记

万达集团 2010 年绿建节能工作大事记

2010 年 1 月 27 日	广州白云、福州金融街、武汉菱角湖和大庆萨尔图 4 个万达广场购物中心节能咨询工作获得集团领导正式批准
2010 年 2 月 3 日	广州白云、福州金融街、武汉菱角湖和大庆萨尔图 4 个节能试点项目节能咨询工作通过集团多部门的联合中期评审
2010 年 3 月 8 日	广州白云、福州金融街、武汉菱角湖和大庆萨尔图 4 个节能试点项目的节能咨询报告通过万达集团多部门及外部专家的联合评审
2010 年 3 月 22 日	集团领导正式确认万达购物中心节能措施,并明确 2011 年及以后开业项目全面执行新的节能标准。
2010 年 3 月 29 日	集团领导正式批准 2010 年开业项目按照新的节能标准实施,并确定广州白云、武汉菱角湖和福州金融街 3 个项目申请绿建设计标识
2010 年 4 月 10 日	节能措施正式列入集团 2010 版建造标准
2010 年 4 月 20 日	《万达购物中心节能实施细则》发布
2010 年 5 月 5 日	集团多部门成立节能工作小组,确定北京石景山和宁波鄞州 2 个项目作为已开业项目的节能改造试点
2010 年 5 月 20 日	《万达广场购物中心节能工作指南》正式发布
2010 年 6 月 9 日	集团成立绿建节能研究所,编制列入万达商业规划研究院
2010 年 6 月 28 日	商业地产研究部代表万达集团出席第二届地产科学发展论坛,参与商业地产项目的节能研讨
2010 年 7 月 6 日	集团领导正式提出要求:对万达开发的产品进行节能环保研究,以响应国家政策和适应市场需求
2010 年 7 月 7 日	集团成立多部门联合课题组,开始万达集团绿色、低碳战略路线研究
2010 年 8 月 12 日	节能改造试点项目咨询单位通过正式招投标方式确定
2010 年 8 月 26 日	万达购物中心能源管理平台数据模型正式建立
2010 年 9 月 13 日	召开已开业项目的节能改造试点工作启动会
2010 年 11 月 13 日	北京石景山万达广场和宁波鄞州万达广场项目节能改造工作通过中期评审
2010 年 12 月 24 日	万达广场室内步行街采光顶节能优化科研成果通过评审

万达集团 2011 年绿建节能工作大事记

2011 年 1 月 12 日	完成北京石景山万达广场、宁波鄞州万达广场节能诊断报告
2011 年 1 月 20 日	广州白云万达广场获得二星级绿色建筑设计标识证书，武汉菱角湖万达广场 获得一星级绿色建筑设计标识证书
2011 年 2 月 28 日	福州金融街万达广场获得一星级绿色建筑设计标识证书
2011 年 3 月 3 日	发布万达购物中心室内步行街天窗节能优化设计研究报告， 制定《万达购物中心室内步行街天窗玻璃设计标准》
2011 年 3 月 15 日	参与国家《绿色商场建筑评价标准》编制工作
2011 年 3 月 28 日	规划院代表万达集团参加第七届国际绿色建筑与建筑节能大会， 在开幕式上做主题发言，并承办"大型商业建筑的节能运行与监管"专题论坛
2011 年 5 月 3 日	发行《万达"绿色低碳"之路——暨参加"第七届国际绿色建筑与建筑节能大会"》特刊
2011 年 5 月 24 日	酒店公司编制完成《万达酒店机电设计导则节能专篇》、 《万达酒店照明节能设计标准》，并在 OA 系统正式发布实施
2011 年 7 月 23 日	上海江桥万达广场获得一星级绿色建筑设计标识证书
2011 年 8 月 19 日	唐山路南万达广场、镇江万达广场、长沙开福住宅项目、青岛李沧住宅项目 获得一星级绿色建筑设计标识证书
2011 年 9 月 7 日	武汉经开万达广场获得一星级绿色建筑设计标识证书
2011 年 9 月 28 日	济南凯悦酒店开业，宴会厅及前厅首次全部采用 LED 灯，取消花灯，节能效果显著
2011 年 9 月 29 日	厦门湖里万达广场、银川金凤万达广场获得一星级绿色建筑设计标识证书
2011 年 10 月 9 日	泰州万达广场、常州新北万达广场获得一星级绿色建筑设计标识证书
2011 年 10 月 15 日	成都索菲特酒店、重庆艾美酒店获得"绿色旅游饭店金叶评级"
2011 年 10 月 30 日	北京石景山、青岛 CBD、南京建邺、重庆南坪四个万达广场 能源管理平台上线运行一周年，运行期间节电 150 万 kW·h
2011 年 11 月 3 日	集团丁本锡总裁听取 2011 年度节能工作汇报并对下一步工作进行部署
2011 年 11 月 10 日	成立集团节能运营管理中心，中心成员包括商管公司、百货公司、酒店公司
2011 年 11 月 23 日	太仓万达广场北区住宅项目通过一星级绿色建筑设计标识专家评审，开始公示
2011 年 11 月 28 日	上海周浦、青岛 CBD、西安民乐园万达广场中央空调主机系统"球洗"试点建设实施
2011 年 12 月 2 日	《万达集团节能工作规划纲要》编制完成
2011 年 12 月 5 日	郑州中原万达广场、武汉中央文化旅游区一期 K9 地块住宅、哈尔滨哈西万达广场住宅、 抚顺万达广场地块住宅通过一星级绿色建筑设计标识专家评审，开始公示
2011 年 12 月 9 日	廊坊万达学院获得三星级绿色建筑设计标识证书，廊坊万达广场、福州仓山万达广场、 泰州万达广场住宅项目获得一星级绿色建筑设计标识证书
2011 年 12 月 26 日	大庆萨尔图万达广场、石家庄裕华万达广场住宅通过一星级绿色建筑设计标识专家评 审，开始公示。2011 年绿建工作目标圆满完成
2011 年 12 月 27 日	建立绿色建筑标识咨询单位合格供方品牌库
2011 年 12 月 28 日	集团丁本锡总裁正式批复《万达集团节能工作规划纲要》

万达集团 2012 年绿建节能工作大事记

2012 年 2 月 21 日	在广州白云万达商业广场，启动集团万达广场绿色建筑运行标识申报工作
2012 年 2 月 28 日	上海宝山万达广场获得住房和城乡建设部一星级绿色建筑设计标识， 比原定时间节点提前完成任务，为集团 2012 年绿色建筑申报工作创造良好开局
2012 年 3 月 24 日	青岛酒店 EMC 试点空调主机模糊控制节能系统安装完成开始试运行
2012 年 3 月 29 日	万达集团出席"第八届国际绿色建筑与建筑节能大会"， 万达商业规划研究院院长赖建燕以"绿色低碳： 万达社会责任的重要体现"为题发表主题演讲。 万达商业规划院代表万达集团承办了"大型商业建筑的节能运行与监管"分论坛
2012 年 4 月 30 日	2012 年绿色饭店评定工作正式启动
2012 年 5 月 4 日	百货系统制定了《万达百货内装照明设计标准》为运营门店灯具节能改造工作 提供了标准和依据，为 2013 年以后筹建门店的灯具安装有了可控性及标准的落实
2012 年 6 月 1 日	发布《万达"绿色低碳： 万达社会责任的重要体现"》特刊
2012 年 7 月 2 日	天津万达中心万海园住宅项目获得二星级绿色建筑设计标识证书
2012 年 7 月 12 日	在北京万达索菲特大饭店隆重召开了广州白云、武汉菱角湖、福州金融街三个万达广场项目 一星标绿色建筑运行识认证证书的授牌仪式
2012 年 7 月 15 日	长白山万达威斯汀、喜来登、假日、假日套房、柏悦、凯悦共 6 个酒店 一并获得绿色建筑一星标设计标识，这也是万达酒店首次获得绿色建筑设计标识
2012 年 7 月 15 日	上海江桥、武汉经开等 17 个万达广场能源管理平台建成，至此， 集团能源管理平台覆盖了 21 个万达广场
2012 年 8 月 17 日	无锡万达喜来登酒店通过银叶级绿色饭店评审
2012 年 9 月 18 日	百货系统完成青岛、上海宝山、重庆、广州等 20 家店能源管理平台建设
2012 年 9 月 18 日	百货系统完成灯具 5 年改造计划，自 2007 年至 2012 年共计 57 家门店完成灯具改造
2012 年 9 月 29 日	福州万达威斯汀酒店获得金叶级绿色饭店标识
2012 年 9 月 30 日	石家庄酒店试点完成 LED 光源改造
2012 年 10 月 1 日	沈阳铁西、沈阳太原街和淮安三个万达广场大商业 以合同能源管理（EMC）方式实施主照明由普通灯具更换成 LED 灯具
2012 年 10 月 10 日	福州仓山、无锡滨湖万达广场以合同能源管理（EMC）方式实施中央空调机房模糊控制节能改造
2012 年 11 月 30 日	上海江桥等 7 个万达广场获得一星级绿色建筑运行标识，2012 年全年共 10 个万达广场 获得一星级绿色建筑运行标识，超额完成年初制定"保八争九"的目标
2012 年 12 月 7 日	绵阳涪城万达广场获一星级绿色建筑设计标识，标志着 2012 年开业的 17 个万达广场 全部获得绿色建筑设计标识

附录二
万达绿色建筑项目

万达广场获一星级绿色建筑设计评价标识认证项目

（截至 2012 年年底，万达集团获一星级绿色建筑设计评价标识认证的
大型购物中心项目共 33 个，是全国获得此类认证项目最多的企业）

武汉菱角湖万达广场
（万达集团首个获得"公共建筑类一星级绿色建筑设计评价标识"认证项目）

福州金融街万达广场

郑州中原万达广场

镇江万达广场

武汉经开万达广场

大庆萨尔图万达广场

上海江桥万达广场

银川金凤万达广场

福州仓山万达广场

廊坊万达广场

唐山路南万达广场

泰州万达广场

厦门湖里万达广场

石家庄裕华万达广场

常州新北万达广场

上海宝山万达广场

合肥天鹅湖万达广场

江阴万达广场

温州龙湾万达广场

泉州浦西万达广场

青岛李沧万达广场

绵阳涪城万达广场

南昌红谷滩万达广场

宁德万达广场

成都金牛万达广场

长沙开福万达广场

漳州碧湖万达广场

莆田万达广场

沈阳北一路万达广场

晋江万达广场

太仓万达广场

芜湖镜湖万达广场

郑州二七万达广场

万达广场获二星级绿色建筑设计标识认证项目

（截至 2012 年年底，全国最高级别大型购物中心绿色建筑设计标识认证的项目）

广州白云万达广场

（全国首个获"公共建筑类二星级绿色建筑设计标识"认证的购物中心项目）

万达广场获一星级绿色建筑运行标识认证项目

（截至 2012 年年底，万达集团获一星级绿色建筑运行标识认证的大型购物中心共 10 个，是全国唯一获得大型购物中心绿色建筑运行标识企业）

广州白云万达广场

（全国首个获"公共建筑类一星级绿色建筑运行标识"
认证的购物中心项目）

武汉菱角湖万达广场

福州金融街万达广场

上海江桥万达广场

武汉经开万达广场

厦门湖里万达广场

镇江万达广场

石家庄裕华万达广场

银川金凤万达广场

郑州中原万达广场

万达集团获一星级绿色建筑设计标识认证的酒店项目

(截至 2012 年年底, 万达集团获一星级绿色建筑设计标识认证的酒店项目共 12 个,
是全国获得此类认证项目最多的企业)

长白山万达威斯汀酒店
(万达集团首个获一星级绿色建筑
设计标识认证的酒店项目)

长白山万达喜来登酒店

长白山万达洲际假日酒店

长白山万达洲际公寓式酒店

长白山万达凯悦酒店

长白山万达柏悦酒店

宁德万达酒店

长沙开福万达酒店

泉州万达酒店

漳州万达酒店

淮安万达酒店

太原万达酒店

万达酒店获"金叶级绿色旅游饭店"项目

（截至 2012 年年底，万达集团获"金叶级绿色旅游饭店"的项目共 8 个，是全国获得该认证项目最多的企业）

成都索菲特万达大饭店
（万达首个金叶级绿色旅游饭店）

福州万达威斯汀酒店　　北京万达索菲特大饭店　　合肥万达威斯汀酒店

青岛万达艾美酒店　　三亚海棠湾康莱德酒店　　三亚海棠湾万达
希尔顿逸林度假酒店

重庆万达艾美酒店

万达集团获一星级绿色建筑设计标识认证的住宅项目

（截至 2012 年年底，万达集团获一星级绿色建筑设计标识认证的住宅项目共 19 个，是全国获得此类认证项目最多的企业）

无锡万达广场 C、D 区住宅项目
（万达集团首个获一星级绿色建筑设计标识认证的住宅项目）

哈尔滨哈西万达广场住宅项目

长沙开福万达广场住宅项目

抚顺万达广场住宅项目

武汉东湖K-9住宅项目

石家庄万达广场住宅项目

太仓万达广场住宅项目

长春宽城住宅项目

赤峰项目住宅项目

泉州南区住宅项目

大连高新高层住宅项目

丹东住宅项目

江阴住宅项目

宁波余姚住宅项目

潍坊项目住宅项目

绵阳住宅项目

泰州万达广场住宅项目

宁德B区住宅项目

青岛李沧万达广场住宅项目

万达住宅绿建设计标识 2 星项目

（截止 2012 年底共 2 个）

天津万达中心住宅项目

（万达集团首个获得"二星级绿色建筑设计评价标识"认证的住宅项目）

西安大明宫住宅项目

（二星级绿色建筑设计标识认证）

万达学院

（全国首个获得校园园区三星级绿色建筑设计评价标识、

三星级绿色建筑运行评价标识认证的项目）

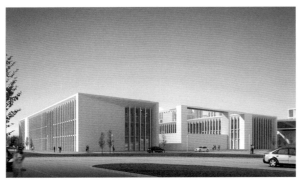

后 记

《绿色建筑——商业地产中绿色节能的实践及探索（一）》一书共收集了63篇文章，多是万达集团各部门在践行绿色建筑技术过程中的体会与总结，也包括与万达合作的设计单位、咨询公司及科研机构的学术文章，同时收录了万达集团参加"国际绿色建筑与建筑节能大会"及主办的"大型商业建筑的节能运行与监管"分论坛的相关发言和文章。这些内容总体上反映了目前万达集团在绿建节能方面的设计思想、技术应用和节能成果。全书共分五篇：战略与发展、设计与建造、运营管理、技术研究和工作回顾，内容紧密结合商业地产绿建节能的设计、建造、运营、申报、复盘、总结和创新等不同阶段的工作特点，所应用的大量新技术新方法，充分体现了万达集团实践绿建节能工作的先进性和示范性，可读性较强。书中所阐述的理论观点、技术措施具有较强的实操作性和借鉴性。

万达商业规划研究院绿建节能研究所作为万达集团绿色节能工作的常设机构，是在王健林董事长的指示下，于2010年成立的。3年来，绿建节能研究所除了担负着科研工作及日常生产任务外，还对集团的绿建工作起到了整体带头及推广作用。目前已发行4本节能专刊，组织及承办了两次国际绿色建筑与建筑节能大会的分论坛工作。此次编辑出版的《绿色建筑——商业地产中绿色节能的实践及探索(一)》也是由绿建节能研究所牵头组织，将来还要陆续出版本系列后续作品。

万达集团的绿建节能工作得到了万达集团王健林董事长和丁本锡总裁的高度重视。从绿建节能专职机构的设置、绿建节能技术的研发与实践并行、绿色低碳理念的宣传，以及将绿建设计标识和运行标识申报工作纳入商业地产股份有限公司的业绩考核，集团领导的指示体现在绿建节能工作的方方面面。尤其是丁本锡总裁亲自主抓并推广的集团信息化工作，不仅实现了集团的无纸化办公，还将项目建设的全过程纳入计算机管理，大大减少了现场差旅。大型购物中心运行的"一键式"集中控制系统和能源管理平台系统也是由丁总裁提议并亲自牵头组织，由万达商业规划研究院与万达商管公司共同研发，已在集团全面推广，将对降低商业广场的运行能耗起到决定性作用。

在本书编写工作中，我们得到住房和城乡建设部等主管单位领导、万达绿建节能工作咨询单位专家以及集团其他各部门同仁的大力支持与帮助，在此表示衷心的感谢。

万达集团商业地产股份公司高级总裁助理
万达商业规划研究院院长兼绿建节能研究所所长
赖 建 燕
2013年3月

Afterword

The book of *Green Buildings: The Practice and Exploration of Green Building Energy Conservation in Commercial Real Estate (I)* altogether has collected 63 pieces of articles which are mostly the experience and summaries of all departments from Wanda Group in the process of the practices of green building technologies, and also includes the academic articles of the cooperative design organizations, consulting companies and scientific research institutions working with Wanda. At the same time, it has collected our relevant speeches and articles when Wanda participates in "The Conference of International Green Buildings and Building Energy Efficiency" and the sub-forum of "The Energy Saving Operation and Supervision of Large Scale Commercial Buildings". These content as a whole have reflected Wanda Group's current design thoughts, technical applications and energy saving achievements in the aspect of green building energy saving. The whole book is divided into 5 parts: strategies and development, design and building, operation management, technical researches and work reviews. The content is closely integrated with the operating features of different stages of designing, building, operations, reporting, checking, summaries and innovation etc. The large amount of new technologies and new methods that have been applied have fully embodied our advancement and model in the practices of the energy saving work for green buildings. The readability is rather strong, and the theoretical perspectives and technical measures illustrated in the book have rather strong practical operability and reference.

As a permanent body for Wanda Group's green energy saving work, Wanda Commercial Planning & Research Institute's Green Building Energy Saving Studio was established in 2010 under the instruction of the Chairman Mr. Wang Jianlin. In the past three years, besides undertaking the scientific researches and daily productive tasks, the Green Building Energy Saving Institute has also played an overall leading and promotion role for the green building work of the Group. Up to now, it has issued 4 special issues of energy saving, and has organized and undertaken the sub-forum work of two green building conferences. The book of *Green Buildings: the Practice and Exploration of Green Building Energy Conservation in Commercial Real Estate (I)* that has been edited and published this time is also led and organized by the Green Building Energy Saving Institute, and in the future, the follow-up works for this series will also be published in succession.

Both Wanda Group's Chairman Mr. Wang Jianlin and President Mr. Ding Benxi have paid high attention to our green building energy saving work. From the setting up of an institution with specific duties of green building energy saving, the concurrent research and development and practices of green building energy saving technologies, the publicity of green and low-carbon ideas, to bringing the reporting of the green building design logos and operation logos into the performance assessment of the Commercial Real Estate Limited Company, the instructions of Group leaders are embodied in every aspect of the green building energy saving work. Especially the President Mr. Ding personally is responsible for the informatization of Wanda Group and the promotion of it. Not only the paperless office of the group has been realized, but also the computer management has been brought into the whole process of project construction, and the site business travelling has been greatly reduced. The "one-button" centralized-control system and energy management platform system operated in a large-scale shopping mall are also proposed by President Mr. Ding who personally leads the organization. Wanda Commercial Planning & Research Institute and Wanda Commercial Management Company have jointly carried out the research and development. The two systems have been comprehensively promoted in the Group, which will play a decisive role in reducing the operation energy consumption of commercial plazas.

In the compilation and writing of the book, we have gained strong supports and help from leaders of the competent organizations of the Ministry of Housing and Urban-Rural Development etc., experts of consultation units for our green building energy saving and colleagues of other departments of the group. Hereby we would like to express our sincere gratitude.

Lai Jianyan

Senior Assistant to the President of Wanda Commercial Estate Co., LTD.

President of Wanda Commercial Planning & Research Institute

Director of Green Building Energy Saving Studio

March, 2013

图书在版编目（CIP）数据

绿色建筑——商业地产中绿色节能的实践及探索（一）/
万达商业规划研究院有限公司，万达商业管理有限公司　编著.
—北京: 中国建筑工业出版社, 2013.6
ISBN 978-7-112-15539-2

Ⅰ.①绿… Ⅱ.①万… ②万…Ⅲ.①生态建筑—研究—中国 Ⅳ.①TU18

中国版本图书馆CIP数据核字（2013）第131680号

责任编辑：徐晓飞　张　明　施佳明
责任校对：陈晶晶

绿色建筑——商业地产中绿色节能的实践及探索（一）

万达商业规划研究院有限公司
　　　　　　　　　　　　　　编著
万达商业管理有限公司

*

中国建筑工业出版社出版、发行（北京西郊百万庄）
各地新华书店、建筑书店经销
北京雅昌彩色印刷有限公司制版
北京雅昌彩色印刷有限公司印刷

*

开本：787×1092毫米　1/16　印张：22 ³/₄　插页：1　字数：575千字
2013年6月第一版　2013年6月第一次印刷
定价：**150.00**元
ISBN 978-7-112-15539-2
（24124）